普通高等学校"十一五"规划教材

EDA 技术基础教程
——Multisim 与 Protel 的应用

李建兵　周长林　编著

国防工业出版社

·北京·

内 容 简 介

本书从当今电子工程设计的实际需求出发，介绍了电子设计自动化(EDA)技术的基本概念，并详细介绍了 Multisim 2001 和 Protel 2004 这两种应用非常广泛的 EDA 软件。

本书着眼于高等学校 EDA 技术课程的教学需要，结合现代电子系统设计的实际特点，在介绍 EDA 软件使用方法的过程中，突出了 EDA 技术的设计方法。

本书适合作为高等学校 EDA 课程及电子工程技术类培训的参考教材，同时也可作为各类电子工程技术人员的参考书。

图书在版编目(CIP)数据

EDA 技术基础教程：Multisim 与 Protel 的应用/李建兵，周长林编著. —北京：国防工业出版社，2023.8 重印
普通高等学校"十一五"规划教材
ISBN 978-7-118-06284-7

Ⅰ. E... Ⅱ. ①李...②周... Ⅲ. 电子电路-电路设计：计算机辅助设计-应用软件，Multisim 2001、Protel 2004-高等学校-教材 Ⅳ. TN702

中国版本图书馆 CIP 数据核字(2009)第 047293 号

※

*国防工业出版社*出版发行
（北京市海淀区紫竹院南路23号 邮政编码100048）
北京虎彩文化传播有限公司印刷
新华书店经售

*

开本 787×1092 1/16 印张 20½ 字数 523 千字
2023 年 8 月第 10 次印刷 印数 20001—21000 册 定价 35.00 元

国防书店：(010)88540777	书店传真：(010)88540776
发行业务：(010)88540717	发行传真：(010)88540762

前　言

　　EDA(电子设计自动化)技术是现代电子系统设计的重要手段,是电子设计工程师必须掌握的基本技能。EDA 的具体内容可以分为三个层次:诸如 PSPICE、Multisim、Protel 的学习为初级内容;VHDL 和 FPGA 的开发为中级内容;ASIC 和 SOC 的设计为高级内容。其中,掌握初级 EDA 技术是电子系统设计最基本的技能要求。本书的主要内容就是介绍 EDA 技术的初级内容。

　　目前,EDA 技术的相关书籍很多,其主要不足是:大部分书籍内容比较单一,往往只介绍一种 EDA 软件,而且只偏重软件本身的介绍,没有体现 EDA 技术的基本设计方法。本书克服了以上不足,结合 Multisim 2001 和 Protel 2004 的学习,系统介绍了电子系统设计从电路仿真到原理图设计,再到 PCB 设计全过程中 EDA 技术的应用。另外本书还具有以下两个特点:

　　(1) 本书作者长期从事电子技术方面的教学和科研工作,较多地考虑到了学习者的实际情况和电路设计者的实际需要,具有较强的实用性。所介绍的重点内容都是在实际工作中大量用到的,对于在实际中用得不多的内容,本书介绍得比较简单或者干脆忽略。

　　(2) 本书是作者在多年的 EDA 技术教学实践基础上编写而成的,全书着眼于高等学校 EDA 技术课程的教学需要,针对性强,内容安排上由浅入深,循序渐进,图文并茂,并结合实例进行介绍,便于学习和掌握。

　　总之,实用性和易学性是本书的突出特点。

　　全书分为三篇,各篇内容如下:

　　第一篇:绪论。主要介绍 EDA 的基本概念、发展历程、基本设计方法及其在现代电子系统设计中的作用。

　　第二篇:Multisim 2001 及其应用。介绍了基于 Multisim 2001 的电子电路仿真技术。主要包括仿真电路的设计、虚拟仪器的使用和各种仿真分析方法的应用,并介绍了各种应用实例。

　　第三篇:Protel 2004 的使用。介绍了基于 Protel 2004 的电路设计方法。包括原理图的绘制、原理图库元件的制作、PCB 的设计、元件封装库的创建以及各种电路设计后处理等内容。

　　每篇都有相应的思考题和习题,供读者参考。

　　本书第一篇由李建兵和周长林共同编写,第二篇和各篇的思考题与习题由周长林编写,第三篇由李建兵编写。

　　本书非常适合作为高等学校 EDA 课程及电子工程技术类培训的参考教材,同时也可作为各类电子工程技术人员的参考书。

　　由于作者水平有限,书中的不足之处敬请读者批评指正。

编者

目 录

第一篇 绪 论

第1章 EDA概述 …………………… 1

1.1 EDA技术及其发展 …………… 1
　1.1.1 EDA技术的概念 ……… 1
　1.1.2 EDA技术的发展 ……… 1
1.2 EDA技术的作用与特点 ………… 2
　1.2.1 EDA技术的基本作用 … 2
　1.2.2 EDA技术的主要特点 … 3
1.3 EDA技术的设计方法与应用 …… 3
　1.3.1 EDA技术的设计方法 … 3
　1.3.2 EDA技术的应用 ……… 4
1.4 常用的EDA软件 ……………… 5
　1.4.1 常用的EDA软件 ……… 5
　1.4.2 本书选用的EDA软件 … 7
思考题与习题…………………………… 7

第二篇 Multisim 2001及其应用

第2章 Multisim 2001概述 ………… 8

2.1 Multisim 2001简介 …………… 8
2.2 Multisim 2001的特点 ………… 8
2.3 Multisim 2001的安装 ………… 9

第3章 Multisim 2001基本界面 …… 10

3.1 Multisim 2001主窗口 ………… 10
3.2 Multisim 2001菜单栏 ………… 10
3.3 Multisim 2001工具栏 ………… 16
3.4 Multisim 2001快捷菜单 ……… 17

第4章 Multisim 2001元器件库及应用 …………………………… 19

4.1 Multisim 2001元器件库 ……… 19
4.2 Multisim 2001元器件库的管理 … 34

第5章 Multisim 2001虚拟仪器及使用 …………………………… 36

5.1 万用表 ………………………… 36
5.2 函数信号发生器 ……………… 37
5.3 瓦特表 ………………………… 37
5.4 示波器 ………………………… 38
5.5 波特图仪 ……………………… 39
5.6 字信号发生器 ………………… 40
5.7 逻辑分析仪 …………………… 41
5.8 逻辑转换仪 …………………… 42
5.9 失真分析仪 …………………… 43
5.10 频谱分析仪 …………………… 44
5.11 网络分析仪 …………………… 45

第6章 Multisim 2001基本操作应用 … 48

6.1 设置设计界面 ………………… 48
6.2 创建电路 ……………………… 51
6.3 选取仪器 ……………………… 55
6.4 放置文本 ……………………… 55
6.5 处理标题 ……………………… 56
6.6 电路仿真和分析 ……………… 57
6.7 产生报告 ……………………… 59

第7章 Multisim 2001仿真分析与后处理 ………………………… 60

7.1 直流工作点分析 ……………… 60
7.2 交流分析 ……………………… 63
7.3 瞬态分析 ……………………… 64
7.4 傅里叶分析 …………………… 66

7.5	噪声分析……………………… 67		7.15	分析图形窗口………………… 83
7.6	失真分析……………………… 69		7.16	后处理器……………………… 85
7.7	直流扫描分析………………… 70			
7.8	灵敏度分析…………………… 72		第8章	Multisim 2001 应用实例……… 87
7.9	参数扫描分析………………… 73		8.1	模拟电路应用………………… 87
7.10	温度扫描分析………………… 75		8.2	数字电路应用………………… 95
7.11	极点零点分析………………… 77		8.3	电源电路应用………………… 100
7.12	传递函数分析………………… 78		8.3	通信电路应用………………… 103
7.13	最坏情况分析………………… 79		思考题与习题……………………… 106
7.14	蒙特卡罗分析………………… 82			

第三篇 Protel 2004 的使用

第9章 印制电路板基础知识………… 111
9.1 PCB 基本结构………………… 111
   9.1.1 印制电路板…………… 111
   9.1.2 元件封装……………… 112
   9.1.3 PCB 上的其他元素…… 113
   9.1.4 层的概念……………… 114
9.2 PCB 设计流程………………… 115
9.3 PCB 设计基本规范…………… 116
   9.3.1 PCB 设计基本要求…… 116
   9.3.2 元器件布局原则……… 117
   9.3.3 PCB 布线原则………… 118
   9.3.4 焊盘设计原则………… 119
   9.3.5 PCB 的电磁兼容
        设计…………………… 119

第10章 Protel 2004 概述……………… 121
10.1 Protel 的发展历史…………… 121
10.2 Protel 2004 的系统组成……… 122
10.3 Protel 2004 的设计环境……… 124
   10.3.1 菜单栏………………… 124
   10.3.2 工具栏………………… 127
   10.3.3 工作区………………… 127
   10.3.4 工作区面板…………… 128
   10.3.5 系统参数设置………… 129
10.4 Protel 2004 的文件管理……… 133
   10.4.1 Protel 2004 的文件系
         统结构………………… 133
   10.4.2 Protel 2004 的文件
　　　　类型………………… 133
   10.4.3 基本的文件操作……… 134
10.5 设计实例……………………… 136

第11章 原理图设计基础……………… 143
11.1 原理图设计步骤……………… 143
11.2 新建原理图文件……………… 143
11.3 文档参数设置………………… 144
   11.3.1 图纸选项设置………… 145
   11.3.2 文档参数设置………… 146
   11.3.3 单位设置……………… 147
11.4 原理图设计环境介绍………… 148
   11.4.1 菜单介绍……………… 148
   11.4.2 工具栏介绍…………… 151
11.5 环境参数设置………………… 154
11.6 元件库操作…………………… 159
   11.6.1 元件库概述…………… 159
   11.6.2 装载元件库…………… 161
   11.6.3 查找元件……………… 162

第12章 绘制原理图…………………… 164
12.1 放置元器件…………………… 164
   12.1.1 通过放置元件对话框
　　　　放置元件…………… 164
   12.1.2 通过元件管理器放置
　　　　元件………………… 166
   12.1.3 通过工具栏放置
　　　　元件………………… 167
12.2 元件位置的调整……………… 168

12.2.1 元件的选取 …… 168
12.2.2 元件的移动 …… 170
12.2.3 元件的排列和对齐 …… 171
12.3 元件的编辑 …… 173
　12.3.1 编辑元件属性 …… 173
　12.3.2 设置元件的封装 …… 176
　12.3.3 编辑元件参数属性 …… 177
　12.3.4 元件的其他编辑操作 …… 177
12.4 原理图连线 …… 179
　12.4.1 绘制导线 …… 179
　12.4.2 放置电路节点 …… 181
　12.4.3 放置电源端口 …… 182
　12.4.4 放置网络标号 …… 183
　12.4.5 放置输入输出端口 …… 185
　12.4.6 绘制总线 …… 186
12.5 绘制图形 …… 187
　12.5.1 绘制线条 …… 187
　12.5.2 绘制多边形 …… 189
　12.5.3 放置文字 …… 193
　12.5.4 添加图像 …… 194

第13章 层次原理图设计 …… 196

13.1 层次原理图的设计方法 …… 196
13.2 自顶向下的层次原理图设计 …… 198
　13.2.1 绘制层次化原理图母图 …… 198
　13.2.2 绘制层次化原理图子图 …… 201
13.3 自底向上的层次原理图设计 …… 202
13.4 重复性层次原理图设计 …… 204
13.5 层次原理图的切换 …… 205

第14章 原理图设计后处理 …… 208

14.1 原理图的编译 …… 208
　14.1.1 电气检查规则的设置 …… 208
　14.1.2 原理图的编译 …… 210
14.2 生成报表 …… 210
　14.2.1 网络表 …… 211
　14.2.2 元件列表 …… 212

14.2.3 元件交叉参考表 …… 214
14.2.4 项目层次表 …… 215
14.3 原理图的打印 …… 215

第15章 原理图库元件设计 …… 218

15.1 原理图元件及元件库 …… 218
15.2 原理图元件库编辑器 …… 219
　15.2.1 打开元件库编辑器 …… 219
　15.2.2 SCH Library 选项卡 …… 219
　15.2.3 Tools 菜单 …… 223
　15.2.4 绘图工具 …… 225
15.3 创建新元件 …… 226
15.4 生成项目元件库 …… 232
15.5 生成元件库报表 …… 232
　15.5.1 元件报表 …… 232
　15.5.2 元件库列表 …… 233
　15.5.3 元件库报表 …… 234
　15.5.4 库元件规则检查表 …… 234

第16章 PCB 设计基础 …… 236

16.1 新建 PCB 文件 …… 236
　16.1.1 通过向导生成 PCB 文件 …… 236
　16.1.2 手动生成 PCB 文件 …… 241
　16.1.3 通过模板生成 PCB 文件 …… 242
　16.1.4 将 PCB 文件添加到项目中 …… 243
16.2 PCB 编辑器 …… 243
　16.2.1 菜单栏 …… 243
　16.2.2 工具栏 …… 264
16.3 PCB 中的视图操作 …… 267
　16.3.1 视图的移动 …… 267
　16.3.2 视图的缩放 …… 268
　16.3.3 显示整个 PCB 图文件 …… 270
16.4 PCB 中的编辑操作 …… 271
16.5 PCB 系统参数设置 …… 272

第17章 PCB 的设计 …… 279

17.1 PCB 设计的准备工作 …… 279

17.2 网络与元件的导入 …………… 281
17.3 元器件布局 …………………… 283
    17.3.1 元器件自动布局 …… 283
    17.3.2 元器件手动布局 …… 284
17.4 元器件布线 …………………… 285
    17.4.1 自动布线规则设置 … 285
    17.4.2 自动布线 ……………… 292
    17.4.3 手动调整布线 ……… 295

第18章 制作元件封装 …………… 297

18.1 元件封装编辑器 ……………… 297
18.2 创建元件封装 ………………… 298
    18.2.1 利用向导创建元器件
           封装 …………………… 298
    18.2.2 手动创建元器件
           封装 …………………… 301
    18.2.3 项目元件封装 ……… 304

第19章 PCB 设计后处理 ………… 306

19.1 生成 PCB 报表 ……………… 306
19.2 PCB 的打印输出 …………… 312
思考题与习题 ……………………… 314

参考文献 ……………………………… 319

第一篇 绪 论

第1章 EDA 概述

1.1 EDA 技术及其发展

1.1.1 EDA 技术的概念

电子设计自动化（Electronic Design Automation，EDA）技术是指以计算机为工作平台，融合应用电子技术、计算机技术、信息处理及智能化技术，进行电子线路与系统的自动化设计。它是在电子 CAD 技术基础上发展起来的集数据库、图形学、图论与拓扑逻辑、计算数学、优化理论等多学科的最新成果，可以进行功能设计、逻辑设计、性能分析、系统优化直至印制电路板的自动设计，完成电子工程设计的全过程。

EDA 技术是现代电子工程领域的新兴技术和发展趋势，并随着微电子技术和计算机信息技术的发展而日益成熟，目前已经渗透到集成电路和电子系统设计的各个环节。利用 EDA 工具，电子设计工程师可以从概念、算法等开始设计电子系统，将电子产品设计中的电路设计、性能分析、IC 板图或 PCB 板图设计等整个过程，在计算机上自动处理完成。EDA 技术依托先进的计算机技术和相关应用软件，能最大限度地提高电子线路或系统的设计质量和效率，从而节省人力、物力和开发成本，缩短开发周期。

将 EDA 技术作为一门重要的专业基础课，在大多数高校的相关学科中已成为共识。但就其教学内容和实验安排上，至今尚有诸多不同看法。但有一点大家普遍认可，就是将 EDA 技术的内容划分为三个层次：诸如 Multisim、Pspice 和 Protel 的学习作为 EDA 的初级内容；VHDL 和 FPGA 开发等作为中级内容；ASIC 和 SoC 设计为高级内容。本书的主要内容就是立足于 EDA 技术的初级内容。

1.1.2 EDA 技术的发展

EDA 技术伴随着计算机、集成电路、电子系统设计的发展，经历了计算机辅助设计（Computer Assist Design，CAD）、计算机辅助工程设计（Computer Assist Engineering Design，CAED）和电子系统设计自动化（Electronic System Design Automation，ESDA）等几个发展阶段。

1. 计算机辅助设计阶段

20 世纪 70 年代，计算机技术和电子技术的发展促进了 CAD 理论的研究和应用，使 CAD 技术成为电子设计领域的新兴学科。此时 CAD 技术还没有形成系统，仅是一些功能比较单一的应用程序。但这些 CAD 软件逐步取代了手工进行的计算、绘图和检验等设计分析方式，显示出其强大的生命力，并为 EDA 技术的发展奠定了基础。但受当时计算机工作平台的制约，

CAD 工具只能辅助进行集成电路板图编辑、PCB 布局布线等工作。

2. 计算机辅助工程设计阶段

这是电子设计自动化的形成阶段。20 世纪 80 年代，随着高性能计算机技术的发展，尤其是微型计算机技术的发展，CAD 技术迈向了其高级阶段，出现了电子设计自动化技术。在该阶段能够利用 EDA 技术实现电路绘制、元器件编辑、参数提取与检验、电路仿真、布局布线等，开始形成系统功能比较丰富的 EDA 应用软件。其特点是以软件工具为核心，通过完成电路功能和结构的设计、分析、测试、仿真等各项工作，实现工程设计。但是，该阶段的大部分 EDA 工具仍然不能满足复杂电子系统设计的要求，而且具体化的元件图形制约着优化设计。

3. 电子系统设计自动化阶段

这是电子设计自动化的发展阶段。进入 20 世纪 90 年代后，微电子技术飞速发展，一个芯片可以集成百万甚至千万个晶体管，电子线路设计向高度复杂化、微型化方向发展。在这种形势下，EDA 技术的发展得到了极大的推动。EDA 技术理论更加成熟，相关应用软件具备了更多的功能、更高的速度及更高的自动化程度。其典型特点是以系统级设计为核心，包括系统行为级描述与结构级综合、系统仿真与测试验证、系统划分与指标分配、系统决策与文件生成等一整套的电子系统设计自动化工具，极大地提高了系统设计的效率，缩短了产品的研制周期，推动了全新的电子设计自动化技术的发展。

现代 EDA 技术将向广度和深度两个方向发展，EDA 将会超越电子设计的范畴进入其他领域。基于 EDA 工具的电子系统设计技术使电子工程设计人员完全摆脱了手工设计的束缚，在电子行业的产业领域、技术领域和设计应用领域带来了革命性的变化。

EDA 技术正处于高速发展阶段，每年都有新的 EDA 工具问世，但我国 EDA 技术的应用水平却长期落后于发达国家。因此，广大电子工程人员应该尽早掌握这一先进技术，这不仅是提高设计效率的需要，更是我国电子工业在世界市场上生存、竞争与发展的需要。

1.2 EDA 技术的作用与特点

1.2.1 EDA 技术的基本作用

EDA 技术在电子系统设计中的主要作用体现在以下几个方面。

1. 电子系统设计的方案验证

在电子系统设计中，首先是对设计任务进行分析，明确电子系统的功能指标，确定电子系统的设计方案，并采用系统仿真或结构模拟的方法验证系统方案的可行性。通过对构成系统的各电路模块进行模拟分析，以判断电路结构设计的正确性及性能指标的可实现性。当前的 EDA 软件大多可以实现工程设计的量化分析。

2. 电子电路的优化设计

电子元器件的参数直接影响着设计指标，另外，元器件的容差、环境温度等对电子线路的可靠性具有极大的影响。在传统的设计条件下，元器件参数的优选，可通过反复的测试加以解决，但其效率很低，人为判断的因素会造成参数优选的误差。至于元器件参数的容差、环境温度的影响，传统的设计手段根本无法解决。在 EDA 技术中，可以通过使用 EDA 软件提供的参数扫描分析，比较精确地完成元器件参数的优选；通过其温度分析和统计分析，真实地反映各种环境温度下的电子系统特性，以及综合分析影响元器件容差的各种因素，从而实现电子系统的优化设计。

3. 电路性能的仿真分析

电子系统设计更多的工作是对电路进行各种数据测试及特性分析。传统的测试和分析手段是首先进行理论推算，然后通过仪器进行测试和分析。其显著的缺点是仪器投资很大，如相位计、频谱仪、逻辑分析仪、示波器等，少者数千元，多者达数万元，甚至更高。另外，由于仪器精度的限制，很多分析项目无法进行。采用 EDA 技术就可以很好地克服这些缺点，实现电子系统的全面测试和分析，而不必担心元器件的损坏。

1.2.2 EDA 技术的主要特点

EDA 技术主要有以下特点。

1. 设计过程自动化

在 EDA 的应用中，可以利用 EDA 应用软件，实现由系统层到电路层，再到物理层的整个设计过程的自动化。在设计过程中，设计人员可以按照电子线路或系统的指标要求，采用完全独立于芯片厂商及其产品结构的描述语言，在功能级对设计产品进行定义，并利用应用软件提供的仿真技术验证设计的结果。设计人员可以从概念、算法、协议等开始设计电子系统，并可以将电子产品的电路设计、性能分析到设计出 IC 板图或 PCB 板图的整个过程在计算机上自动完成。

2. 设计环境集成化

利用计算机技术的支持，在计算机平台上安装功能不同的应用软件，形成一个功能强大的 EDA 设计环境。在这个环境中，可以控制和管理设计方案、设计过程和设计数据，甚至可以让这些软件共享设计资源。很多 EDA 软件开发商陆续推出了一些优秀的 EDA 组合软件，如 ORCAD 公司的 Pspice 9.1、NI 公司的 NI Multisim & Ultiboard，它们本身就是一个高度开放、高度集成的设计环境。这种高度集成的开发环境，包含了从电路设计、性能分析到设计出 IC 板图或 PCB 板图的整个设计开发过程，而且其文件类型在不同的 EDA 软件中是可以共享的。

3. 设计工具标准化

EDA 应用软件提供了越来越多的设计工具，包括电子线路的编辑、线路的仿真、PCB 的制作到文字或线条的标注等各种实用工具，极大地方便了设计人员的工作。EDA 软件操作的图形用户界面以及工具之间的通信、设计数据和设计流程建立了一个符合标准的开放式框架结构，可以接纳其他厂商的 EDA 工具一起进行设计工作，实现各种 EDA 工具间的优化组合，并集成在一个易于管理的统一的环境之下，使 EDA 框架标准化，实现资源共享。

4. 操作高效智能化

在 EDA 技术中，由于应用软件的智能化设计，各种设计向导和提示十分完备，使电子线路设计人员不必学习更高深的专业理论知识，更不必进行手工运算，在应用软件环境中，就可以完成线路或系统的设计，并得到精确的仿真结果。新的智能化 EDA 系统不仅能够实现高层次的自动逻辑综合、板图综合和测试码生成，而且可以使各个仿真器对同一个设计进行协同仿真，进一步提高了 EDA 系统的工作效率和设计的正确性。

1.3 EDA 技术的设计方法与应用

1.3.1 EDA 技术的设计方法

EDA 技术采用自顶向下(Top to down)的设计思想，其设计方法可分为系统级、电路级和物理或芯片级。物理级设计主要指 IC 板图设计，一般由半导体厂家完成；系统级设计主要面对大型复杂的电子产品；而电路级设计主要针对具体电路或单元，它是电子设计和系统构成的基础，常用的 EDA 软件多属于电路级设计。

1. 电路级设计

电子工程师在确定的设计方案基础上，选择能实现该方案的合适元器件，根据电路指标要求设计原理图，并进行电路的功能仿真，包括逻辑模拟、故障分析、交直流分析和瞬态分析等。在进行功能仿真时，必须有元器件模型库的支持。计算机上模拟的输入／输出波形代替了实际电路调试中的信号源和示波器。这一次仿真属于布线前仿真，主要是检验设计方案在功能方面的正确性，并根据原理图产生的电气连接网络表进行 PCB 板的布局布线。

在制作 PCB 板之前还可以进行后处理分析，包括热分析、噪声及干扰分析、电磁兼容分析、可靠性分析等，并且可以将分析后的结果参数更新电路图。电路性能仿真也称为后仿真，主要是检验 PCB 板在实际工作环境中的可行性，实现系统设计中的板级电路性能及兼容性。电路或电路板级的 EDA 技术可以在实际的电子系统产生之前，全面地了解系统的功能特性和物理特性，从而将开发过程中出现的缺陷消灭在设计阶段，不仅缩短了开发时间，也降低了开发成本。典型的电路级设计流程如图 1-1 所示。

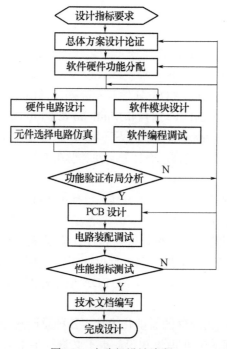

图 1-1 电路级设计流程

2. 系统级设计

系统级设计是一种概念驱动式设计，设计人员无须通过原理图描述电路，而是针对设计目标进行功能描述。由于摆脱了电路细节的束缚，设计人员可以把精力集中于创造性的概念构思与方案设计上，一旦这些概念构思以描述语言的形式输入计算机后，EDA 系统就能以规则驱动的方式自动完成整个设计。

1.3.2 EDA 技术的应用

EDA 技术的应用贯穿于电子产品开发的全过程，其应用领域包括从低频电路到高频电路、从线性电路到非线性电路、从模拟电路到数字电路、从分立元件到集成电路的各个方面。随着基于 EDA 的 SoC（System on Chip）设计技术的发展，EDA 技术的应用领域更加广泛，包括模拟与数字、软件与硬件、系统与器件、ASIC 与 FPGA、行为与结构等各方面的应用。典型的 EDA 基本应用范围如图 1-2 所示。

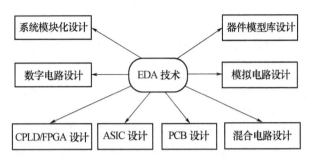

图 1-2　EDA 技术的应用范围

EDA 在教学、科研、产品设计等各方面都发挥着巨大的作用。目前，国内外理工科类高校普遍开设了 EDA 课程，并借助 EDA 开发设计平台实施电子技术实验和课程设计的教学，进行各种大学生创新设计、电子设计竞赛和毕业课题设计。利用 EDA 技术开展科研工作，可直接进行集成芯片的设计，研制各种高性能的电子系统，获得具有自主知识产权的专用集成电路和先进技术。依托 EDA 技术促进新产品的研制和传统设备的技术改造，能在较短的开发周期内和以较低的设计成本，完成产品的仿真设计、功能改进、生产测试和在线升级，提高产品的性能、高新技术含量和市场竞争力。

现代 EDA 技术及其应用已经渗透到各行各业，包括在机械、电子、通信、航空航天、化工、矿产、生物、医学、军事等各个领域。另外，现在 EDA 软件的功能日益强大，原来功能比较单一的软件增加了很多新用途，可用于机械和建筑设计，也扩展到建筑装潢效果图、汽车和飞机的模型、电影特技等领域。

1.4　常用的 EDA 软件

1.4.1　常用的 EDA 软件

目前常用的 EDA 软件可以分为电路设计与仿真软件、PCB 设计软件、IC 和 PLD 设计软件三大类。下面对常用的各类 EDA 软件作一简单的介绍。

1. 电子电路设计与仿真软件

目前应用较多的电子电路设计与仿真软件主要有以下几类。

（1） SPICE（Simulation Program with Integrated Circuit Emphasis）。该软件是由美国加州大学推出的电路仿真分析软件，是 20 世纪 80 年代世界上应用最广泛的电路设计软件。1988 年被定为美国国家标准。美国 MicroSim 公司推出的基于 SPICE 的微机版 Pspice6.2 作为功能强大的模拟和数字电路混合仿真 EDA 软件，曾在国内普遍使用。1998 年 1 月 MicroSim 公司加入 ORCAD 公司，产品改名为 ORCAD/Pspice。目前较新的 ORCAD/Pspice9.1/9.2/10.5 等版本，可以进行各种各样的电路仿真、激励建立、温度与噪声分析、模拟控制、波形输出和数据输出，并可在同一窗口内同时显示模拟与数字的仿真结果。

（2） SABER。该软件是美国 ANALOGY 公司开发并于 1987 年推出的模拟及混合信号计算机仿真软件，其产品广泛应用于电力、电子、航空、运输、家电及军事等领域。与传统软件不同，SABER 在结构上采用硬件描述语言和单内核混合仿真方案，并对仿真算法进行了改进，使 SABER 仿真速度更快、更加有效，应用也越来越广泛。但由于价格昂贵，在我国应用较少。

(3) Multisim。该软件是 EWB（Electronic WorkBench，电子工作平台）的新版本，是加拿大图像交互技术公司（Interactive Image Technologies，简称 IIT 公司）推出的以 Windows 为基础的仿真工具，适用于板级的模拟/数字电路板的设计工作。目前国内常用的 Multisim 2001 版本，功能强大，对计算机配置要求不高。它提供了一个非常大的元器件数据库和齐全的虚拟仪器，可以在线更新器件，同时拥有 VHDL 和 Verilog 设计接口与仿真功能、FPGA 和 CPLD 综合、RF 设计能力和后处理功能，还可以导出制作 PCB 板的设计数据，实现与 PCB 制作软件的无缝数据传输，几乎能够 100%地仿真出真实电路的结果。

现在 IIT 已并入美国 NI（National Instruments）公司（国家仪器公司），EWB 软件更改为 NI Multisim，目前最新版为 NI Multisim10/10.1，它功能更加强大，但对运行计算机平台的性能、内存、空间要求很高。

(4) MATLAB。该软件是一种动态系统设计、仿真和分析的可视化设计软件。它具有众多面向具体应用的工具箱和仿真块，包含了完整的函数集用来对图像信号处理、控制系统、神经网络等特殊应用进行分析和设计。它具有数据采集、报告生成和 MATLAB 语言编程产生独立 C/C++代码等功能。MATLAB 软件被广泛地应用于信号与图像处理、控制系统设计、通信系统仿真等诸多领域。开放式的结构使 MATLAB 软件很容易针对特定的需求进行扩充，从而在不断深化对问题的认识的同时，提高自身的竞争力。

2. PCB 设计软件

PCB(Printed Circuit Board)设计软件种类很多，目前在我国用得最多的是 Protel 软件。

(1) Protel。该软件是 Altium 公司在 20 世纪 80 年代末推出的 CAD 工具，是 PCB 设计者的首选软件。早期的 Protel 主要作为印制板自动布线工具使用，普遍使用的主要是 Protel99/99SE，它是个完整的全方位电路设计系统，包含了电路原理图绘制、模拟电路与数字电路混合信号仿真、多层印制电路板设计（包含印制电路板自动布局布线），可编程逻辑器件设计、图表生成、电路表格生成、支持宏操作等功能，并具有 Client/Server（客户/服务器）体系结构，同时还兼容一些其他设计软件的文件格式。Protel 软件功能强大、界面友好、使用方便，但它最具代表性的是电路设计和 PCB 设计。

(2) Power PCB。该软件由美国 PADS 公司开发,其最新版本为 PADS2005。该软件由 PadsPower Logic 和 Pads Power PCB 两个模块组成，在欧美国家使用较广，我国用户相对较少。该软件可完成高质量的 PCB 设计，这些设计通常与 Unix 的强大功能联系在一起，但又提供了基于 Windows 特点的用户界面，这在业界并不多见。

3. IC 和 PLD 设计软件

IC 设计工具和 PLD（Programmable Logic Device）设计工具很多，主要实现 ASIC 设计、CPLD（Complex PLD）和 FPGA（Field Programmable Gate Array）器件应用开发。其中 PLD 设计工具基本设计方法是借助于 EDA 软件，用原理图、状态机、布尔表达式、硬件描述语言等方法，生成相应的目标文件，最后用编程器或下载电缆，由目标器件实现。生产 PLD 的厂家很多，但最有代表性的 PLD 厂家为 Altera、Xilinx 和 Lattice 等公司，它们都推出了其功能强大的设计软件。下面介绍主要器件生产厂家和开发工具。

(1) Altera 主要产品有低成本的 MAX CPLD 系列 MAX3000/7000、Cyclone FPGA、Stratix

系列高端 FPGA 及 HardCopy ASIC 等器件。其开发工具 MAX+PLUS II 是较成功的 PLD 开发平台，目前较新推出的是 Quartus II 开发软件。Altera 公司提供较多形式的设计输入手段，绑定第三方 VHDL 综合工具，如：综合软件 FPGA Express、Leonard Spectrum，仿真软件 ModelSim。

(2) Xilinx 是 FPGA 的发明者。产品种类较全，主要有低成本 XC9500XL CPLD、Virtex-5 多平台 FPGA、Spartan®-3A 延伸系列 FPGA、高性能和超低功耗 CoolRunner-II CPLD 等系列芯片器件。设计工具主要是 Foundation 和 ISE 等开发软件。全球 PLD/FPGA 产品 60%以上是由 Altera 和 Xilinx 提供的。可以讲 Altera 和 Xilinx 共同决定了 PLD 技术的发展方向。

(3) Lattice 是 ISP（In-System Programmability）技术的发明者，ISP 技术极大地促进了 PLD 产品的发展，与 Altera 和 Xilinx 相比，其开发工具略逊一筹。中小规模 PLD 比较有特色，大规模 PLD 的竞争力还不够强（Lattice 没有基于查找表技术的大规模 FPGA），1999 年推出可编程模拟器件，1999 年收购 Vantis（原 AMD 子公司），成为第三大可编程逻辑器件供应商。2001 年 12 月收购 Agere 公司（原 Lucent 微电子部）的 FPGA 部门。目前主要有 LatticeXP 低成本非易失 FPGA、MachXO 跨越式可编程逻辑、ispMACH 4000ZE 超低功耗 CPLD 等系列产品。

(4) ACTEL 是反熔丝（一次性烧写）PLD 的领导者。主要有混合信号产品 Fusion 系列 FPGA 器件、Flash 系列 FPGA 器件、耐辐射和反熔丝 FPGA 器件等。其中由于反熔丝 PLD 抗辐射、耐高低温、功耗低、速度快，所以在军品和宇航级上有较大优势。Altera 和 Xilinx 则一般不涉足军品和宇航级市场。

1.4.2 本书选用的 EDA 软件

典型 EDA 软件主要实现三项任务：电路原理图的创建、混合信号的仿真和 PCB 的设计。一般流程是先创建电路原理图，然后进行电路图的仿真，最后在电路原理图基础上设计 PCB 板。本书选择最具代表性的 EDA 软件 Multisim 和 Protel，主要介绍 Multisim 2001 和 Protel 2004 在电子电路仿真与设计方面的应用。Multisim 主要侧重电路的仿真分析，Protel 软件侧重电路原理图和 PCB 板的设计。

思考题与习题

1.1 理解 EDA 技术的概念，简述 EDA 技术的发展历程。
1.2 EDA 技术有哪些突出特点？在电子设计中的主要作用是什么？
1.3 简述 EDA 技术的基本设计方法和主要应用。
1.4 有哪些常用 EDA 软件？其主要应用场合是什么？各有什么特点？

第二篇　Multisim 2001 及其应用

第 2 章　Multisim 2001 概述

2.1　Multisim 2001 简介

Multisim 2001 是加拿大图像交互技术公司于 2001 年推出的著名仿真分析软件,其前身为 EWB（Electronic WorkBench）软件。从 6.0 版开始,EWB 进行了较大规模的改动,其仿真设计分析模块更名为 Multisim,并相继推出了 Multisim 2001、Multisim 7、Multisim 8 等版本,这些版本软件功能和风格基本相同。其中 Multisim 2001 版软件对计算机系统配置要求较低,且易学易用,应用非常广泛。

Multisim 2001 是一个功能强大的 EDA 系统,适用于板级的模拟/数字电路板的设计工作。它提供了一个非常大的元器件数据库,并且可以在线更新,同时拥有 VHDL 和 Verilog 设计接口与仿真功能、FPGA 和 CPLD 综合、RF 设计能力和后处理功能,还可以导出制作 PCB 板的设计数据,实现与 PCB 制作软件的无缝数据传输。其应用范围几乎涉及电子信息类专业的所有学科,如电工电路、低频或高频电路、数字电路、射频电路、通信电路等。

目前 Multisim 已并入美国国家仪器公司（National Instruments,NI）,推出了 NI Multisim 9、NI Multisim10 等版本的 NI 电路设计套件。其最大的改变就是与虚拟仪器技术(LabVIEW)等软件的集成结合,扩展了微控制器(Multisim MCU)模块和后端软件 Ultiboard 功能,增加了微控制器的协仿真、提供自动元件布局布线等。该类版本套件要求计算机系统最小内存 512MB、占用硬盘空间 1.5GB,但其原理图输入和仿真程序等功能仍与 Multisim 2001 基本相同。

本章将以 Multisim 2001 教育版为演示软件,结合教学的实际需要,介绍该软件的使用方法,并给出一些应用实例。读者可以较快地熟悉 Multisim 系列软件的应用,并根据自己的需要,选择不同 Multisim 版本进行实验实践。

2.2　Multisim 2001 的特点

1. 集成环境简洁易用

Multisim 2001 采用图形化界面,集成了从电路创建、修改到仿真及数据后处理的 EDA 设计的主要流程,不仅有利于对该软件的学习,也大大方便了设计人员的操作,极大地提高了工作效率。

2. 元器件种类齐全

Multisim 2001 软件提供 14 大类 16000 多种元器件,包括各种信号源库、基本元器件库、二极管库、三极管库、TTL 器件库、指示部件库等元器件库。不仅有大量实际应用元器件，还有很多虚拟器件，并可以通过在线升级仿真元器件库。

3. 虚拟实验仪器丰富

Multisim 2001 虚拟电子实验平台共有 11 种测试仪器，不仅提供了常用的仪器，如万用表、示波器等，还提供了许多单位无条件具备的网络分析仪、频谱分析仪等仪器。这些虚拟仪器的功能与现实仪器的功能基本相同，而且其操作面板也与现实仪器相似，这些虚拟仪器方便了设计人员的设计工作，也大大提升了该软件的功能。

4. 分析功能完善多样

Multisim 2001 为设计人员提供了多种仿真分析方法，有直流工作点分析、瞬态分析、傅里叶分析、噪声分析和失真分析等 19 种之多。这些分析功能基本满足了电子电路的分析设计要求，尤其是其极具特色的 RF 电路分析功能，是一般 EDA 软件所不具备的。

5. 设计环境可自定义

Multisim 2001 提供了极具人性化的设计工具，允许设计人员自定义设计环境，利用菜单工具项，根据设计需要，灵活设定元器件采用的符号标准、电路图的显示属性、工作区的显示属性及其大小、说明文字的格式、导线线型等设计要素。

6. 输入输出兼容性好

Multisim 2001 交互式打开 Spice 仿真和其他 EDA 软件生成网表文件，可以把 Multisim 2001 环境下创建的电路原理图文件导出为.net 或.plc 文件，供 Protel、Ultiboard 等 PCB 软件进行印制电路板设计，或者将当前电路文件导出为网表文件，实现 EDA 软件设计共享。Multisim 2001 还支持 VHDL 和 Verilog 语言的电路仿真与设计，可以将仿真分析结果导出为 Excel 文件，方便了设计人员对结果数据的分析。

2.3 Multisim 2001 的安装

1. 安装环境

操作系统：Windows 95/98/NT/2000/XP。

CPU：Pentium 166 或更高档次的 CPU。

内存：至少 32 MB（推荐 128 MB）。

显示器分辨率：至少 800 × 600。

光驱：配备 CD-ROM 光驱（没有光驱时可通过网络安装）。

硬盘：Multisim 2001 软件安装后大约占用 250MB 左右（推荐大于 300MB）空间。

2. 安装运行

按照 Multisim 2001 软件安装提示，通过完成更新 Windows 的系统文件、安装 Multisim 2001 的应用程序等一系列过程，即可完成安装，启动运行。其一般使用过程如下：

(1) 利用原理图、语言格式等方式输入设计到设计环境。

(2) 运行仿真和分析验证电路性能是否与预期相符，并进行相应修改设计。

(3) 根据要求和实现电路方式将设计转移到后续相应阶段。例如使用 EWB 的 PCB 程序包设计 PCB，采用 EWB 的综合工具进行可编程器件实现。

第 3 章 Multisim 2001 基本界面

3.1 Multisim 2001 主窗口

通过单击桌面开始菜单程序组中的"Multisim 2001",即可启动主程序进入 Multisim 2001 运行环境下的工作界面。其主程序窗口如图 3-1 所示。

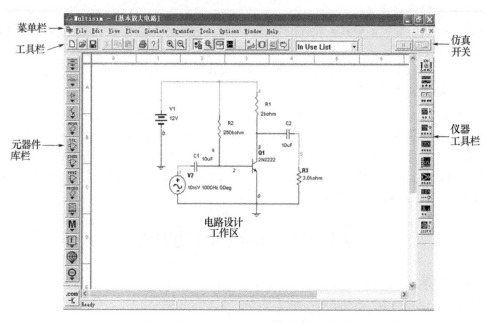

图 3-1　Multisim 2001 主窗口

在如图 3-1 所示的 Multisim 2001 的主窗口中,包含有创建、编辑和分析电路的所有工具,即菜单栏(Menus)、标准工具栏或称系统工具栏(Standard Toolbar or System Toolbar)、缩放工具栏(Zoom Toolbar)、设计工具栏(Design Bar)、当前电路元器件列表(In Use List)、仿真启停开关(Simulation Switch)、系统元器件库栏(Component Toolbar)、网络支持按钮(Com Button)、仪器工具栏(Instruments Toolbar)、工作区(Workspace)及状态栏(Status Bar)等。其中主窗口的中部就是进行电路设计和仿真的设计工作区,所有编辑、修改、仿真和调试电路的操作均在工作区内完成。

3.2 Multisim 2001 菜单栏

Multisim 2001 菜单栏由 10 个菜单组成,分别为 File(文件)、Edit(编辑)、View(视图)、Place(放置)、Simulate(仿真)、Transfer(传输)、Tools(工具)、Options(选项)、Window(窗口)、Help(帮助)等。其菜单中提供了创建、编辑和仿真电路的所有功能命令。

1. File(文件)菜单

File 菜单主要功能是实现对项目和文件的管理，包括文件管理、项目管理和打印等方面的子菜单共 17 个。

(1) New（新建）子菜单。新建一个电路窗口（Workspace），创建新的电路文件。

(2) Open...（打开）子菜单。打开一个已存在的.msm、.ewb 或.cir、.utsch 等格式的文件。

(3) Close（关闭）子菜单。关闭当前工作区内的电路文件。

(4) Save（保存）子菜单。将当前工作区内的文件以.msm 的格式存盘。

(5) Save as...（另存为）子菜单。将当前工作区内的文件以.msm 格式换名存盘。

(6) New Project...（新建工程）子菜单。新建一个工程。Multisim 2001 专业版允许使用工程文件，管理一个电路设计项目中的所有电路文件，在教育版及其以下版本中，无新建工程项目管理功能。

(7) Open Project...（打开工程）子菜单。打开一个已有的工程文件。

(8) Save Project（保存工程）子菜单。将当前工程文件存盘。

(9) Close Project（关闭工程）子菜单。关闭当前工程文件。

(10) Version Control...（版本控制）子菜单。可用来创建当前工程文件的版本或者恢复修改前某一版本的工程文件。该菜单仅在专业版中出现，教育版及其以下版本中无此功能。

(11) Print Circuit（打印电路）。打印当前工作区内的电路图，其中包括 Print...（打印）、Print Preview(打印预览)和 Print Circuit Setup（打印电路设置）子菜单。点击 Print...子菜单，调出标准的 Window 打印设置对话框，可用于设置打印份数等；点击 Print Preview 子菜单，显示打印预览窗口；点击 Print Circuit Setup 子菜单，弹出电路打印设置对话框，如图 3-2 所示，在该对话框中，包含了 Page Margins（页边距）、Page Orientation（页方向）、Zooms（打印缩放）和 Options（打印选项）共四个打印设置选项组。

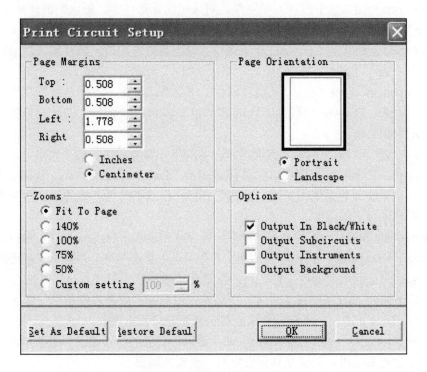

图 3-2 电路打印设置对话框

(12) Print Reports（打印报告）子菜单。打印当前电路文件的相关报告文档。包含 Bill of Materials（元器件清单）、Database Family List（当前电路元器件库列表）和 Component Detail Report（当前电路元器件详细资料）三个子菜单。

(13) Print Instruments（打印仪器波形图）子菜单。打印当前工作区内的仪器波形图，在弹出的对话框中，可选择仪器。

(14) Print Setup（打印设置）子菜单。通过一个标准的 Window 打印设置对话框，设置打印参数，如纸张大小、方向等。

(15) Recent Files（最近打开的文件）子菜单。列出了最近打开过的文件，可快速找到并打开其中的某个文件。

(16) Recent Projects（最近打开的工程）子菜单。功能与 Recent Files 类似，只是针对工程文件操作的。

(17) Exit（退出）子菜单。退出 Multisim 2001。

2. Edit(编辑)菜单

Edit 菜单包含了复制、粘贴、旋转等子菜单，其命令及功能如下。

(1) Undo（撤消）子菜单。撤消前一次的操作。

(2) Cut（剪切）子菜单。将选定的元器件、电路或者文本，以图片形式剪切到剪贴板中。

(3) Copy（复制）子菜单。将选定的元器件、电路或者文本，以图片形式复制到剪贴板中。

(4) Paste（粘贴）子菜单。将剪贴板的内容，粘贴到当前电路文件中。粘贴操作时，被粘贴的对象会跟随鼠标箭头。在合适的位置单击鼠标，则结束粘贴操作。

(5) Delete（删除）子菜单。将选定的元器件、电路或者文本等，从电路文件中删除。

(6) Select All（全选）子菜单。选择电路文件中的所有对象。

(7) Flip Horizontal（水平翻转）子菜单。对选定的元器件等，做水平翻转操作。

(8) Flip Vertical（垂直翻转）子菜单。对选定的元器件等，做垂直翻转操作。

(9) 90 Clockwise 和 90 CounterCW 子菜单。分别是对选定的元器件等，做顺时针或逆时针 90°旋转。

(10) Component Properties...（元器件属性）子菜单。选定元器件，打开属性对话框，包含有 Label（标签）、Display（显示）、Value（数值）和 Fault（故障）共四个标签页。

3. View(视图)菜单

View 菜单包含了用于控制仿真界面显示内容的操作命令或工具的子菜单。

(1) Toolbars（工具栏）子菜单。包含有 system、design、instruments、zoom、In Use list 子菜单。分别用来实现对系统工具栏、设计工具栏、仪器工具栏、缩放工具栏和使用中的元器件列表工具栏的显示或隐藏。

(2) Component Bars（元器件栏）子菜单。包含有 Multisim Database、Corporate Database、User Database、EDAparts Bar 共四个下级子菜单。其功能依次为是否显示或者隐藏系统元器件库栏、项目组（工程）元器件库栏、用户自定义元器件库栏和".com"按钮。

(3) Project Workspace（项目工作区）子菜单。用来显示或者隐藏项目工作区。

(4) Status Bar（状态栏）子菜单。用来显示或者隐藏状态栏。

(5) Show Simulation Error Log/Audit Trail（显示仿真后的错误记录）子菜单。选定该子菜单，表示显示仿真后的错误记录及其详细资料，否则为隐藏。

(6) Show XSpice Command Line Interface（显示 XSpice 命令窗口）子菜单。选定该子菜

单，将打开一个 Spice 命令窗口，能输入可执行的 Spice 命令。

(7) Show Grapher（显示分析图形窗口）子菜单。选定该子菜单，将显示分析图形窗口。该窗口的应用，请参看后面章节的有关内容。

(8) Show Simulate Switch（显示仿真启停开关）子菜单。选定该子菜单，将显示用于仿真的启停开关。

(9) Show Text Description Box（显示电路描述窗口）子菜单。选定该子菜单，将打开一个电路描述窗口，在该窗口，可以输入有关当前电路的说明文字，但不能输入非文字信息。

(10) Show Grid（显示栅格）子菜单。选定该子菜单后，将在工作区背景显示出栅格，方便放置元器件。

(11) Show Page Bounds（显示纸张边界）子菜单。选定该子菜单后，在工作区页面的四边会出现白色的虚线框，其作用在于提示设计人员打印输出时的范围。

(12) Show Title Block and Border（显示标题栏和边界）子菜单。选定该子菜单后，在工作区页面右下角会出现一个设计标题栏，同时页面四边会出现边界标尺。

(13) Zoom In（放大）、Zoom Out（缩小）。是对电路实现缩放操作。

(14) Find...（查找）子菜单。在当前电路中查找元器件或仪器。单击该子菜单后，将出现查找对话框，列表显示了当前电路中所有元器件和仪器的参考 ID，设计人员可以从列表中选择一个或多个参考 ID，然后单击 Select Components 按钮，实现查找操作。

4. Place(放置)菜单

Place 菜单包含了在电路工作区放置元器件、总线和注释文字等的子菜单，共 10 项命令。

(1) Place Component...（放置元器件）子菜单。单击该子菜单后，会弹出一个元器件浏览对话框，从该对话框中，可以通过 Multisim Database、Corporate Database 和 User Database 选择目标元器件。

(2) Place Junction（放置连接点）子菜单。用来放置一个连接点。

(3) Place Bus（放置总线）子菜单。用来放置一条总线。

(4) Place Input/Output（放置输入/输出端）子菜单。用来放置输入输出节点，主要在创建子电路时使用。

(5) Place Hierarchical Block（放置层电路）子菜单。用来在一个层次结构的设计中，放置一个电路作为其中的一个层次。

(6) Place Text（放置文本）子菜单。用来在电路图上添加说明文字信息。单击该子菜单后，于工作区适当位置单击鼠标，就会出现一个文本输入框，当单击或右击文本输入框外工作区的任何一处时，就结束文本输入。

(7) Place Text Description Box（放置文本描述框）。用来添加说明文字信息，对设计电路进行描述。

(8) Replace Component...（替换元器件）子菜单。替换元器件。使用时，首先单击选定工作区中要替换的某个元器件，再单击该子菜单，就会出现元器件浏览对话框，从中选择一个元器件，单击 OK 按钮，则完成替换操作。

(9) Place as Subcircuit（作为子电路放置）子菜单。将剪贴板中的电路内容作为子电路放置在当前工作区。

(10) Replace by Subcircuit（替换为子电路）子菜单。将工作区内选定的内容作为子电路，并替换原选定的内容。在一个工作区内，不允许有同名的子电路存在。

5. Simulate(仿真)菜单

Simulate 菜单提供了电路仿真设置与操作命令，它包含了仿真启停、选择分析方法、全局元器件误差等子菜单，相应命令及功能如下。

(1) Run（运行）子菜单。单击选定该子菜单后，启动当前电路的仿真操作，再次单击该子菜单后停止仿真。

(2) Pause（暂停）子菜单。单击选定该子菜单后，暂停当前电路的仿真操作，再次单击该子菜单后恢复仿真。

(3) Default Instrument Settings...（预置仪器设置）子菜单。打开基于瞬态分析的仪器设置对话框。

(4) Digital Simulation Settings...（数字仿真设置）子菜单。若当前电路中包含数字器件，则通过单击该子菜单可以选择是在 Ideal（速度较快）情况下仿真，还是在 Real（有更高的精确度）情况下仿真。

(5) Instruments（仪器）子菜单。用来选择仪器，包含有 11 个下级子菜单，涉及 11 种仪器，其作用与仪器工具栏相同。

(6) Analyses（分析）子菜单。选择分析方法，包含 Multisim 2001 能够提供的所有仿真分析方法。

(7) Postprocess...（启动后处理器）子菜单。用来启动后处理器，可对仿真分析后的数据做进一步处理。

(8) VHDL Simulation (VHDL 仿真)子菜单。启动 VHDL 仿真模块。在该模块可使用 VHDL 语言进行高级电路设计。

(9) Verilog HDL Simulation（Verilog HDL 仿真）子菜单。启动 Verilog HDL 仿真模块。在该模块可使用 Verilog HDL 语言进行高级电路设计。

(10) Auto Fault option...（自动设置故障选项）子菜单。自动设置电路故障。

(11) Global Component Tolerances...（全局元器件容差设置选项）子菜单。设置全局元器件容差。

6. Transfer(文件输出)菜单

Transfer 菜单包含有七个子菜单，可以将处理结果输出为其他软件接受的格式。

(1) Transfer to Ultiboard（传输到 Ultiboard 软件）子菜单。将当前电路以.net 和.plc 为扩展名存为 Ultiboard（即 Electronic Workbench Layout PCB 制作软件）可以识别的文件。

(2) Transfer to other PCB Layout（传输到其他的 PCB 软件）子菜单。将当前电路以.net 和.plc 为扩展名存为其他 PCB 制作软件可以识别的文件。电路中的虚拟元器件不能输出。

(3) Backannotate from Ultiboard（从 Ultiboard 返回注释）子菜单。从 Ultiboard 返回的注释。如在 Ultiboard 中删除了某个元器件，可以通过打开相应的 LOG 文件，得到这个信息。

(4) VHDL Synthesis（VHDL 合成）子菜单。运行 VHDL 合成模块，在该模块可以编译 VHDL 源代码。

(5) Export Simulation Results to MathCAD（导出到 MathCAD）子菜单。将当前电路的仿真结果通过分析图形窗口的相关菜单，以 MathCAD 软件可以识别的格式输出（必须在计算机上安装 MathCAD 软件，才能正确进行数据输出操作）。

(6) Export Simulation Results to Excel（输出到 Excel）子菜单。将当前电路的仿真结果通过分析图形窗口的相关菜单输出为 Excel 工作表文件，该工作表中，前两列的数据分别是仿真波形 X 和 Y 轴的坐标值。

(7) Export Netlist（导出网表文件）子菜单。用来导出当前电路的网表文件（扩展名为.cir）该文件可以被其他 Spice 软件导入。

7. Tools(工具)菜单

Tools 菜单提供了元器件创建、编辑、元器件库管理和远程协作等功能的子菜单。

(1) Create Component...（创建元器件）子菜单。启动创建元器件的向导，通过该向导，设计人员可以设定要创建元器件的名称、制作者等元器件相关信息。

(2) Edit Component...（编辑元器件）子菜单。以 Multisim Database、Corporate Database、User Database 中某个选定的元器件为基础，设计新的元器件。

(3) Copy Component...（复制元器件）子菜单。可将在 Multisim Database、Corporate Database 或 User Database 中选定的元器件复制到另外的元器件库，如从 Multisim Database 中复制到 User Database 中，利用这种方法，可以快速地创建自己的元器件库。

(4) Delete Component...（删除元器件）子菜单。打开删除 Corporate Database 和 User Database 中的元器件对话框。

(5) Database Management...（元器件库管理）子菜单。打开元器件库管理对话框，针对 Corporate Database 和 User Database，可以添加新的元器件类别、编辑元器件类别图标、删除元器件类别等。

(6) Update Models（更新元器件模型）子菜单。用来更新当前的元器件模型。

(7) Remote Control/Design Sharing（远程协作）子菜单。用来启动 NetMeeting 软件，可以在局域网或者 Internet 上，与工程组的人员共享电路设计或仿真分析的信息。

(8) EDAparts.com（连接支持网站）子菜单。用来启动浏览器，连接到 Electronic Workbench Edaparts 网站。

8. Options(选项)菜单

Options 菜单主要用来定制用户界面和设定有关电路的约束条件等子菜单，其命令及操作如下。

(1) Preferences...（参数选择）子菜单。用来打开参数选择对话框。通过该对话框，设计人员可以定制自己的个性界面。

(2) Modify Title Block...（修改标题栏）子菜单。用来打开标题栏对话框。通过该对话框，设计人员可以编辑标题栏的内容，例如设计题目、设计者、日期等。

(3) Global Restrictions...（全局限制）子菜单。用来打开全局限制设置对话框。单击该子菜单后，Multisim 2001 首先提示输入口令（初始密码"testbench"），验证口令正确后，会打开如图 3-3 所示的全局限制设置对话框。该对话框包含了两个标签页，在 General（常规）标签中，可以设置是否禁用某个元器件库、是否禁用元器件库编辑功能、指定电路文件存放的路径等；在 Analysis 标签页中，可以选定能够使用的分析方法。

(4) Circuit Restrictions...（电路限制）子菜单。用来打开电路限制设置对话框，如图 3-4 所示。在 General 标签页中，可以选择是否设定本电路图为只读、是否隐藏元器件的数值、锁定子电路等。在 Analysis 标签页中，可以选定本电路能够使用的分析方法。

9. Window(窗口)菜单

Window 菜单提供了窗口操作命令，主要用来控制多窗口的排列，其主要子菜单如下。

(1) Cascade（层叠）子菜单。当在主窗口中打开了多个电路工作区（设计窗口）后，该子菜单使这些窗口层叠排列。

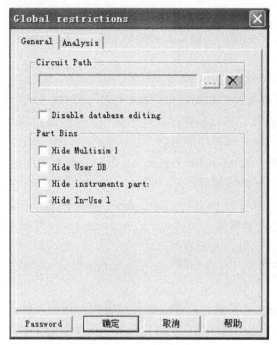
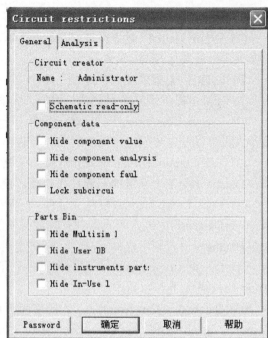

图 3-3 全局限制设置对话框　　　　图 3-4 电路限制设置对话框

(2) Tile（平铺）子菜单。与 Cascade 类似，该子菜单是平铺窗口。

(3) Arrange Icons（排列图标）子菜单。重新排列最小化的图标。在 Arrange Icons 子菜单下列出了在主窗口打开的所有电路窗口的标题。

10. Help(帮助)菜单

Help 菜单提供了在线技术帮助和使用指导，其子菜单如下。

(1) Multisim Help（Multisim 帮助）子菜单。打开 Multisim 帮助文档。

(2) Multisim Reference (Multisim 帮助索引)子菜单。打开 Muitisim 帮助索引文件。

(3) Release Notes（版本注释）子菜单。打开版本注释文档。

(4) About Multisim...（关于 Multisim） 子菜单。打开有关 Multisim 的说明对话框。

3.3 Multisim 2001 工具栏

Multisim 2001 提供了多个功能完备的工具栏，如图 3-5 所示，其主要工具栏如下。

图 3-5 主要操作工具栏

(1) Standard Tools（标准工具栏）。从左至右依次为新建、打开、保存、剪切、复制、粘贴、打印和帮助等按钮。

(2) Zoom Tools（缩放工具栏）。分别是放大和缩小按钮。

(3) Design Bar（设计工具栏）。从左至右依次为 Multisim Master、Component Editing、Instruments、Simulate、Analyses、Post Processor、VHDL/Verilog HDL、Reports、Transfer 按

钮。其中 Multisim Master 按钮，用来显示或隐藏系统元器件库栏；Component Editing 按钮，打开一个级联菜单，用来处理元器件，功能与 Tools 菜单类似；Instruments 按钮，用来显示或者隐藏仪器工具栏；Simulate 按钮，打开一个包含了 Run（运行仿真）和 Pause（暂停）的菜单；Analyses 按钮，用来打开分析方法选择菜单；Post Processor 按钮，用来启动后处理器；VHDL/Verilog HDL 按钮，打开一个包含 VHDL 和 Verilog 设计仿真的菜单；Reports 按钮，用来打开一个包含打印有关电路报告的菜单；Transfer 按钮，打开一个有关传输数据的菜单。

(4) In Use List（当前电路元器件列表）栏。在其下拉列表中，列出了当前电路使用的元器件，但不包含仪器。单击列表中的某个元器件，可以快速向电路中复制该元器件。

(5) Simulate Switch（启停开关）栏。依次为暂停仿真和启动/关闭仿真按钮。

(6) 系统元器件库栏，如图 3-6 所示，列出了在电路仿真中所能用到的、由系统提供的所有元器件。从左至右依次为信号源库、基本元器件库、二极管库、晶体管库、模拟元器件库、TTL 元器件库、CMOS 元器件库、混杂数字器件库、混合芯片库、指示部件库、混杂部件库、控制部件库、射频器件库和机电类元器件库。

图 3-6　系统元器件库栏

(7) 仪器工具栏，如图 3-7 所示，Multisim 2001 提供的主要仪器从左至右依次为数字万用表、函数信号发生器、瓦特表、示波器、波特图仪、字信号发生器、逻辑分析仪、逻辑转换仪、失真分析仪、频谱分析仪和网络分析仪。

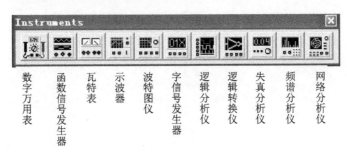

图 3-7　仪器工具栏

3.4　Multisim 2001 快捷菜单

Multisim 2001 常用的快捷菜单有五种，分别是右击元器件或仪器、右击导线、右击工作区空白处、右击工作区窗口垂直滚动条区域和右击工作区水平滚动条区域产生的快捷菜单。通过使用快捷键进行电路的创建、编辑和仿真等操作，非常方便灵活。

(1) 右击元器件或仪器，产生操作快捷菜单。其中很多菜单项在菜单栏中有同名菜单，这里不再赘述了。若选定 Color...菜单项，则会弹出一个 Window 颜色选择对话框，选定的颜色就是元器件或仪器的颜色。

(2) 右击导线，产生操作快捷菜单。其中的 Delete 菜单项功能是删除该导线，Color...是设置该导线的颜色。

(3) 右击工作区空白处，产生操作快捷菜单。该快捷菜单中包含了六组菜单项，第一组有放置元器件、总线等菜单项，第二组有复制、粘贴等菜单项，第三组有控制是否显示栅格等菜单项，第四组有控制缩放等菜单项，第五组菜单项，其实是 Preferences（参数选择）对话框中的部分功能。

(4) 右击工作区窗口垂直滚动条区域和水平滚动条区域，产生操作快捷菜单。如果当前设计的电路元器件较多、电路比较复杂时，其工作区可能会由多页组成，这样在编辑和修改电路时，使用滚动条或者滚动条区域的快捷菜单，就可以快速地进行滚动或者翻页操作。

第 4 章　Multisim 2001 元器件库及应用

电路仿真分析软件需要大量电子元器件的支持，并要求具有元器件的查找、取用等各种操作功能。Multisim 2001 软件拥有数量庞大、品种齐全的元器件，具有四种元器件库，分别是 Multisim Database（元器件数据库）、Corporate Database（开发组数据库）、User Database（个人数据库）和 EDA parts Bar（网络数据库），可以通过 Tools 菜单的 Database Management（元器件库管理）子菜单进行管理。

其中，最主要的是系统自带的 Multisim Database 数据库，它用来存放各种元器件模型，其数量约有 16000 个。Corporate Database 是为项目开发者准备的数据库，开发组的成员可以通过该库共享其中的元器件模型。User Database 是个人进行电路仿真时建立的数据库。Corporate Database 和 User Database 库中的元器件模型，均来自于用户使用编辑器自行开发的元器件模型，或修改 Multisim Database 中的元器件模型参数后得到的新的元器件模型。EDA parts Bar 是一种网络数据库，通过单击启动 IE 浏览器，在线获取元器件库的更新包，从而更新本地 Multisim Database 库的内容。以下主要介绍 Multisim Database 元器件数据库。

4.1　Multisim 2001 元器件库

Multisim 2001 的 Multisim Database 中含有 14 个元器件库，这些元器件库组成了一个元器件库栏，摆放在主窗口的左侧，如图 4-1 所示，用户也可以根据个人习惯，调整其位置。每个元器件库中含有数量不等的元器件箱（Component Family），各种仿真元器件分门别类地放在这些元器件箱中供用户随意调用，十分方便。

图 4-1　元器件库栏

1. 信号源库

单击元器件库栏的信号源图标，即可打开如图 4-2 所示的信号源库，其功能及应用如下。

(1) Ground（接地端）。这是一个模拟地，为电路提供电压的公共参考点。在电路仿真分析中，含有运算放大器、变压器、示波器等的电路或模拟和数字的混合电路，必须有接地端。

(2) Digital ground（数字地）。Digital ground 为电路中数字器件的电源提供参考点。使用时，将 Digital ground 放置于电路中，但可不与任何数字器件直接连接。Digital ground 只能用于含有数字器件的电路。

(3) VCC voltage source（VCC 电压源）。用来为数字器件提供直流电压，使用时可示意性地放置于电路中。双击其符号，可打开属性对话框，设置电压值，其值可以为正，也可以为负。

图 4-2 信号源库

(4) VDD voltage source（VDD 电压源）。功能和使用基本与 VCC 相同。

(5) DC voltage source（直流电压源）。DC voltage source 为电路提供直流电压或电流，其电压取值范围在 mV 到 kV 之间，但不能为 0。在仿真时，认为其内阻为 0。可双击其符号打开属性对话框，设置电压值和容差。

(6) DC current source（直流电流源）。它是一个理想的直流电流源，使用时，可通过其属性对话框，修改电流值，取值范围为 mA 到 kA 之间。

(7) AC voltage source（交流电压源）。它是正弦交流电压源，通过其属性对话框，可以设置有效值、频率和初相。电压有效值的取值范围为 mV 到 kV。

(8) AC current source（交流电流源）。它是正弦交流电流源，通过属性对话框，可以设置电流的有效值、频率和初相。电流有效值的取值范围为 mA 到 kA。

(9) Clock source（时钟源）。它实际上是一个方波发生器，一般用作数字电路的时钟触发信号，它的幅值、频率和占空比等参数，均可通过属性对话框设置。

(10) AM source（调幅信号源）。用来产生一个受正弦波调制的调幅信号源，其表达式为：$Vo = Vc\sin(2\pi fct) \times (1 + m\sin 2\pi fmt)$，式中的 Vc 为载波幅度、fc 为载波频率、m 为调制指数、fm 为调制频率。

例如，调幅信号源测试电路其输出信号波形如图 4-3 所示。双击 AM Sourse，在其属性对话框中设置 Vc 为 1V、fc 为 1000 Hz、m 为 2、fm 为 100 Hz，通过示波器可测得输出的调幅信号。

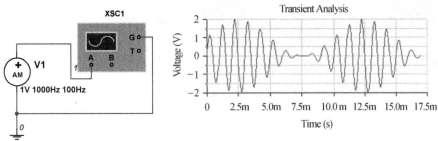

图 4-3　测试调幅信号源电路与波形

(11) FM voltage source（调频电压源）。它是频率调制的信号源，可产生一个调频信号，其表达式为：Vo＝Va(sin(2πfct+msin(2πfmt))，其中 Va 为峰值幅度、fc 为载波频率、m 为调制指数、fm 为调制频率。

(12) FM current source（调频电流源）。其原理与调频电压源相同，只是输出为电流 Iout。

(13) FSK source（频移键控信号源）。一般用于数字通信系统，当输入为高电平时，输出一个频率为 f1 的正弦波，当输入为低电平时，就输出一个频率为 f2 的正弦波，这实际上是将数字信号转换为模拟信号。

(14) Voltage-controlled sine wave（电压控制正弦波）。该振荡器在输入电压（直流或者交流）控制下，会产生频率变化的正弦波形。

例如，创建电压控制正弦波振荡器电路，并测得其输入与输出信号波形如图 4-4 所示。

该例输入信号是方波，其频率为 250 Hz、幅值为 1 V、占空比为 50%，而电压控制正弦波振荡器的设置为：Output peak low 为 0V，对应正弦波频率为 1000Hz，Output peak high 为 1 V，对应正弦波频率为 3000 Hz。

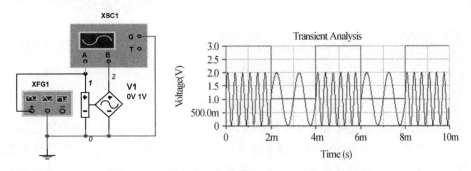

图 4-4　电压控制正弦波振荡器应用电路与测试结果

(15) Voltage-controlled square wave（电压控制方波）。其工作原理与电压控制正弦波振荡器类似，只是输出为方波信号。

(16) Voltage-controlled triangle wave（电压控制三角波）。其工作原理也与电压控制正弦波振荡器类似，只是输出为三角波信号。

(17) Voltage-controlled voltage source（电压控制电压源）。输出电压受输入电压的控制，二者的比值 E（=Vout/Vin）称为电压增益，取值范围为 mV/V 到 kV/V。使用时关键是准确设置属性对话框中的 Voltage gain (E) 选项。

(18) Voltage-controlled current source（电压控制电流源）。输出电流受输入电压的控制，输出电流 Iout=G*Vin。G 称为跨导，其单位为 mhos，可通过属性对话框中的 transconductance (G) 选项设置。

(19) Current-controlled voltage source（电流控制电压源）。输出电压受输入电流的控制，输出电压 Vout=H*Iin。H 称为转移电阻，可在属性对话框中设置。

(20) Current-controlled current source（电流控制电流源）。输出电流受输入电流的控制，二者的比值 F (=Iout/Iin) 称为电流增益，取值范围为 mA/A 到 kA/A，可通过属性对话框的 Current Gain (F)选项设置。

(21) Pulse voltage source（脉冲电压源）。输出为脉冲电压，可通过属性对话框设置其初始值、脉冲值、上升时间、下降时间和周期等参数。

(22) Pulse current source（脉冲电流源）。输出为脉冲电流，其参数设置与脉冲电压源类似。

(23) Exponential voltage source（指数电压源）。用来产生一个呈指数变化的脉冲信号，可通过属性对话框设置其初始值、脉冲值、上升延迟和上升时间、下降延迟和下降时间等参数。

(24) Exponential current source（指数电流源）。用来输出一个呈指数变化的电流信号，设置与指数电压源类似。

(25) Piecewise linear voltage source（分段线性电压源）。通过时间和电压值，控制输出波形的形状。具体在属性对话框中设置时，每一对 Time 和 Voltage 的值决定了一段电压波形的形状。

(26) Piecewise linear current source（分段线性电流源）。输出的是电流信号，其设置与分段线性电压源类似。

(27) Voltage-controlled piecewise linear source（压控分段线性源）。允许在属性对话框中，通过设置输入电压和输出电压的值，控制输出电压波形形状。

(28) Controlled one-shot（受控单脉冲）。作为信号变换器，它可以根据设置的参数，将输入信号变换为具有一定幅值和宽度的脉冲信号输出。输入信号可以是直流信号，也可以是交流信号。

(29) Polynomial source（多项式电压源）。它实际上是一个非线性的压控电压源，共有三个输入电压，一个输出电压，输出与输入的关系满足表达式：

Vout=A+B*V1+C*V2+D*V3+E*V^{2}1+F*Vl*V2+G*Vl*V3+H*V2^2+I*V2*V3+J*V3^2+K*V1*V2*V3

式中 A、B、C、…K 的值，可在其属性对话框中设置。

(30) Nonlinear dependent source（非线性相关电源）。可用来模拟一个器件的特性或复杂的系统。该器件有四个电压输入端、两个电流输入端和一个输出端，输出端的信号源自对输入端的运算。根据在属性对话框中的设置，决定在输出端是输出电压信号，还是电流信号。运算关系和函数包括：+、-、*、/、^和 abs、 asin、atanh、exp、sin、tan、acos、asinh、cos、ln 等。如：V= ln(cos(log(v(1,2)^2))-v(3) ^4+v(2) ^v(1)。

2．基本元器件库

单击元器件库栏的元器件图标，打开如图 4-5 所示的基本元器件库，它包含有现实元器件箱 22 个、虚拟元器件箱 7 个。

(1) Resistor（电阻）。现实电阻，其取值范围为 1.0Ω~22MΩ。使用时每个电阻的阻值是不可改变的。

(2) Resistor virtual（虚拟电阻）。使用时，可通过属性对话框改变其阻值等参数，其表达式为：R=R0* {1+TC1 *(T-T0)+TC2* [(T-T0)^2]}，式中 R0 为温度 T0 下的阻值、T0 为常温（27℃）、TC1 为一阶温度系数、TC2 为二阶温度系数、T 为电阻温度。

(3) Capacitor（电容）。现实无极性电容，取值范围为 1.0pF~10μF，其值不可改变。

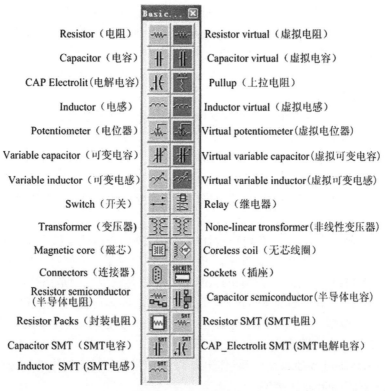

图 4-5 基本元器件库

(4) Capacitor virtual（虚拟电容）。作用与 Capacitor 相同，但可以通过属性对话框改变其参数。

(5) CAP Electrolit（电解电容）。带极性电容，其模型中没有规定限压和耗散功率等。

(6) Pullup（上拉电阻）。虚拟元器件，使用时一端接 VCC，一端接逻辑电路中的一点，使该点电压接近 VCC 的值。

(7) Inductor（电感）。其取值范围为 1.0μH~9.1H，作为现实元器件，其值不可改变。

(8) Inductor virtual（虚拟电感）。虚拟电感元器件，其作用与 Inductor 相同，但使用时，其值可以修改。

(9) Potentiometer（电位器）。是一种可调节的电阻，使用时可定义调节字母按键，一般小写字母按键表示减少百分比，大写字母按键表示增加百分比。如通过属性对话框设置按键为"a"，increment 为 5%，初始百分比默认为 50%，则每按一次"a"键，百分比递减 5%。

(10) Virtual potentiometer（虚拟电位器）。作用与 Potentiometer 相同，只是使用时，可修改阻值。

(11) Variable capacitor（可变电容）。使用方法与 Potentiometer 相同。

(12) Virtual variable capacitor（虚拟可变电容）。作用与 Variable capacitor 相同，只是作为虚拟元器件，可以修改电容值。

(13) Variable inductor（可变电感）。使用方法与 Potentiometer 相同。

(14) Virtual variable inductor（虚拟可变电感）。作用与 Variable inductor 相同，但使用时可以修改电感值。

(15) Switch（开关）。它包含有五种开关模型，分别是电路控制开关（Current-controlled Switch）、单刀双掷开关（SPDT）、单刀单掷开关（SPST）、时间延迟开关（TD-SW1）、电压控制开关（Voltage-controlled Switch）。

(16) Relay（继电器）。继电器触点的闭合或断开是由流经其线圈的电压决定的，当线圈电压超过某个特定值时，触点闭合，当线圈电压下降到某个特定值时，线圈断开。因此在使用时，必须了解其闭合或断开时的特定电压值。

(17) Transformer（变压器）。其表达式为匝数比 n=Vl/V2、il=i2/n。使用时，初级线圈和次级线圈均需接地。

(18) None-linear transformer（非线性变压器）。这是一个虚拟的变压器，由于是非线性的，因此通过使用该变压器，可以模拟许多物理效果，如非线性磁饱和、初次级线圈损耗等。

(19) Magnetic core（磁芯）。它是一个理想化的模型，可以构造出多种类型的电磁感应电路，常用于设计线性或非线性的磁路元器件。

(20) Coreless coil（无芯线圈）。可用来构造理想化的电磁感应电路模型，可体现感应电动势的产生情况。

(21) Connectors（连接器）。在电路设计中，可以使用连接器连接两个信号，而且不会影响仿真效果，并可以包含在 PCB 文件中。在系统中，提供了 100 多种不同封装的连接器。

(22) Sockets（插座）。作用与 Connectors 相同，只是它提供的是插针形式的封装。

(23) Resistor semiconductor（半导体电阻）。采用半导体材料制作的无极性电阻，实际上是一种平面封装的模型，可以在属性对话框中设定其外形尺寸、表面电阻（RSH）和温度系数等。适用于集成电路的设计。

(24) Capacitor semiconductor（半导体电容）。采用半导体材料制作的无极性电容，其参数设置与 Resistor semiconductor 类似。

(25) Resistor Packs（封装电阻）。这是一个封装了多个电阻的集成元器件，有 6×1k、4×1k、8×1k 等多种封装，它的使用可极大减小 PCB 板的空间占用。

(26) Resistor SMT（SMT 电阻）。作用与 Resistor 相同，只是采用了 SMT 封装模型。

(27) Capacitor SMT（SMT 电容）。作用与 CAP Electrolit 相同，只是封装形式不同。

(28) CAP_Electrolit SMT (SMT 电解电容)。作用与 CAP_Electrolit 相同，只是封装不同。

(29) Inductor SMT（SMT 电感）。作用与 Inductor 相同，但封装形式不同。

3. 二极管库

二极管库中包含 11 个元器件箱，如图 4-6 所示。

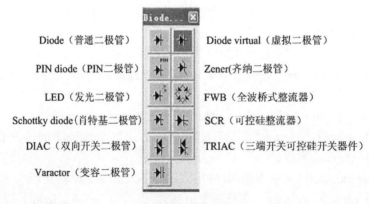

图 4-6 二极管库

(1) Diode（普通二极管）。它只允许正向有电流通过，因此可以在交流电路中作为开关使用，在系统数据库中，提供了相当丰富的不同型号的 Diode。

(2) Diode virtual（虚拟二极管）。这是虚拟的普通二极管。可以通过属性对话框，修改其模型参数。

(3) PIN diode（PIN 二极管）。这种二极管的本征层采用纯半导体材料制作，在红外线的照射下，可产生较大的势垒区，导致其电流发生线性变化。

(4) Zener（齐纳二极管）。就是稳压二极管，其反向击穿电压的取值范围为 2.4 V～200 V。

(5) LED（发光二极管）。系统提供了六种不同颜色的发光二极管，其电模型与 Diode 相同。

(6) FWB（全波桥式整流器）。用来对交流信号进行全波整流，得到直流输出。在连接时，2、3 引脚作为输入端，1、4 引脚作为输出端。

(7) Schottky diode（肖特基二极管）。在系统数据库中，提供了不同厂商、不同型号的 Schottky diode。

(8) SCR（可控硅整流器）。其正向导通的条件是正向电压超过了正向转折电压，而且控制极有正向脉冲。

(9) DIAC（双向开关二极管）。相当于两个肖特基二极管反向连接构成。

(10) TRIAC（三端开关可控硅开关元器件）。相当于两个 SCR 反向连接，可作为双向开关使用。

(11) Varactor（变容二极管）。在反向电压作用下，该二极管的 PN 结会产生较大的结电容，因此可用于变容电路中。

4．晶体管库

单击元器件库栏的晶体管图标，打开晶体管库，各种晶体管功能图标和名称如图 4-7 所示。该晶体管库有 17 个现实元器件箱，包括一些世界著名晶体管制造厂商的晶体管模型，另

图 4-7　晶体管库

外还有 16 个虚拟元器件箱，可通过属性对话框修改其模型参数，存入 User database 后，可在本电路中反复使用。其中，在 BJTNRES 或 BJTPRES 元器件中，其基极和射极各有一个附加电阻。在 BJT Array 晶体管阵列中，封装了数量不等的离散晶体管，这种封装方法，有利于减少 PCB 板的空间占用。

5. 模拟元器件库

单击元器件库栏的模拟库 ANA 图标，则打开如图 4-8 所示的模拟元器件库。

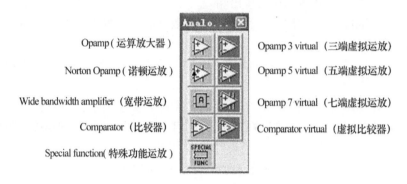

图 4-8　模拟元器件库

(1) Opamp（运算放大器）。在该元器件箱中系统地提供了数百种运算放大器，这些运算放大器，普遍提供了多种仿真模型。由于各种运算放大器的引脚不尽相同，在使用时可以通过其属性对话框的 Edit Component in DB 按钮查看引脚情况，当然也可以查看有关参数，如放大增益 A。

(2) Opamp3 virtual（三端虚拟运放）。这种三端虚拟运放，采用理想模型，仿真速度很快。修改的模型参数只能在本电路中有效。

(3) Norton Opamp（诺顿运放）。实际上是一种电流差分放大器，相当于一个输出电压与输入电流成正比的互阻放大器，这种作用和电流控制电压源非常相似。该元器件提供了四种仿真模型，使用时可以根据需要选择。

(4) Opamp5 virtual（五端虚拟运放）。它在三端虚拟运放的基础上添加了一对正、负电压引脚，同时具有很多三端虚拟运放所没有的仿真特性参数。

(5) Wide bandwidth amplifier（宽带运放）。它是一种非常典型的运放，如通用运放 741，通过内部补偿，具有 1 MHz 的单位增益带宽。宽带运放的增益带宽一般被设计成大于 10MHz，典型的达到 100 MHz。该种元器件也提供了四种仿真模型，一般用于视频放大电路。

(6) Opamp7 virtual（七端虚拟运放）。它在五端虚拟运放基础上添加了一对输出引脚。

(7) Comparator（比较器）。用来比较两个输入电压的大小和极性，并输出相应的状态。

(8) Comparator virtual（虚拟比较器）。是一种简化的比较器，只有两个输入端，一个输出端，当 X>Y 时，输出高电平，否则输出低电平。

(9) Special function（特殊功能运放）。包括一组特殊功能的模拟元器件，如仪用测量运放、视频运放、有源滤波器等。为了提高精确度，特殊功能运放提供了四种仿真模型，在进行电路设计时可斟酌使用。

6. TTL 元器件库

单击元器件库栏的 TTL 逻辑门图标，则可打开如图 4-9 所示的 TTL 元器件库。

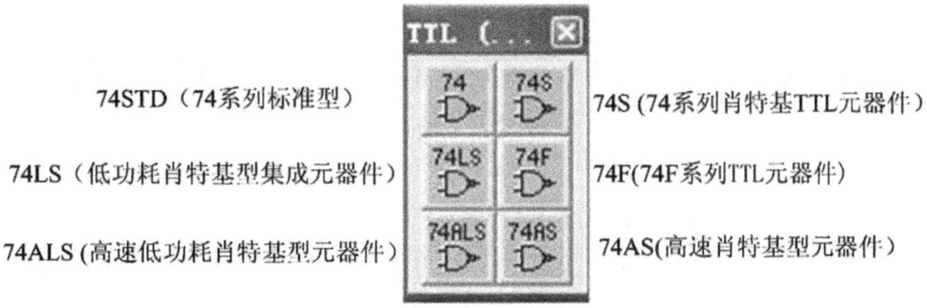

74STD（74系列标准型）

74LS（低功耗肖特基型集成元器件）

74ALS(高速低功耗肖特基型元器件)

74S (74系列肖特基TTL元器件)

74F(74F系列TTL元器件)

74AS(高速肖特基型元器件)

图4-9 TTL 元器件库

TTL 元器件库包括了众多知名厂商的各种 TTL 元器件，这些元器件一般都集成了一定数量的门电路，如 7400N，它里面就封装了四个与非门。为了方便设计者选取元器件，TTL 元器件库是按照 74 系列来划分的。

(1) 74STD（74 系列标准型）。74STD 元器件的输入高电平不能超过 5.5 V，一般在 4.75V～5.25V。

(2) 74S（74 系列肖特基 TTL 元器件)。在该系列元器件中，通过采用达林顿对或较小阻值的电阻等方法，改善了元器件的某些特性，如上升延迟和下降延迟都变得比较小了。

(3) 74LS（低功耗肖特基型集成元器件)。74LS 系列的元器件，功耗比 74S 系列要低，但速度相对慢一些，开关时间参数也加大了。在系统中，74LS 元器件箱提供了 74LS00D 到 74LS93N 各种型号的元器件，非常齐全。

(4) 74F 和 74AS 系列元器件。封装形式不同，仿真模型也有些差别，但上升延迟和下降延迟等参数基本相同。与之相比，74ALS 的上升延迟和下降延迟等参数值要大一些。

应用时注意：

(1) 由于 TTL 元器件是数字集成电路，因此，仿真时必须提供 VCC 电源和数字地。

(2) 在系统的帮助文档中，提供了 TTL 元器件的大量帮助信息，如元器件逻辑符号、各引脚的名称和真值表等。

(3) 很多元器件有多种封装形式，仿真时可以任意选取，但要将电路传递给 PCB 制作软件时，必须注意区分。

7. CMOS 元器件库

单击元器件库栏的 CMOS 门图标，可打开如图 4-10 所示的 CMOS 元器件库。它包括了 74HC、4XXX 和 Tiny Logic 系列的各种型号的元器件。4XXX 系列的器件，其平均电压范围为(3～15)V，74HC 系列为(2～6)V。

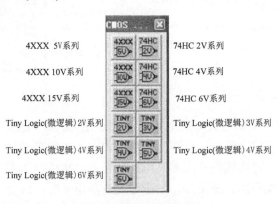

图 4-10 CMOS 元器件库

应用时注意：

(1) Tiny Logic 系列的芯片与 74HC、4XXX 最大的区别是，该系列的芯片都是单一功能单一封装的门电路，如 NC7S00，它里面只是封装了一个二输入的与非门。

(2) CMOS 器件有许多优势，如在速度上，它比其他 MOS 型器件要快，功耗却较小，与同样作用的 TTL 元器件相比，具备更多的功能，因此 CMOS 器件得到了普遍应用。

(3) CMOS 器件在使用时与 TTL 相同，都必须提供 VCC 电源和数字地。

8. 混杂数字元器件库

单击元器件库栏的 MISC 逻辑门图标，可打开如图 4-11 所示的混杂数字元器件库。

(1) TIL 元器件箱。这是一个元器件安排比较杂的元器件箱，包含有一个 2K8 RAM、解码器、编码器、多谐振荡器、运算器、移位寄存器等器件，更多的是一些 TTL 数字器件。

(2) VHDL 和 Verilog HDL 元器件箱。VHDL 元器件箱中，存放的是使用 VHDL 语言编程的数字器件，这些器件的源文件被安装在 Multisim\VHDL\fmfparts 子目录下，如 STD00.vhd 就是描述二输入与非门 7400 元器件的 VHDL 源文件。在 Verilog HDL 元器件箱中，存放的是使用 Verilog HDL 语言编程的数字器件，其文件被安装在 Multisim\Verilog 子目录下。

(3) Memory 元器件箱。主要是 Fairchild 公司生产的 27C 系列的存储器，基本都是各种容量的 EPROM，另外还有四个其他厂商生产的 RAM 芯片。

(4) Line driver 元器件箱。Line driver（行激励器）一般用来连接数字信号和模拟信号，作用类似于 RS232。该元器件箱，应用时放置在数字电路之后，作为信号的发送器。但该元器件箱中绝大部分是德州仪器公司生产的各种型号的 SN74 系列总线缓冲器，只有两个行激励器。

(5) Line receiver 元器件箱。Line receiver（线路接收器）可放置在数字电路之间，作为模拟信号的接收器。该元器件箱器件不多，大部分是德州仪器、摩托罗拉等公司生产的线路接收器。

(6) Line transceiver 元器件箱。Line transceiver（线路收发器）可放置在数字电路之间，作数字信号的中继传输。该元器件箱中大部分都是摩托罗拉公司生产的总线型线路收发器。

9. 混合元器件库

单击元器件库栏的 Mixed 元器件库图标，打开如图 4-12 所示的混合元器件库。

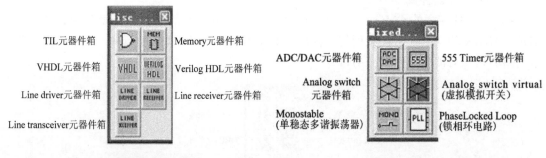

图 4-11　混杂数字元器件库　　　　图 4-12　混合元器件库

(1) ADC/DAC 元器件箱。它只有三个器件 ADC、IDAC 和 VDAC，均是虚拟器件。ADC 是一个八位的模一数转换器，其引脚分别是：VIN 为模拟电压输入引脚；VREF+为参考电压"＋"引脚，使用时可连接到直流参考电压的正端；VREF－为参考电压"－"引脚，一般接地；SOC 为启动转换引脚，该引脚由低电平变为高电平时，启动转换；EOC 为转换结束标志，高电平表示转换结束；OE 为输出允许引脚。IDAC 是一个将数字信号转换成为模拟电流信号的器件,而 VDAC 是将数字信号转换成为模拟电压信号的器件。

(2) Timer 元器件箱。该元器件箱中,除了一个是虚拟 Timer 器件之外,其他的都是 National 生产的 LM555 定时器。555 定时器的应用十分广泛,可构成非稳态或单稳态多谐振荡器、单稳态触发器等。

(3) Analog switch 元器件箱。该元器件箱中,大部分都是 Analog Devices 公司生产的模拟开关元器件。模拟开关实际上是一种由两个输入电压控制的按对数规律变化的电阻器。当控制电压小于 Coff 值时,开关断开,当控制电压大于 Con 值时,开关开启。

(4) Analog switch virtual(虚拟模拟开关)。它是虚拟的模拟开关,作用同 Analog switch,并可以设置 Coff 和 Con 等参数。

(5) Monostable(单稳态多谐振荡器)。这是一个虚拟的单稳态多谐振荡器,采用边沿触发方式工作,被触发后,输出一个固定宽度的脉冲信号,该脉冲宽度由一个定时 RC 电路控制,其表达式为 T=0.693RC。

(6) PhaseLocked Loop(锁相环电路)。这是一个虚拟的锁相环电路。它由三个模块,即压控振荡器(VCO)、相位检测器和低通滤波器组成。通过其属性对话框可设置相位检测器的转换增益、VCO 自由振荡频率等参数。

10. 指示部件库

单击元器件库栏的指示部件图标,将打开指示部件库,其中共有七个元器件箱,如图 4-13 所示。指示部件库中的各种元器件均是交互式元器件,是不允许修改其模型的,只能修改属性参数。

(1) Voltmeter(电压表)。用来测量交、直流电压,为准确测量,必须通过其属性对话框设定更大的内阻。在使用电压表时,根据设计和测量需要,可将其两个端子呈水平或垂直放置,方法是右击电压表,在快捷菜单中,点选 Clockwise(垂直放置)或 ClockCW(水平放置)。

(2) Ammeter(电流表)。用来测量交、直流电流,为准确测量,必须设定更小的内阻。

(3) Digital Probe(探测器)。它只有一个连接点,一般用于数字电流,可显示其连接点的电平状态(高或低),其门限值可在属性对话框中设置。

(4) Lamp(灯泡)。在该元器件箱中,系统提供了九种额定电压在(5~100)V、额定功率为(1~100)W 的灯泡,且一旦选定,参数是不可修改的。当灯泡两端的电压在大于额定电压的 50%到额定电压之间时,灯泡一边亮;当加上的电压大于额定电压值且小于额定电压的 150%时,灯泡两边都亮;当加上的电压超过额定电压的 150%时,灯泡被烧毁,此时如继续仿真,必须更换灯泡。

(5) Hex display(十六进制显示器)。该元器件箱中,有三个 Hex display,分别是 DCD HEX、SEVEN SEG COM K、SEVEN SEG DISPLAY。其中 DCD HEX 是带译码的七段数码显示器,有四个引脚,分别对应四位二进制数,可表示 0~F 共 16 个数。SEVEN SEG COM K 和 SEVEN SEG DISPLAY 也是七段数码显示器,和 DCD-HEX 不同的是,它内部无译码电路。七段中的每一个段和引脚之间是一一对应的关系,当某个引脚加高电平后,其对应的段码会发光,功能如图 4-14 所示。SEVEN SEG COM K 和 SEVEN SEG DISPLAY 的区别是前者发光是稳定的,而后者却是闪烁发光。

(6) Bargraph(条形光柱)。该元器件箱中,有三种条形光柱。DCD BARGRAPH 是带译码的条形光柱,相当于 10 个二极管串联,左侧端子为阳极,右侧端子为阴极,当端电压超过某个电压值时,相应 LED 下的 LED 全部发光。其表达式为 Von=Vl+(Vh-Vl)*(n-1)/9,式中 Vl 是点亮最低一个段所需的最小电压(默认为 1V),Vh 是点亮最高一个段的最小电压(默

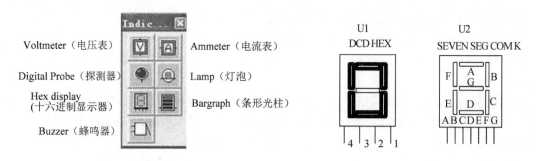

图 4-13 指示部件库　　　　　图 4-14 十六进制显示器

认为 10V，实际需要至少 14V），n=1、2、3、…、10。LVL_BARGRAPH 是通过电压比较器检测输入电压的高低，并以某个 LED 发光来显示。UNDCD BARGRAPH 是不需要译码的条形光柱，内部有 10 个互不相连的 LED，左侧端子为阳极，右侧为阴极。

(7) Buzzer（蜂鸣器）。它使用计算机内置的扬声器来模拟理想的压电式蜂鸣器，当电压超过其设定值时，蜂鸣器会按照预定的频率鸣响。使用时可以通过属性对话框设定其额定电压、电流和额定频率，其中额定频率不能设置低于 40 Hz，否则不会鸣响。

以上探测器、灯泡、条形光柱、十六进制显示器的发光颜色是可以改变的，改变的方法是右击元器件，点选快捷菜单的 Color...。

11．混杂部件库

在混杂部件库中，放置了一些不便归于其他类库中的元器件箱。单击该元器件库栏的 M 图标，则打开如图 4-15 所示的混杂部件库。

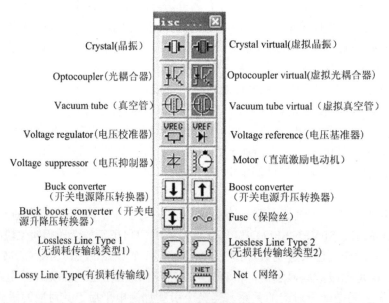

图 4-15　混杂部件库

(1) Crystal（晶振）。在该元器件箱中，存放了近 20 种型号的晶振，其频率在 32kHz～80MHz 之间。

(2) Crystal virtual（虚拟晶振）。这是一个 10 MHz 的虚拟晶振。

(3) Optocoupler（光耦合器）。光耦合器通过光电效应，将信号从输入端耦合到输出端，因此可以有效地消除接地回路的干扰。在该元器件箱中放置了数十种各种类型的光耦合器。

(4) Optocoupler virtual（虚拟光耦合器）。它是采用了典型参数的虚拟光耦合器。

(5) Vacuum tube（真空管）。真空管实质上是一种电压控制的电流元器件，其工作机理类似于 N 构道的 FET，常被用在音频电路中作为放大器。

(6) Vacuum tube virtual（虚拟真空管）。其模型参数采用的是现实真空管的默认值。

(7) Fuse（保险丝）。保险丝是应对涌电压和超负荷电流的冲击，从而保护电路的一种电阻元器件，当电路中电流超过保险丝的额定值时，其阻值为无穷大，此时保险丝被烧毁，否则其阻值默认为 0。在选取保险丝时，要根据电路的实际情况，选取适当额定电流的保险丝，太小或太大，均是错误的。另外保险丝一旦被烧毁，必须重新选取。

(8) Voltage regulator（电压校准器）。该元器件箱提供的是线性集成电压校准器，能在大范围的线性变化和负载变化时保持一个恒定的输出电压，一般都是三端器件。

(9) Voltage suppressor（电压抑制器）。电压抑制器内部是由两个齐纳二极管背靠背地连接在一起，这种结构使得它可以监控双向的过电压和过电流，从而对电路起到保护作用。一般用在交流电源到直流的转换电路上。

(10) Buck converter（开关电源降压转换器）、Buck boost converter（开关电源升降压转换器）、Boost converter（开关电源升压转换器）。它们都是模拟 DC-DC 的开关电源转换器的求均值电路模型，也可以模拟 AC、DC 和开关电源的大信号传输响应。

(11) Lossless Line Type 1（无损耗传输线类型 1）和 Lossless Line Type 2（无损耗传输线类型 2）。它们是一种表征传输媒介，如一条导线的两端网络。无损耗传输线类型 1 的模型模拟的是理想状态下传输线的特性阻抗和传播延迟，且其特性阻抗是纯电阻性的。通过属性对话框可设置其特性阻抗和传播延迟参数。无损耗传输线类型 2 与类型 1 类似，只是其传播延迟是通过传输信号频率和线路归一化长度来设定的。

(12) Lossy Transmission Line（有损传输线）。与无损传输线不同的是，它能模拟由特性阻抗和传播延迟造成的纯电阻性损耗。在其属性对话框中，可设置传输线长度，单位上的电感、电容、电阻和电导值，若其电阻和电导设定为 0，就变成了无损传输线。

(13) Net（网络）。它是一个可以创建模型的模板，在该模板中，允许输入 2~20 个引脚的网表。

12. 控制部件库

单击元器件库栏的控制部件 Contr 图标，打开如图 4-16 所示的控制部件库。该库中有 12 个控制模块，都是虚拟元器件。

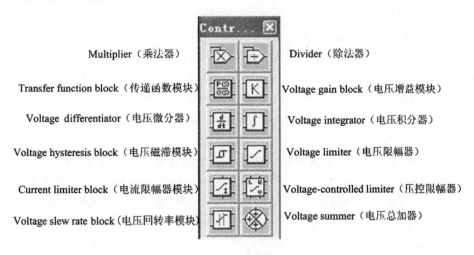

图 4-16 控制部件库

(1) Multiplier（乘法器）。它有两个输入电压 Vx 和 Vy，其功能就是实现 Vout＝Vx*Vy。表达式为 Vout=K(Xk(Vx+Xoff)*Yk(Vy+Yoff))+off。式中，Vx 和 Vy 是输入信号 X 和 Y 的值；Vout 是输出信号；Xk 和 Yk 分别是输入信号 X 和 Y 的增益；Xoff 和 Yoff 分别是信号 X 和 Y 的失调电压；K 是输出增益，off 是输出信号失调电压。

乘法器的功能测试电路及其输出波形如图 4-17 所示。

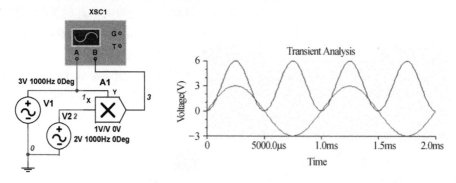

图 4-17　乘法器测试电路及波形

(2) Divider（除法器）。特征表达式为：Vout=K*Yk*(Vy+Yoff)/((Vx+Xoff)*Xk)+off，式中，各符号与前面乘法器中介绍的相同。

(3) Transfer function block（传递函数模块）。它可以模拟 s 域中的一个元器件、电路或者系统，可用于直流、交流和瞬态分析中。传递函数模型为：$T(s)=Y(s)/X(s)= K*(A3S^3+A2S^2+A1S+A0)/(B3S^3+B2S^2+B1S+B0)$，式中的系数 K、A1、B1 等可在属性对话框中设置。

(4) Voltage gain block（电压增益模块）。该模块按放大系数 K 将输入电压放大后输出，一般用于控制系统中。其表达式为：Vout=K* (Vin+VIoff) +VOoff，式中的 VIoff、VOoff 分别是输入和输出信号的失调电压，K 是增益。

(5) Voltage differentiator（电压微分器）。其功能是对输入电压做微分运算，其表达式为 Vout(t)=KdVi/dt+VOoff。例如正弦输入信号经过微分器处理后，其输出信号频率没有变化，但幅值加大，同时两端的信号有 90°的位差。

(6) Voltage integrator（电压积分器）。该模块的功能是对输入信号进行积分运算，并将结果传递到输出端。其表达式是：Vout=K∫(Vi (t)+Vioff) dt+ Voic，式中 Voic 是输出电压初始条件。例如，输入信号 1Hz、5V、offset 为 0 的三角波，得到的输出是一个正弦波。

(7) Voltage hysteresis block（电压磁滞模块）。该模块提供了输出电压相对于输入电压的滞回，其参数如输入电压的高、低门限值（ViH 和 ViL）等，可在属性对话框中设置。

(8) Voltage limiter（电压限幅器）。该模块通过预定的电压上限和下限值，对输入信号的电压进行限幅，倘若输入信号的峰值在上、下限电压值范围内，则输入信号不失真地输出。例如电压限幅器测试电路输入信号 100Hz、6V、offset 为 0V 的正弦波，电压限幅器参数的上限和下限分别为 5V 和-5V。

(9) Current limiter block（电流限幅器模块）。该元器件模拟运放或比较器的特性，有六个引脚，都可以作为输入端，其中三个引脚还可以作为输出端。更详细的信息请参考帮助文档。

(10) Voltage-controlled limiter（压控限幅器）。功能与电压限幅器类似，它具有单输入和单输出的功能，输出电压被限制在预定的上限和下限电压范围内。

(11) Voltage slew rate block（电压回转率模块）。用来模拟系统中输出电压对时间的最大变化率，使用时需要通过对话框，设定最大上升斜率和最大下降斜率。

(12) Voltage summer（电压总加器）。该模块可以对三个输入电压进行求和运算，其表达式为：Vout=Kout*(KA(VA+VAoff)+KB(VB+VBoff)+KC(VC+VCoff))+VOoff，式中 Kout 是输出增益，VA、VB、VC 是输入电压，KA、KB、KC 分别是三个输入电压的增益，VAoff、VBoff、VCoff 分别是失调电压，VOoff 是输出信号的失调电压。

13．射频元器件库

单击元器件库栏的射频器件 RF 图标，可打开射频器件库，如图 4-18 所示。在该元器件库中有七种适合在高频情况下使用的器件，其功能及应用如下。

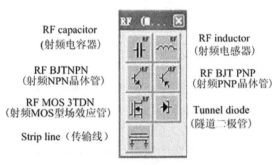

图 4-18　射频器件库

(1) RF capacitor（射频电容器）。这是一个虚拟的射频电容器。射频电容器跟低频下使用的一般电容是不同的，常被用作传输线、波导和不连续器件间的连接，实际电容值在几 pF 到 nF 之间。

(2) RF inductor（射频电感器）。这是一个虚拟器件，其等效电路是电阻与电感串联、与电容并联。射频电感与其他电感相比，具有更高的品质因数 Q。

(3) RF BJTNPN（射频 NPN 晶体管）和 RF BJT PNP（射频 PNP 晶体管）。它们都是现实器件，其工作原理与一般双极型晶体管相同，但它有更高的工作频率，其基极、发射极和集电极的面积要达到设计最小化。

(4) RF MOS 3TDN（射频 MOS 型场效应管）。它是现实器件，与双极型相比，有不同的载流子，因此具有更好的传输特性。对于 RF MOS 3TDN 来说，栅极的长度和宽度是非常重要的参数，因为栅极长度的减小，可以改善增益、噪声系数和工作频率，加大其宽度可以提高功率容量。

(5) Tunnel diode（隧道二极管）。隧道二极管是现实器件，它与其他二极管不同的是存在一个负阻区，在该区正向电压与电流成反比。隧道二极管一般用在高频通信电路中，作为放大器、振荡器、调制器和解调器。

(6) Strip line（传输线）。其结构是地—导体—地。常被用在微波频段，作为传输线。

14．机电类元器件库

单击元器件库的 Elect 图标，可打开机电类元器件库，如图 4-19 所示。它包含八个元器件箱中，其中只有 Line Transformer 是现实元器件。

(1) Sensing switches（感测开关）。该开关可以使用键盘上的字母"a"到"z"或空格键、数字键中的任何一个来控制其开断，具体设定可通过其属性对话框完成。默认控制键是空格键。

(2) Momentary switches（瞬时开关）。键的定义与 Sensing switches 相同，但使用时须注意，这种瞬时开关，单击控制按键，只能瞬间改变其开关状态，放开控制键后，会恢复到原来的开关状态。

(3) Supplementary contacts（接触器）。使用方法与 Sensing switches 相同，只是有些接触器有多于二个的开关触点。

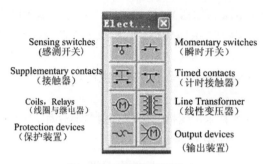

图 4-19 机电类元器件库

(4) Timed contacts（计时接触器）。该类计时接触器有两种，一种是常开到时闭合，另一种是常闭到时打开。

(5) Coils，Relays（线圈与继电器）。共有六类，分别是：电机起动器线圈、前向或快速起动器线圈、反向起动器线圈、慢起动器线圈、控制器线圈、时间延迟继电器。

(6) Line Transformer（线性变压器）。该元器件箱含有各类空心、铁芯电感器和变压器。一般地，变压器的初级接 120 V 或 220 V 的电源，初级和次级线圈都应该接地。

(7) Protection devices（保护装置）。在该元器件箱中有熔丝、过载保护器、热过载、磁过载、梯形逻辑过载等五类，都是虚拟元器件。

(8) Output devices（输出装置）。该元器件箱中，包含有三相电机、直流电机电枢、电机、加热器、螺线管、灯泡、发光指示器等。其中发光指示器，有四个引脚 U1，高电平有效，可以表示 0~9、A~F 的十六进制数。

4.2 Multisim 2001 元器件库的管理

Multisim 2001 有两个层次的元器件数据库：一个是主元器件库 Master Database，另一个就是用户层次的元器件数据库 User Database 和 Corporate Database。在实际应用中，用户可以在 User Database 和 Corporate Database 中建立自己的元器件分类库，将常用的元器件放置其中，这样在设计电路时可能会更方便。下面介绍管理用户元器件数据库的方法。

1. 在 User Database 和 Corporate Database 中建立元器件箱

单击菜单 Tools/Databas-Management...，弹出如图 4-20 所示的元器件库管理对话框。在数据库管理对话框中，单击 Database 的下拉列表，选择 User，然后单击 Add 按钮，弹出如图 4-21 所示的对话框，给出元器件库名称和元器件箱名称，单击 Close 按钮。Corporate Database 的元器件库建立方法与此相同。

通过上面的方法，建立的用户元器件库还是空的，需要向其中添加元器件。在实际的电路设计中，设计者可以从 Master Database 向用户数据库中复制元器件，也可以先利用 Symbol Editor 工具和 Edit Model 页编辑现有的元器件，再复制到用户数据库中。

2. 从 Master Database 向用户数据库中复制元器件

单击菜单 Tools/Copy Component...，弹出如图 4-22 所示的选择元器件对话框。首先选择 Master Database，再选择元器件箱及元器件的名称，选择好后单击 Copy 按钮，该对话框自动关闭，随后弹出如图 4-23 所示的目标选择对话框。这里选择 User 元器件库和它里面的通过前面步骤建立好的元器件箱 diode，最后单击 OK 按钮，即完成该元器件的复制操作，可以通过该对话框，向用户元器件库中添加其他元器件。

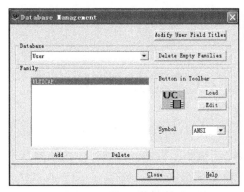

图 4-20 元器件库管理对话框　　　　图 4-21 建立新的元器件箱对话框

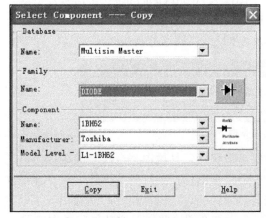 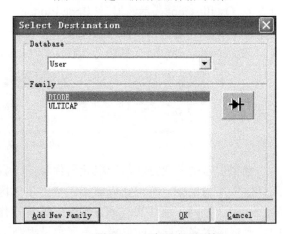

图 4-22 选择元器件对话框　　　　图 4-23 目标选择对话框

3. 从用户数据库中删除元器件箱或元器件

单击菜单 Tools/delete-Component...，打开如图 4-24 所示的删除元器件对话框。选择其中的元器件箱和元器件名称后，点 Delete 按钮，即可删除元器件。

提示：Master Database 中的元器件是不能删除的。

图 4-24 删除元器件对话框

第 5 章 Multisim 2001 虚拟仪器及使用

Multisim 2001 有 11 种虚拟仪器，其参数设置、线路连接和面板操作与现实中的仪器基本相同。启动 Multisim 2001 后，其主窗口右侧的工具栏就是虚拟仪器工具栏，如图 5-1 所示。从左至右依次为 Multimeter（万用表）、Function Generator（函数信号发生器）、Wattmeter（瓦特表）、Oscilloscope（示波器）、Bode Plotter（波特图仪）、Word Generator（字信号发生器）、Logic Analyzer（逻辑分析仪）、Logic Converter（逻辑转换仪）、Distortion Analyzer（失真分析仪）、Spectrum Analyzer（频谱分析仪）和 Network Analyzer（网络分析仪）。

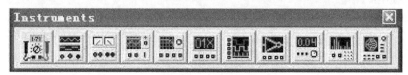

图 5-1 仪器工具栏

虚拟仪器的选取方法与选取元器件相同，只要单击仪器工具栏中某个仪器的图标，再于工作区中单击鼠标，则可完成放置。双击工作区中的仪器图标，则打开其操作面板。虚拟仪器的移动、复制、剪切和选择、颜色设置等操作与元器件的这些操作相同。而且在一个电路中，允许放置多个同样的仪器，不受数量限制。以下详细介绍这些仪器的功能和操作使用。

5.1 万 用 表

虚拟万用表如同实验室中的万用表，可以测量交、直流电压、电流和电阻，还可以分贝形式显示电压与电流。其图标与操作面板如图 5-2 所示。

(1) 万用表的连接。在进行电路仿真时，万用表的两个端子"＋"、"－"与测试点连接。测量电流时，万用表应串联于被测支路中，同时其内阻要尽可能小。测量电阻或电压时，万用表应并联在被测对象的两端，同时其内阻要设置为尽可能大。

(2) 面板操作。电路仿真开始前，需要对万用表进行设置。首先双击万用表图标，打开其面板。单击面板中的 A、V、Ω 或 dB 时，分别是测量电流、电压、电阻或分贝值。单击～或—，分别是测量交流或直流。单击 Set...按钮，则打开如图 5-3 所示的参数设置对话框。实际使用中，万用表内阻的设定对测量精度是有一定影响的。

图 5-2 万用表图标与操作面板

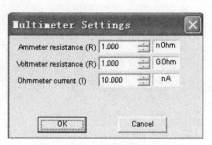

图 5-3 万用表参数设置对话框

5.2 函数信号发生器

函数信号发生器，可用来产生正弦波、方波和三角波。其图标和操作面板如图 5-4 所示。

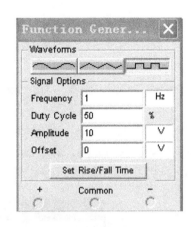

图 5-4　函数信号发生器图标与操作面板

(1) 函数信号发生器的连接。函数信号发生器有三个端子，依次为正极、公共端和负极。将公共端接地后，正极与公共端之间可输出正极性信号，负极与公共端之间输出的是负极性信号，这两个信号极性相反、幅值相等。

(2) 面板操作。通过单击操作面板上的正弦波、三角波或方波图形按钮，可分别得到正弦波、三角波或方波的输出。在 Signal Options 区，可设置 Frequency（频率）、Duty Cycle（占空比）、Amplitude（幅值）和 Offset（偏置电压）。其中占空比 Duty Cycle=A/T，Offset 是指将信号叠加到设置的偏置电压上输出，点击 Set Rise/Fall Time 按钮，可设置三角波或方波的上升或下降时间。

使用时注意，在正极或负极与公共端之间输出信号时，设定的幅值是输出信号的有效值，而在正极和负极之间输出信号时，输出信号的幅值是设定幅值的两倍。

5.3 瓦 特 表

这是 Multisim 2001 新增的虚拟仪器，利用该仪器可测量交直流电路的功率和功率因数，其图标、应用及面板如图 5-5 所示。

(1) 瓦特表的连接。在测量电路的功率时，瓦特表的电压输入端与电路并联，而电流输入端要串联入电路中。

(2) 面板操作。瓦特表的面板操作是最简单的，因为不需要设计者在面板上进行任何操作。启动仿真后，只要双击瓦特表图标，就可以打开其面板，可以看到被测电路的功率和功率因数（Power Factor）。面板中显示的功率为电路的平均功率，功率因数取值范围在 0~1 之间。

例如图 5-5 所示的瓦特表测量电路，信号发生器设置为正弦波、频率 50 Hz、10 V。启动仿真后，瓦特表的指示值为 487.86 mW，功率因数为 0.988。

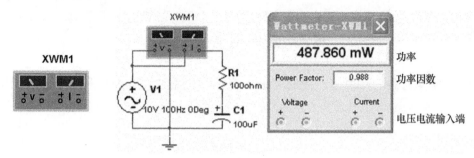

图 5-5　瓦特表图标与面板显示

5.4　示　波　器

Multisim 2001 提供的是双踪示波器,这是电路测试中使用最为广泛的仪器之一。使用双踪示波器不仅可以测量信号波形的幅值、频率或周期,还可以比对两个信号波形的异同,从而为电路分析提供数据。其图标和面板如图 5-6 所示。

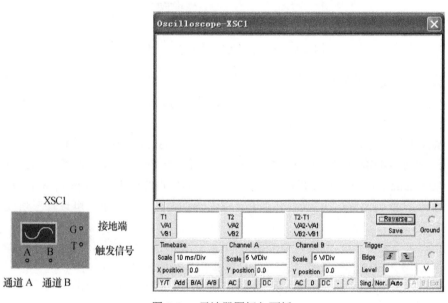

图 5-6　示波器图标与面板

(1) 示波器的连接。通道 A 和 B 的端子可分别接电路中的一个测试点,触发信号端子接外触发信号,接地端要接地,如果电路中已经有接地端,该端子可不接。

(2) 面板操作。示波器的面板操作比其他仪器要复杂一些,在电路测试中,必须适当调整示波器面板上的有关设置,才能得到清晰可靠的波形及其数据。主要操作设置如下。

① 时基设置区。Scale 的值用来控制 X 轴的每刻度的时间大小,如测量 100 Hz 的信号,则 Scale 的值设置为 10ms/Div 比较适当。X position 的值决定 X 轴时基线的起始位置。Y/T 按钮表示在 Y 轴显示通道 A、B 的信号波形,在 X 轴显示时间基线。Add 按钮表示 X 轴为时间基线,而 Y 轴显示通道 A 和 B 信号叠加后的波形。B/A 按钮表示 X 轴显示通道 A 的信号,Y 轴显示通道 B 的信号,A/B 按钮与此相反。

② 通道 A 区。Scale 的值表示信号波形在 Y 轴方向每刻度的电压值,实际上是放大、衰减开关。Y position 表示信号波形在 Y 轴上的位置,调整该值可上下移动波形。AC 按钮表示

示波器显示信号中的交变分量，DC 按钮表示将显示信号的交、直流分量，"0" 按钮表示将输入信号对地短路。通道 B 区的设置与此相同。

③ 指针 1 读数显示区。使用鼠标左右移动读数指针，在该区就会显示出指针与波形交叉点 X 和 Y 轴坐标值，T1 对应的是 X 轴上的值，VA1 对应的是通道 A 信号 Y 轴上的值，VB1 对应的是通道 B 信号 Y 轴上的值，VA1 和 VB1 的值与通道 A 或 B 的 Scale 值无关。指针 2 读数显示区与此相同。

④ 指针间差值显示区。该区显示指针 2 读数减去指针 1 读数后的结果。

⑤ Reverse 按钮。单击该按钮，波形显示区背景变为黑色，再单击该按钮，则恢复白色背景。

⑥ Save 按钮。单击该按钮，将波形数据保存为扩展名为.scp 的 ASCII 码文件，该文件可使用记事本打开。

⑦ 触发信号设置区。上升沿和下降沿按钮表示将输入信号的上升沿或下降沿作为触发信号。Level 用来设置触发电平的值。Sing 按钮表示单脉冲触发，Nor 按钮表示一般脉冲触发，Auto 按钮表示触发信号不依赖于外部信号。A 或 B 按钮分别表示将通道 A 或通道 B 的输入信号作为触发信号来同步 X 轴时基扫描，Ext 按钮表示将触发端子 T 连接的信号作为触发信号，这三个按钮只有在 "Sing" 或 "Nor" 按钮被按下时才能使用。

5.5 波 特 图 仪

使用波特图仪，可以很方便地测试电路的幅频特性和相频特性，其作用类似于现实实验室中的扫频仪。其图标和面板如图 5-7 所示。

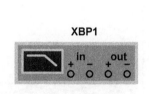
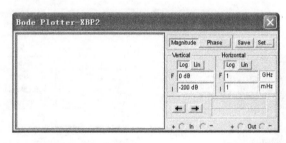

图 5-7 波特图仪图标与面板

(1) 连接。输入端口的 "＋"、"－" 端子分别接电路输入端口的正、负端子，输出端口的 "＋"、"－" 端子分别接电路输出端口的正、负端子。使用波特图仪时，必须在 in 端口接入交流信号源，其参数可任意。

(2) 面板操作。启动仿真前，需要设置扫描点数（分辨率）。单击设置按钮 set...，在打开的对话框中输入扫描点数即可。单击幅值按钮，则显示出幅频特性曲线。单击相位按钮，则显示相频特性曲线。

在纵轴设置区，测量幅频特性时，单击 Log 按钮，表示 Y 轴刻度是分贝(dB=20lg(Vout/Vin))。单击 Lin 按钮，表示 Y 轴是线性刻度。当频率范围较宽时，使用分贝表示为好。测量相频特性时，Y 轴表示相位，单位是度，"F" 和 "I" 分别表示最终值和初始值。在横轴设置区，"F" 和 "I" 分别表示频率的最终值和初始值。

(3) 读数操作。可使用鼠标移动读数指针，或者单击←或→按钮，移动读数指针，则纵轴数据和横轴数据会分别显示在数据指示区的上下两个框中。单击 Save 按钮，将数据保存为扩展名为.bod 的文件，使用记事本打开后，可看到幅频特性和相频特性的数据值。

例如，波特图仪应用电路及结果如图 5-8 所示。这是一个 RC 有源滤波电路，波特图仪的 in 端口与输入交流源连接，out 端口与滤波电路的输出端连接。波特图仪扫描读数设置为 1000，面板上其他参数的设置及幅频特性曲线如图 5-8 所示。从仿真结果看，该电路的截止频率约为 15.524 kHz。

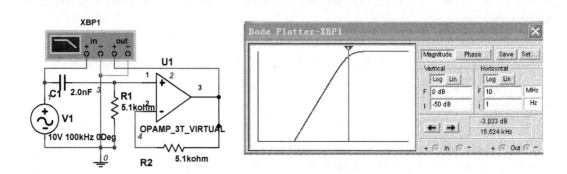

图 5-8 波特图仪应用电路及仿真情况

5.6 字信号发生器

字信号发生器是一个通用的数字激励源编辑器，可产生最多 32 路（位）的同步逻辑信号，可应用于数字电路的测试，其图标和面板如图 5-9 所示。

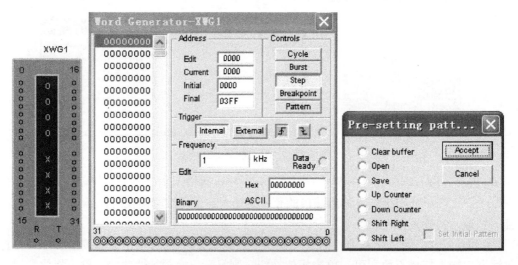

图 5-9 字信号发生器图标和面板设置对话框

(1) 连接。字信号发生器图标左侧和右侧各有 16 个端子，可表示 32 位信号输出，每一个端子均可连入数字电路的一个输入端。R 端子为数据准备端，T 为外触发信号端。

(2) 面板操作。使用字信号发生器时，需要设定地址范围，编辑字信号内容和设定输出方式等，这些操作是利用控制区、地址区等面板功能来完成的。所用操作如下。

① 控制区。用来选择字信号发生器的输出方式。单击 Cycle 按钮，表示字信号按设定频率循环输出。单击 Burst 按钮，表示字信号从地址初值到终值输出一次。单击 Step 按钮，表示单击一次鼠标输出一组字信号。单击 Breakpoint 按钮，表示字信号到预先设置的断点地址

时停止输出,设置断点的方法是在 Cycle 或 Burst 方式下,单击要设置断点地址的字信号,再单击 Breakpoint 即可。单击 Pattern 按钮,可打开如图5-9所示的对话框,该对话框的 Clear Buffer 选项表示清除缓冲区,可用来清除断点,Open 选项表示打开字信号文件,Save 选项表示保存字信号内容为扩展名.dp 的文件,另外的 Up Counter、Down Counter、Shift Right、Shift Left 选项均是字信号的预存模式,分别为加法计数、减法计数、右移、左移编码方式。

② 字信号地址区。在字信号发生器中,每个字信号都有自己的地址,因此必须在该区编辑字信号的地址。Edit 表示的是正在编辑的字信号的地址信息,Current 表示的是正在输出的字信号的地址,Initial 表示的是字信号的初始地址,Final 表示的是字信号的最终地址,地址范围为 0000~03FFH。

③ 触发选择区。字信号的触发方式有两种,单击Internal按钮,表示内部触发,信号按设定的Cycle等方式输出。单击External按钮表示外部触发,此时字信号的输出受外接触发脉冲上升沿或下降沿的控制。

④ 频率设置区。用来设置字信号的输出频率。

⑤ 当前信号编辑区。在该区可为当前地址编辑一个32位的字信号,在Hex、ASCII和Binary后输入的分别是十六进制、ASCII码、二进制形式,输入数据时采用一种方式即可。数据范围为00000000~FFFFFFFFH。

5.7 逻辑分析仪

Multisim 2001 提供的虚拟逻辑分析仪与现实的逻辑分析仪在使用上是相同的,它可以同步记录和显示 16 路逻辑信号,可用于数字逻辑信号的高速采集和时序分析,其图标和面板如图 5-10 所示。

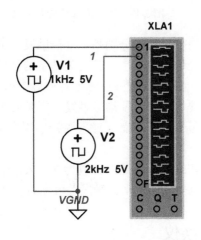
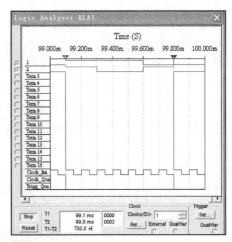

图 5-10　逻辑分析仪图标与面板

(1) 连接。逻辑分析仪图标中标号 1~F 的 16 个端子是输入信号端子,使用时连接到数字电路的测量点。C 端子是外部时钟输入,当时钟设置中选择了 External 时,该端子必须接一个外部时钟。Q 端子是时钟控制输入,用来控制外部时钟。T 端子是触发控制输入,其作用是控制触发关键字。

(2) 面板操作。

① Stop 按钮,其作用是停止仿真。Reset 按钮的作用是清除逻辑分析仪显示的波形,并

使其复位。

采样时钟设置。在 Clock 区，Clock/Div 栏用来设置每个水平刻度显示的时钟脉冲个数。单击 Set...按钮，打开如图 5-11 所示的时钟设置对话框。其各选项含义如下。

External 是使用外部时钟，Internal 是使用内部时钟。Clock Rate 是设置时钟脉冲的频率（速度），其取值范围是 1Hz~100MHz。Pre-trigger Samples 用来设置前沿触发采样数，Post-trigger Samples 是设置后沿触发采样数，Threshold Voltage 是设置门限电压。Clock Qualifier 是时钟限制，只有选择外部时钟时，它才有效，其值为 1 时，表示 C 端子为高电平时，逻辑分析仪可采集信号；其值为 0 时，表示 C 端子接低电平时，分析仪可以采集信号；若其值为 X，则不受 C 端子的限制。时钟设置完成后，单击 Accept 按钮，保存设置。单击 Cancel 按钮，则取消本次设置。

② 触发方式设置。在 Trigger 区，单击 Set...按钮，打开触发方式设置对话框，如图 5-12 所示。

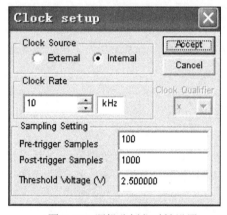

图 5-11 逻辑分析仪时钟设置

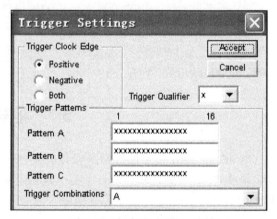

图 5-12 触发方式设置对话框

在触发方式设置对话框中，Positive、Negative、Both 选项分别是上升沿触发、下降沿触发和升降沿均可触发。Pattern A、B、C 分别代表三个触发关键字，触发关键字的位数据可设置为 0、1 和 X，设为 X 表示该位取值任意。三个字的默认值是 xxxxxxxxxxxxxxxx，表示只要第一个输入的逻辑信号到达，无论其电平是 0 还是 1，分析仪均被触发，否则必须满足触发关键字的组合条件时，才能触发分析仪。Trigger Combination 就是触发关键字组合条件，共有 20 多种组合条件，如 A or B、A and B 等。

另外，在触发方式设置对话框中，Trigger Qualifier 的作用是：其值为 X，表示触发由触发关键字控制，其值为 0 或 1 时，只要 T 端子接高电平或低电平，触发关键字就起作用。

5.8 逻辑转换仪

逻辑转换仪是 Multisim 2001 独有的一种虚拟仪器，在现实中并没有这种仪器。它的作用是在逻辑电路、真值表和逻辑表达式之间进行转换，这为逻辑电路的学习和设计提供了极大的方便。其图标和面板如图 5-13 所示。

（1）连接。八路信号输入端子，可连接最多八个逻辑电路的输入端，逻辑电路的输出接到转换仪的输出端。一般是在将逻辑电路转换为真值表时，才将逻辑转换仪图标与电路连接。其他情况，如将表达式转换为真值表等，则不需要连接逻辑转换仪。

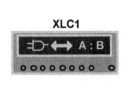
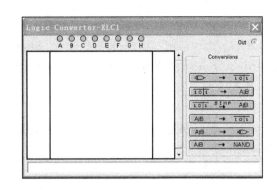

图 5-13 逻辑转换仪图标与面板

(2) 面板操作。逻辑转换仪的操作是比较简单的。在转换选项区，有六个转换选项按钮，由上而下分别表示将门电路转换为真值表，将真值表转换为逻辑表达式，将真值表转换为最简逻辑表达式，将逻辑表达式转换为真值表，将逻辑表达式转换为电路，将逻辑表达式转换为与非门电路。

逻辑转换仪可以进行以上相关功能的转换，辅助电路设计和优化。例如，要求利用逻辑转换仪找到逻辑表达式 Y=(ABC)'D+(AB)'CD'+A(BC)'D+A'(CD)'的真值表和逻辑电路。在工作区放置一个逻辑转换仪后，双击其图标，打开逻辑转换仪面板，在表达式显示区输入 (ABC)'D+(AB)'CD'+A(BC)'D+A'(CD)'，然后单击表达式转换为真值表按钮，则得到真值表。通过单击转换为最简逻辑表达式按钮，可得到最简表达式。再单击表达式转换为与非门电路按钮，则得到该逻辑表达式对应的门电路。

使用时注意，在逻辑表达式显示区，输入逻辑表达式时，必须符合有关规则。例如，A'+BC'表示 A 的"非"信号与 B 和 C 的"非"信号相"与"的结果，进行"或"的运算。另外在该区允许复制、粘贴或删除表达式等操作。

5.9 失真分析仪

失真分析仪可用来测量电路的总谐波失真比，测试基准频率范围为 20Hz~20kHz。其图标和面板如图 5-14 所示。

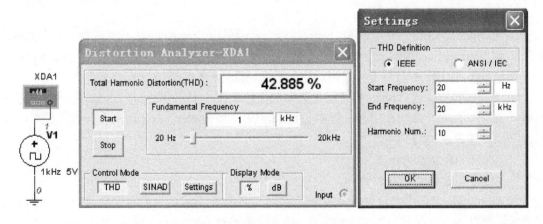

图 5-14 失真分析仪图标和面板显示

(1) 连接。失真分析仪的连接很简单，它只有一个端子，用来连接电路的输出信号。

(2) 面板操作。Start 按钮，作用是启动测试。Stop 按钮是暂停测试。"THD"按钮是测试总谐波失真。SINAD 按钮是测试信号信噪比。Settings 按钮用来进行有关设置，可设置起始频率、结束频率和谐波次数等参数。

在 Total Harmonic Distortion 区显示测试结果的值。在 Fundamental Frequency 区设置的是基准频率，使用时一般不要更改，失真分析仪会按照电路的信号源的频率自动给出。在 Display Mode 区，%或 dB 按钮分别表示按百分比或按分贝形式显示测试值。

如图 5-14 所示为仿真测试方波信号源的总谐波失真实例，从失真分析仪得到该电路的总谐波失真为 42.885%。

5.10 频谱分析仪

频谱分析仪主要用于信号的频谱分析，它一般应用在射频模块设计中，测量信号的频率及频率所对应的幅值。其图标和面板如图 5-15 所示。

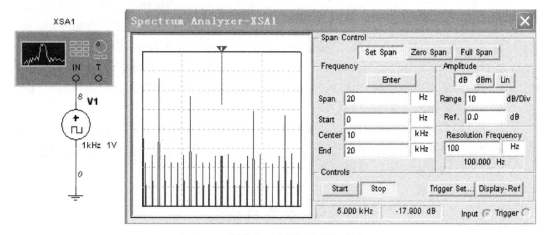

图 5-15 频谱分析仪图标与面板操作

(1) 连接。频谱分析仪只有两个端子，IN 端子连接电路的输出信号，T 端子是外触发输入端。

(2) 面板操作。

① 在 Span Control 区。单击 Set Span 按钮，表示采用 Frequency 区设置的频率进行扫描。单击 Zero Span 按钮，表示采用 Frequency 区 Center 定义的频率进行扫描。单击 Full Span 按钮，表示在(1~4)GHz 的全频进行扫描，此时 Frequency 区不起作用。

② 在 Frequency 区。Span 用来设置频率的变化范围，表示为 fspan。Start 用来设置起始频率，表示为 fstart。Center 用来设置中心频率，表示为 fcenter。End 用来设置结束频率，表示为 fend。其表达式为

fstart=fcenter-fspan/2

fend=fcenter+fspan/2

③ Amplitude 区。用来设置纵轴的表示形式。dB 按钮表示以分贝形式显示幅值。dBm 按钮表示纵轴以 10lg（幅值/0.775）为刻度，其意义为通过 600 ohm（即 600Ω）电阻的电压是 0.775V 时，其功率为 1mW，此时为 0dBm。Line 按钮表示以线性刻度显示。

④ Resolution Frequency 区。设定频率的分辨率,默认为 fend/1024。
⑤ 在 Controls 区。Start 按钮表示启动频谱分析仪。Stop 按钮表示暂停分析。Display-Ref 按钮表示显示参考值,它只是在选择 Amplitude 区的 dB 按钮或 dBm 按钮时有效。Trigger Set... 按钮用来设置触发方式,其中 Continous 表示连续触发,Single 表示单一触发。

例如,频谱分析仪测量 1kHz、1V 方波信号源的设置及频谱分析结果如图 5-15 所示。

5.11 网络分析仪

网络分析仪通常用于高频电路的双端口网络测试,不仅可以测试 S 参数,还可以测试 H、Y、Z 参数。其图标与面板如图 5-16 所示。

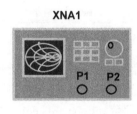
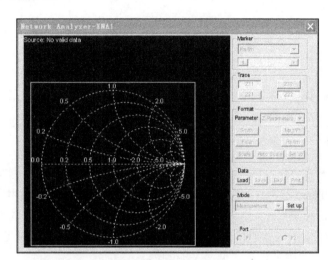

图 5-16 网络分析仪的图标与面板

(1) 连接。网络分析仪有两个端子,其中 P1 端接电路输入端口,P2 端接电路输出端口。

(2) 面板操作。在 Marker 区,选择显示窗口的显示模式,通过下拉列表可以选择三种模式,分别是 Re/Im(实部/虚部)以直角坐标的形式显示,Mag/Ph (degs)(幅值/相位)以极坐标形式显示,dB Mag/Ph(degs) (dB 数/相位)以分贝的极坐标形式显示。

① 移动 Marker 区的 Frequency 滑块可得到各频率点的数据。

② 在面板的 Trace 区,有四个按钮,依据被测参数 S、H、Y、Z 等的不同,其按钮文字也不同,可用来确定显示参数的某个特性值,如测试 Z 参数的时候选择"Z11",那么 Z11 的值将显示在窗口的上方。

③ 在 Format 区,选择被测参数和数据格式。Parameter 选项,用来选择测试的参数,有 S、H、Y、Z 和稳定系数(Stability Factor)。Smith 按钮,表示以 Smith 格式显示被测参数的数据。Mag/Ph 按钮,表示以增益/相位的形式显示被测参数的数据。Polar 和 Re/Im 按钮分别表示以极化图和实数/虚数的形式显示数据。

在 Format 区还有两个 Scale 按钮,控制横轴和纵轴的范围及刻度的按钮,当选择不同的数据格式时,其控制参数不同。Auto Scale 按钮,表示自动设定横轴和纵轴的范围及刻度。单击 Set up,将打开如图 5-17 所示的对话框,它有三个标签页 Trace,Grids 和 Miscellaneous。

● 在 Trace 标签页,设置曲线的属性。Trace # 选项用来选择要显示参数的曲线。Line Width 选项用来确定曲线的线型。Color 选项确定曲线的颜色。Style 选项用来确定曲线的样式。

- 在 Grids 标签页，如图 5-18 所示，有两个选项区，Line 选项区用来确定网格线的属性。Text 选项区用来确定刻度文字和刻度轴上文字的颜色。

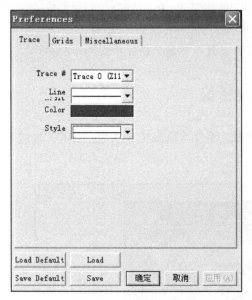

图 5-17　Set up 对话框

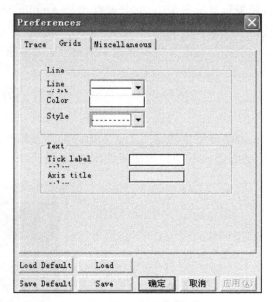

图 5-18　Grids 标签页

- 在 Miscellaneous 标签页，用来设置绘图区域和数据文本的属性，如图 5-19 所示。在 Graph area 选项区，Frame Width 选项和 Frame Color 选项用来设置绘图框边框的线宽和颜色。Background Color 选项用来设置整个网络分析仪显示窗口的背景颜色。Graph area color 选项用来设置绘图区域的背景颜色。在 Text 选项区，Label color 选项可设置标注文字的颜色，Data color 选项用来设置数据文字的颜色。

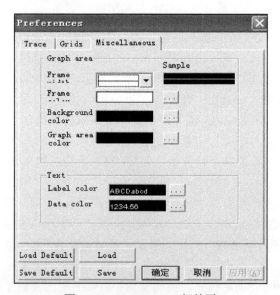

图 5-19　Miscellaneous 标签页

④ 在面板的 Data 区，有四个数据处理按钮，Load 按钮，为网络分析仪加载数据，该数据文件的扩展名必须是 .sp。Save 按钮，以 .sp 为扩展名保存数据，该文件可以使用记事本打开。Exp 按钮，导出数据，并保存为 .txt 文本格式。Print 按钮，打印网络分析仪显示窗口。

⑤ 在Mode区，可以选择分析模式，并通过Setup按钮设置有关参数。

例如，如图 5-20 所示为一个简单的放大器二端网络，测试其 Z 参数。网络分析仪设置及测试结果，如图 5-21 所示。

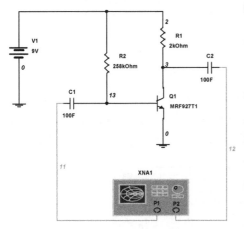
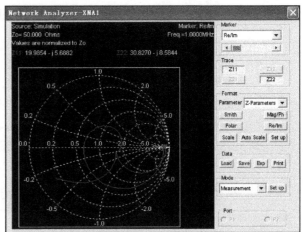

图 5-20　简单放大器二端网络电路　　　图 5-21　网络分析仪设置及测试结果

第6章 Multisim 2001 基本操作应用

本章通过简单实例，按照电路仿真的基本步骤，详细地介绍 Multisim 2001 的基本操作应用，包括电路的创建、编辑与修改、文字的编辑、仿真分析和报告的输出等。

实例如图 6-1 所示是一方波倍频器电路，其输入为方波信号、频率为 1 kHz、幅度为 2.5V、占空比为 50%。要求仿真测量输入和输出信号，并观察调整 R2 与输出信号占空比变化情况。

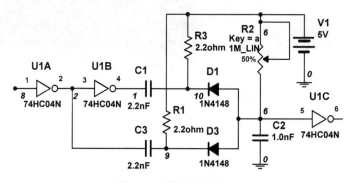

图 6-1 方波倍频器电路

注意：本书受绘图软件的限制，图中有些单位不规范，如 ohm 应该为 Ω，uF 应该为 μF 等，读者在学习使用时请注意。

6.1 设置设计界面

Multisim 2001 EDA 软件针对不同的设计环境和要求，允许设计人员自定义设计界面，设定诸如元器件符号标准、设计图纸尺寸、设计对象的颜色等设计要素，从而满足设计要求。自定义设计界面是利用 Preferences（参数选择）完成的。

1. 启动 Preferences 对话框

在 Multisim 2001 主窗口，单击菜单 Options/Preferences....弹出如图 6-2 所示的 Preferences 对话框。在该对话框中，有六个标签页，即 Component Bin（元器件库）、Font（字体）、Miscellaneous（杂项）、Circuit（电路）、Workspace（工作区）、Wiring（导线）标签页。每页中都有若干功能选项，通过这些选项，即可完成设计界面的设置。下面详细介绍这些标签页的内容。

2. 各标签页的内容

(1) Circuit 标签页。功能是对工作区内元器件图形的显示和设计要素（如导线、元器件等）的颜色进行设置，如图 6-2 所示，有 Show 和 Color 两个选项区。

在 Show 选项区，可以设置是否显示元器件的属性参数和节点编号等。各选项分别是 Show component labels（显示元器件标签）、Show component reference ID（显示元器件参考 ID）、Show node names（显示线路上节点编号）、Show component values（显示元器件参数值）、Show component attribute（显示元器件属性）和 Adjust component identifiers（调整元器件标识符）。

在 Color 选项区，可以设置导线、元器件等的前景和背景颜色。设计人员可以通过该选项区的下拉列表，选择一种系统预置的配色方案，如 White＆Black（前景色是黑色、背景色是白色）。若选择 Custom 则为自定义配色方案，此时选项区右侧的各颜色选项均处于可用状态，其中，Background 为工作区的背景色，Wire 为导线的颜色，Component with model 为有模型元器件的颜色，Component without model 为无模型元器件的颜色，Virtual component 为虚拟元器件的颜色。可通过单击相应的颜色按钮，打开颜色对话框，选取所需颜色。

（2）Workspace 标签页。功能是对工作区即电路设计图纸进行设置，如设置图纸尺寸等，如图 6-3 所示。

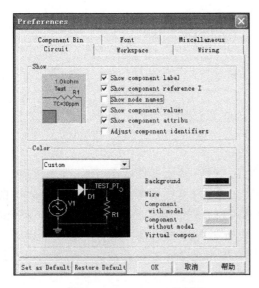
图 6-2　Preferences 对话框

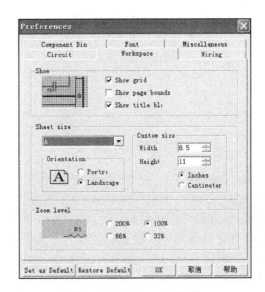
图 6-3　Workspace 标签页

在 Show 选项区，可以设置是否在工作区显示栅格等，其选项分别是 Show grid（显示栅格）、Show page bounds（显示图纸边界）和 Show title block(显示标题栏)。

在 Sheet size 选项区，可以定义图纸大小尺寸等，Orientation 选项用来设定图纸方向（Portrait 为纵向，Landscape 为横向）；Custom size 选项，用来自定义图纸大小（此时图纸规格下拉列表中，应选定 Custom）、Width 和 Height 分别表示宽度和高度，其单位可选择 Inches（英寸）或 Centimeters（厘米）。另外系统提供了 A、A4、A3 等 10 种标准规格的图纸。

在 Zoom level 选项区，主要是定义工作区的初始缩放比例，有 4 种可选择的比例，即 200％、100％、66％和 33％。在 Preferences 对话框中，设定了缩放比例后，仍然可以在主窗口中使用 Zoom 工具，对工作区进行缩放操作。

（3）Wiring 标签页。功能是设置导线的线宽与连线的方式，如图 6-4 所示。

在 Wire width 选项区，设置导线的线宽，可输入 1~15 的整数，数值越大，导线线宽越大。

在 Autowire 选项区，用来设置导线的自动连接方式。选定 Autowire on connection，则由程序自动连线；选定 Autowire on move，则在移动元器件时，自动调整连线。一般这两个选项采用默认方式。

（4）Component Bin 标签页。用来设定元器件的符号标准、元器件从元器件库中选取的形式等，如图 6-5 所示。

在 Symbol standard 选项区，确定元器件符号标准，其中 ANSI 为美国标准，而 DIN 采用欧洲标准。一般情况下，元器件标准应选择 DIN，因为我国的电气符号标准与欧洲标准相近。

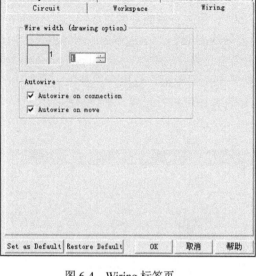 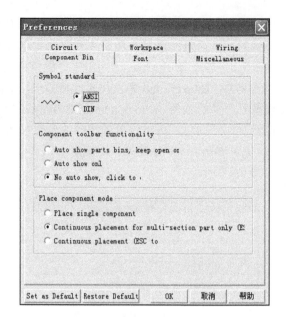

图 6-4 Wiring 标签页　　　　　　　图 6-5 Component Bin 标签页

在 Component toolbar functionality 选项区，设定选择打开元器件库的方式。其中的 Auto show parts bins, keep open on click 是指当鼠标指向元器件库栏中某个要选择的元器件库图标时，其元器件库将自动打开，直到单击其元器件库右上角的"×"才能关闭；Auto show only 是指当鼠标指向某个要选择的元器件库图标时，其元器件库将自动打开，一旦鼠标移开，则自动关闭；No auto show, click to open 是指只有单击操作才能打开或关闭所要选用的元器件库。

在 Place component mode 选项区，可以选择放置元器件的方式。Place single component 是指选取一次元器件，只能放置一次。Continuous placement for multi-section part only（Esc to quit）是指对于复合封装在一起的元器件，如 7400N，可连续放置，按 Esc 键或右击鼠标才能结束放置操作。Continuous placement(Esc to quit)是指一次选取元器件后，可连续在工作区放置多个该元器件，直至按 Esc 键或右击鼠标结束放置操作。

(5) Font 标签页。功能是设置元器件的标签、参数值、节点、引脚名称、原理图文本和元器件属性等文字，对话框如图 6-6 所示。

(6) Miscellaneous 标签页。功能是确定电路的自动备份时间及默认存盘路径、设置数字仿真时的方式及 PCB 接地方式，如图 6-7 所示。

在 Auto-backup 选项区，当选定了 Auto-backup 后，可输入自动备份时间间隔，其数值在 1min~120min 范围内选择。

在 Circuit Default Path 选项区，设定电路文件存取的默认路径。

在 Digital Simulations Settings 选项区，设置数字电路的仿真方式。选择 Ideal（faster simulation）项时，表示对数字元器件进行理想化处理，此时仿真速度较快；选择 Real（more accurate simulation-requires power and digital ground）项时，表示真实模拟，其仿真精度较高，但速度比 Ideal 方式要慢。

在 PCB Ground Option 选项区，若选定 Connect digital ground to analog ground，则在 PCB 中将数字地与模拟地连在一起（但在 Multisim 2001 工作区设计电路时，这两种地不可连接在一起），否则二者是分开的。

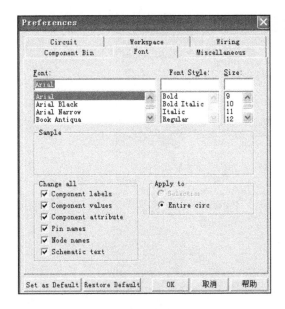
图 6-6 Font 标签页

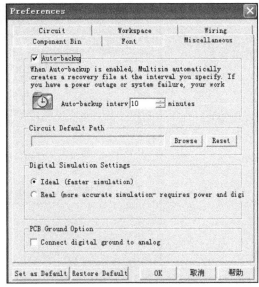
图 6-7 Miscellaneous 标签页

当根据有关行业标准和设计要求,确定了设计界面后,单击 OK 按钮退出(也可单击 Set as Default 按钮,将当前设定设置为默认)。

一般在设置设计界面时,需要设定元器件符号标准、工作区(图纸)的尺寸和方向、打开元器件库的方式及文本字体,其他选项可采用默认方式。这里设定 Symbol Standard 选项为 DIN,Component toolbar functionality 选项为 Auto show only,Color 为 White＆Black 并去掉 Show Grid 选项,其他为默认。

6.2 创建电路

Multisim 2001 元器件数量繁多,创建一个电路必须先从其分类放置的元器件库中选取相应的元器件,然后才能连接导线。下面将介绍元器件的选取和放置、导线的连接和调整等基本操作方法。

1. 元器件的选取和放置

元器件的选取和放置的基本步骤是,将鼠标指向元器件库栏中元器件所在元器件库的图标,打开该元器件库,再单击其中该元器件的图标,打开 Component Browser(元器件浏览器)对话框,如图 6-8 所示。在 Component Browser 对话框中,左侧为元器件列表,右侧是有关说明。其中 Database Name 是元器件数据库名称,Component Family 是元器件库名称,Component Name 是元器件名称,Manufacturer 是元器件制造商名称,Function 是功能说明。在元器件列表中,点选需要的元器件,然后单击 OK 按钮,结束选择,同时该对话框自动关闭。此时,鼠标旁边会伴随有被选中元器件的图形符号。移动鼠标到工作区的适当位置单击,则该元器件被放置在工作区,如果是右击鼠标,则放弃本次元器件选取操作。

从图 6-1 所示的方波倍频器电路中可以看到,该电路包含了电阻、电位器、二极管、直流电源、电容、反相器等元器件,其中电阻、电位器、电容在基本元器件库中,二极管在二极管库中,直流电源和接地端在信号源库中,反相器在 CMOS 器件库中。下面分别从这些元器件库中选取需要的元器件。

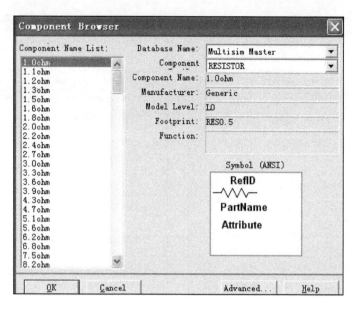

图 6-8 Component Browser 对话框

(1) 选取和放置电阻。将鼠标指向元器件库栏中的图标，打开基本元器件库，其中背景为绿色的图标，表示虚拟元器件，灰色背景的图标为现实元器件。所谓虚拟元器件(Virtual Component)，是指元器件的大部分模型参数是该种/类元器件的典型值，部分模型参数可由用户根据需要而自行确定的元器件；而现实元器件，其模型是根据实际存在的元器件参数设计的，与实际元器件相对应，且仿真结果准确可靠。例中单击现实元器件图标，出现如图 6-8 所示的 Component Browser 对话框。在元器件列表中，找到 2.2 kohm，单击 OK 按钮，鼠标移动到工作区的合适位置单击，则该电阻就放置完毕了。实例中，还有一个 2.2 kohm 的电阻，因此右击已经放置的电阻，在出现的快捷菜单中，点选 Copy，然后于工作区空白处右击鼠标，在快捷菜单中，点选 Paste，则复制出又一个 2.2 kohm 的电阻。

(2) 选取 2.2nF 的电容。将鼠标再次指向元器件库栏的图标，在打开的基本元器件库中，点选电容图标，在 Component Browser 对话框中，选择 2.2nF 的电容，单击 OK 按钮，在工作区的合适位置单击鼠标，完成电容的放置。复制该电容，在工作区放置另外一个 2.2nF 的电容。依照前面的方法，再次打开 Component Browser，选择 1.0 nF 的电容，放置方法同前。

(3) 选取电位器。再次打开基本元器件库，单击电位器图标，在 Component Browser 对话框中，选择 1M-LIN 电位器，单击 OK 按钮，在工作区放置该元器件。

(4) 选取二极管 1N4148。将鼠标指向元器件库栏的二极管图标，打开二极管库，单击二极管图标，在出现的 Component Browser 对话框中，点选 1N4148，单击 OK 按钮。移动鼠标到工作区单击，完成 1N4148 的放置。复制该二极管，放置另外一个 1N4148。

(5) 选取直流电源。将鼠标指向电源图标，打开信号源库，单击其中的直流电源图标，在工作区空白处单击，完成直流电源的放置。

(6) 选取接地端。在信号源库中，单击接地图标，移动鼠标到工作区单击，完成该接地端的放置。该电路中，需要三个接地端，可以通过对这个接地端的复制来完成。

(7) 选取反相器。例图电路中的反相器 74HC04N 是 CMOS 器件，在 CMOS 器件库中。将鼠标指向元器件库栏的逻辑门图标，在打开的 CMOS 器件库中，单击非门图标，在随即出现的 Component Browser 对话框中，点选 74HC04N，然后单击 OK 按钮。在工作区出现复合封装元器件对话框，这是因为 74HC04N 内包含了六个反相器，单击其中的一项即可取得一个反相器。按此方法选取另外两个反相器。

提示：

(1) 由于本电路中包含有反相器这样的数字器件，因此需要一个数字地和一个 VCC，这两个元器件均在信号源库中。将这两个元器件放在工作区后，不用与其他元器件连接。

(2) 选取元器件，也可以利用菜单 Place – Place Component....，打开元器件浏览器，也可以通过 In Use List，重复选取某个元器件。

(3) 元器件库中的现实元器件是不能修改 Value 值的，但可以修改其 Label、Display 等选项。虚拟元器件不仅允许修改其 Value 值，而且允许修改 Label、Display 等选项。修改的方法是双击元器件，在打开的元器件属性对话框中，修改其 Label、Display 等选项值。

2. 元器件的基本操作

整个电路的元器件放置完毕后，为了方便元器件的连接和电路的检查，也为了使电路更美观，需要对元器件进行移动、旋转等操作，这些操作可以使用有关的菜单项，也可以通过右击元器件后弹出的快捷菜单中的功能项来完成，有些操作还可以通过快捷键来完成。在实际操作中，利用快捷菜单和快捷键对元器件进行旋转、删除等操作是最简便的。

(1) 元器件的移动。单击选定元器件，然后通过对该元器件的拖动，或者利用方向键，实现移动操作。

(2) 元器件的删除。单击选定元器件，然后按 Delete 键，或者单击菜单 Edit/Delete。如果是删除多个元器件，可通过拖动鼠标，画出选定范围，或者按住 Shift 键的同时，单击选定多个元器件，再按 Delete 键。

(3) 元器件的旋转。旋转元器件可以通过菜单 Edit/Flip Horizontal 等水平或者垂直翻转子菜单完成，也可以右击元器件，在出现的快捷菜单中，点选相应的功能项，也可以使用快捷键。

(4) 改变元器件的颜色。右击元器件，弹出如图 6-9 所示的颜色选取对话框，选定某种颜色后，单击"确定"按钮即可。

通过对元器件的移动、旋转等操作，在工作区中，各个元器件应该处于合适的位置了，下面可以进行连线操作。

3. 线路的连接操作

在 Multisim 2001 中，线路的连接操作包括连接导线、设置连接点、设置导线的颜色、导线的调整等，其操作如下。

(1) 连接导线。两个元器件之间导线的连接方法是：将鼠标移动到待连接的元器件一端，此时鼠标指针变为"+"，单击鼠标，然后移动鼠标到另外一个元器件的一端，再次单击鼠标，则完成了一条导线的连接。

(2) 元器件与某一导线的连接。移动鼠标到元器件一端，待鼠标指针变为"+"时，单击鼠标，再移动鼠标到要连接的导线上，然后单击鼠标即可。

(3) 放置连接点。在电路导线连接中，如果需要将交叉线相连接，可在交叉点上放置一个连接点来实现。单击 Place/Place Junction 菜单项，一个圆点将跟随鼠标指针移动，然后移动鼠标到两根导线的交叉点处单击，两根交叉线就被连接点焊接在一起了。这种放置连接点的方法，由于视觉原因，往往会出现虚焊的现象，因此在电路仿真中，不提倡使用该方法放置连接点，可通过前面介绍的导线连接方法来处理。

(4) 调整导线。当导线连接完成后,有时需要根据电路中元器件的布局,不仅需要调整元器件的位置,也需要调整导线的位置。调整导线时,应先单击选定该段导线,此时导线的两端各出现一个小方块儿,将鼠标移动到该导线上,鼠标指针变为"↕",拖动鼠标,导线也会随之移动。

(5) 设置导线颜色。为了使电路中各元器件间的连接关系更清楚,需要设置导线的不同颜色,特别是在同时要测试两个以上节点时,必须对有关的导线设置不同的颜色,以便把握测试所得的波形与测试点的对应关系。

具体设置导线颜色时,可右击该导线,在弹出的快捷菜单中,点选 Color...,在出现如图 2-9 所示的颜色选取对话框中,设置颜色即可。与该段导线相连的邻近导线,其颜色也将同时改变;连接点颜色的设置与此相同。

(6) 删除导线和连接点。要删除导线,须先单击选定该段导线,然后按 Delete 键,或者点选 Edit/Delete 菜单项,也可直接右击该段导线,在弹出的快捷菜单中,点选 Delete 项,即可删除该段导线。删除连接点的操作与此相同。删除连接点时,相关导线亦随之被删除。

4. 修改元器件

在电路中,往往需要对某些元器件的 Label、Display 或 Value 等选项进行修改,具体的修改方法是:双击要修改的元器件,或者先选定该元器件,再点选 Edit/Component Properties...,打开 Component Properties(元器件属性)对话框。以修改电容 C1 的参数为例,双击电容 C1 的图标,打开其属性对话框,如图 6-10 所示。

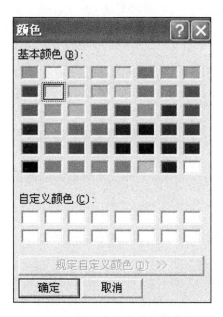

图 6-9 颜色选取对话框

图 6-10 元器件属性对话框

在该对话框中,包含有 Label、Display、Value、Fault 共四个标签页。在 Label 标签页中,有 Reference ID(参考 ID);在 Display 标签页中,有 Use schematic Option Global Setting(使用全局选项设置)、Show Labels(显示标签)、Show Values(显示数值)、Show Reference ID(显示参考 ID)、Show Attributes(显示属性);在 Value 标签页中,一般用来修改数值;在 Fault 标签页中,可以设置人为故障,有 Open(开路)、Short(短路)、Leakage(泄漏)等单选项。

6.3 选取仪器

通过以上步骤建立了一个电路,但在运行仿真之前,需要选取合适的仪器。本例需要两个仪器,一个是信号发生器,为电路提供方波输入;另外一个是示波器,用来测量输入和输出信号的波形。

1. 选取函数信号发生器

单击仪器工具栏中的信号发生器图标,一个函数信号发生器的图形符号伴随鼠标指针出现,在工作区的合适位置单击,即可将其放置在"实验台"上,如图 6-11 所示。将其连入电路,具体连接是 Common 端子与接地端相连,"+"端子与电路输入端相连。再双击这个函数信号发生器,打开如图 6-11 所示的对话框。例中参数设定方波频率为 1 kHz,占空比为 50%,幅度为 2.5 V。

2. 选取示波器

单击仪器工具栏中的影图标,在工作区适当位置单击鼠标,即可放置一个示波器,如图 6-12 所示。将其 G(地)端子与接地端、A 端子与信号输入端、B 端子与电路输出端分别相连。设定连接 A 端子的导线和 B 端子的导线分别为红色和黑色。通过以上操作,方波倍频器电路及需要的仪器全部搭建在实验台上了。

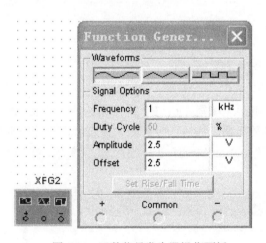

图 6-11 函数信号发生器操作面板

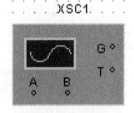

图 6-12 示波器

6.4 放置文本

在电路中,通过放置文本,可以对某个元器件,或者电路的某个部分,或者电路本身进行说明。文本有两种,一种是 Text(文字),另一种是 Text Description Box(文本描述框)。Text 工具一般是用于对某个元器件或电路的说明,文字内容不宜多,且显示在工作区中。Text Description Box 工具可用于对整个电路设计过程、电路功能和特点等做详细的描述,文字内容不限,且以对话框形式出现,因此可打开和关闭。

1. 放置文字

具体方法是点选 Place I Place Text 菜单项,鼠标变为"I",在工作区适当位置单击鼠标,就建立了一个文字输入区。

(1) 输入文字。在文字输入区中闪烁的光标处可输入文字，输入完毕后，单击文字输入区外的任一处，则结束输入。

(2) 修改文字颜色。右击 Text 区域，会弹出一个快捷菜单，点选其中的 Color...，可修改文字的颜色。

(3) 移动或删除 Text。单击选定 Text 区域，拖动鼠标，即可移动 Text。右击 Text 区域，点选快捷菜单中的 Delete 项，则删除该文字区域。

2．放置文字描述框

点选 Place/Place Text Description Box 菜单项，则打开如图 6-13 所示的文本描述对话框。Print 按钮可实现打印。

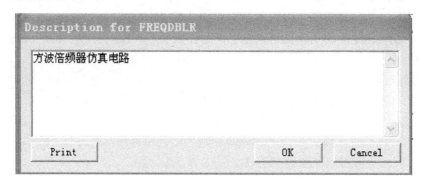

图 6-13 文本描述框

6.5 处 理 标 题

在工程实际中，如果设计一个电路，则必须填写 Title Block 中的内容。Title Block 位于设计图纸（工作区）的右下角，其内容涉及标题、描述、设计者、检查者、设计日期等项。

要填写 Title Block 中的内容，需要点选 Option/Modify Title Block...菜单项，打开如图 6-14 所示的对话框。

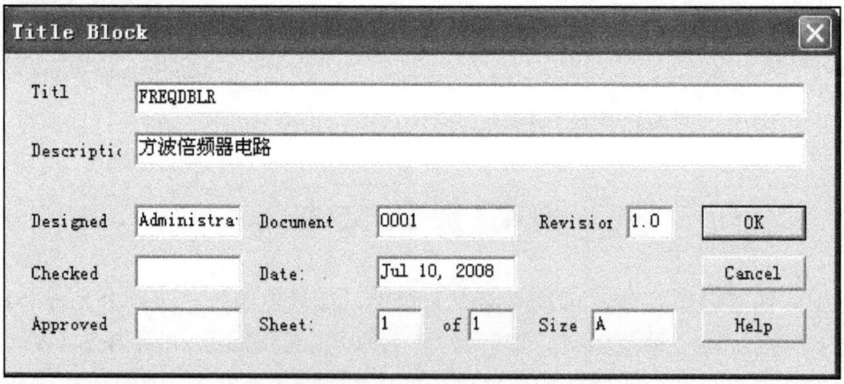

图 6-14 Title Block 对话框

通过以上步骤建立了一个完整的电路，如图 6-15 所示，现在最好将其保存，以备后续使用。保存的方法是点选 File/Save 菜单项，或者点选 File/Save As...菜单项。具体操作时可建立项目文件夹，将相关电路保存在同一个项目文件夹中，这样方便电路的查找和使用。其中文件名可使用汉字或者其他有意义的字母等符号。

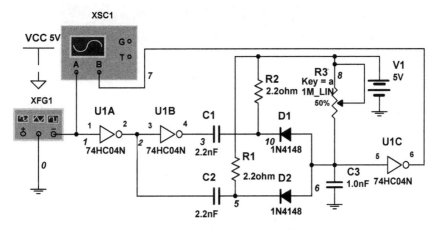

图 6-15 方波倍频器仿真电路

6.6 电路仿真和分析

在实际应用中，需要根据内容要求选择合适的方法对电路进行仿真分析。本实例要求测量输入和输出信号，并观察其占空比，因此可通过两个方法实现，一个是启动瞬态分析，另一个是直接利用示波器。下面分别介绍这两个方法。

1. 选择并启动瞬态分析

点选 Simulate/Analyses/Transient Analysis…菜单项，弹出如图 6-16 所示的对话框。在该对话框中，包含 Analysis Parameters（分析参数）、Output Variables（输出变量）、Miscellaneous Options (杂项)、Summary (摘要) 等标签页。详细说明参看后续有关章节内容。

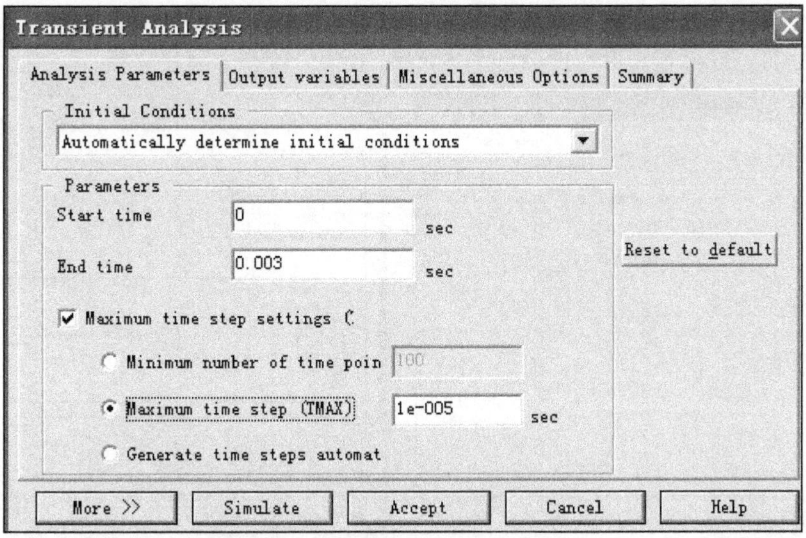

图 6-16 瞬态分析设置对话框

例中 Analysis Parameters 页设定如图 6-16 所示，Start Time 为 0，End Time 为 3ms。Output Variables 页设置如图 6-17 所示，所要测试的节点变量为 1 和 7，其中 1 对应的为输入端、7 对应的是输出端，其他选项默认。设定后单击 Simulate 按钮，启动瞬态分析对电路进行仿真。仿真结束后，系统自动打开 Analysis Graphs 窗口。结果如图 6-18 所示。

57

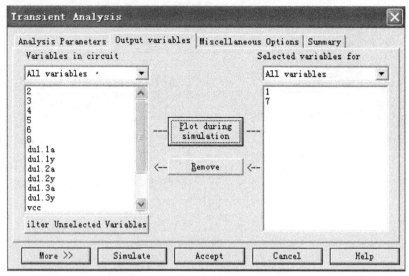

图 6-17 Output Variables 页设置

从仿真结果看,输入信号频率为 1kHz,占空比为 50%,而输出信号频率是 2 kHz,占空比约为 40%,实现了二倍频。

在实际操作中,使用瞬态分析方法,观察电位器的调节对结果的影响是不方便的,因此最好使用示波器观察仿真结果。

2. 使用示波器

首先单击开关按钮,或者按快捷键 F5 启动仿真,系统自动对电路进行仿真运算,然后打开示波器,就可以观察到信号波形。

双击示波器,打开如图 6-19 所示的示波器面板,为观察方便,当波形显示已经满屏后,单击"暂停"按钮,或者再次按快捷键 F5,暂停仿真。移动游标,测量输入波形和输出波形的方波持续时间,可得到其占空比分别为 50%和 40%,且输出为二倍频。

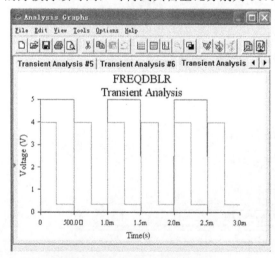

图 6-18 Analysis Graphs 窗口

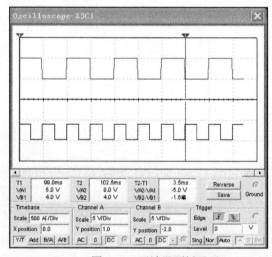

图 6-19 示波器面板显示

调节电位器,观察输出波形的变化。按"A"键,电位器阻值增加,占空比减小。按"a"键,电位器阻值减小,占空比增大输出方波如图 6-20、图 6-21 所示。仿真结果分析表示,该电路能够实现二倍频方波输出,通过调节电位器,可以控制输出方波的占空比。

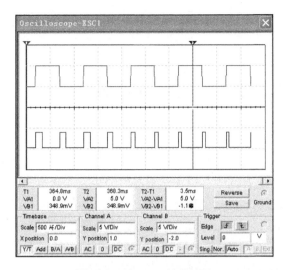 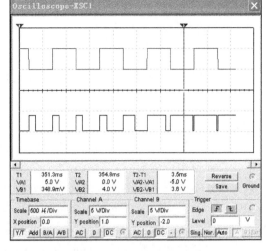

图 6-20 按 "A" 键的结果　　　　　　　图 6-21 按 "a" 键的结果

6.7 产生报告

电路经仿真、调试，认为完全符合设计要求后，需要打印相关报告，以便实际元器件采购等工作。其方法是点选 File/Print Reports/Bill of Materials，则弹出如图 6-22 所示的 Bill of Materials 处理窗口。通过查看该窗口的内容，会发现本电路中用到的元器件的数量、名称、型号和封装形式等信息。

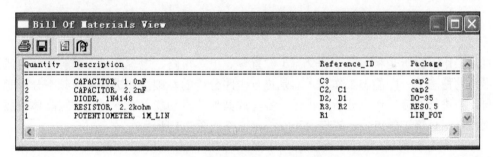

图 6-22　Bill of Materials 处理窗口

在该窗口中，单击打印图标，可直接打印电路中所用元器件的清单，单击保存图标，则将元器件信息保存为文本文档。单击文档图标，可查看其他信息，如接地端、直流源等。

第 7 章 Multisim 2001 仿真分析与后处理

Multisim 2001 充分利用计算机技术快速处理功能，可以对模拟电路、数字电路、数模混合电路及射频电路等进行仿真和分析。其分析方法有基本分析方法和高级分析方法两类。其中典型的基本分析方法包括直流工作点分析（DC Operating Point Analysis）、交流分析（AC Analysis）、瞬态分析（Transient Analysis）、傅里叶分析（Fourier Analysis）、噪声分析（Noise Analysis）、失真分析（Distortion Analysis）和直流扫描分析（DC Sweep Analysis）等。高级分析方法包括传递函数分析（Transfer Function Analysis）、极零点分析（Pole Zero Analysis）、灵敏度分析（Sensitivity Analyses）、温度扫描分析（Temperature Sweep Analysis）、参数扫描分析(Parameter Sweep Analysis）、蒙特卡罗分析（Monte Carlo Analysis）、最坏情况分析（Worst Case Analysis）等。

Multisim 2001 的仿真结果可以通过相应的测试仪器（如示波器等）、Analysis Graphs（分析图形窗口）或 Postprocessor（后处理器）观察和分析。其中 Analysis Graphs 是一个显示和处理分析结果的图形窗口，而 Postprocessor 是一个对仿真结果做进一步加工或运算的工具，它们可以由用户自定义完成后处理工作。

7.1 直流工作点分析

直流工作点分析是将电路中的交流电源置零、电感短路、电容开路，求解出恒定激励条件下电路的稳态解，即静态工作点。它是进行电路分析的基础，如进行交流频率分析时，系统会自动先进行直流工作点分析，再进一步完成其他分析功能。以下通过单级晶体管放大电路实例，介绍直流工作点分析的步骤和方法，电路如图 7-1 所示。

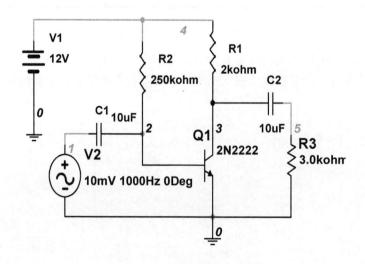

图 7-1 单级晶体管放大电路

1. 创建电路

按照图 7-1 所示创建单级晶体管放大电路，并按图示要求修改各元器件参数，设置交、直流电源参数。

2. 设置直流工作点分析

首先单击 Simulate/Analyses/DC Operating Point...菜单项，弹出如图 7-2 所示的直流工作点分析设置对话框。

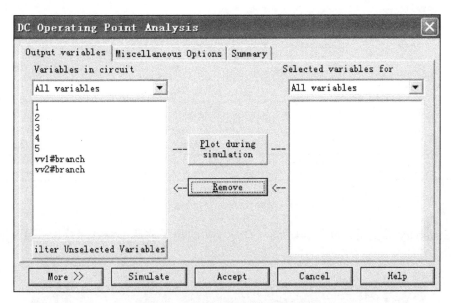

图 7-2　直流工作点分析设置对话框

在该对话框中，有三个标签页，分别是 Output variables（输出节点选择）、Miscellaneous Option（杂项）和 Summary（汇总）。图 7-2 所示的是 Output variables 标签页。

(1) Output variables 标签页。作用是选择用于测试分析的变量（或节点）。

在 Variables in circuit 选项区，单击该区的下拉列表，可看到变量类型选择列表，其中有 Voltage and current（电压和电流变量）、Voltage（电压变量）、Current（电流变量）和 All variables（全部变量）。选择某个类型，则该类型的变量将显示在下面的待选变量框中。

在 Selected variables for 选项区，列出了从 Variables in circuit 选项区获得的要分析处理的节点（变量）。获得分析节点的方法是，先在 Variables in circuit 选项区单击要选择的节点名称（按住 Shift 键或 Ctrl 键的同时，单击鼠标，可实现多选），再单击 Plot during simulation 按钮，则选定的节点就会出现在 Selected variables for 选项区。如果单击 Remove 按钮，节点将被移回 Variables in circuit 选项区。这里选择全部节点进行分析。

(2) Miscellaneous Option 标签页。如图 7-3 所示，该页列出了与仿真有关的所有其他分析选项，用户可自定义设置。

如果选定 Use this custom analysis，那么所有列出的分析选项将变为可选状态。一般情况下，采用默认值，此处可不修改，如果要修改其中的某个分析选项，可单击选定该选项，然后在右下角的 Option Value 框中输入新的参数，最后单击 Use this option 即可，同时键选项变为蓝色的字，表示被用户自定义。

单击 Reset option to default 按钮，则被修改的选项参数恢复到默认值。这里标签页的选项采用默认。

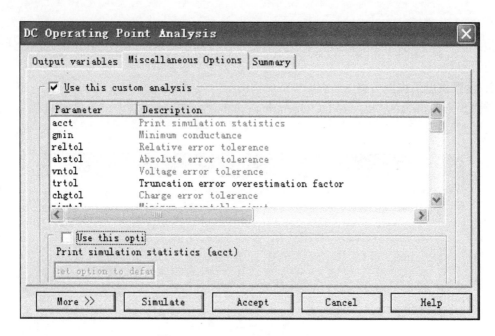

图 7-3 Miscellaneous Option 标签页

(3) Summary 标签页。如图 7-4 所示，该标签页给出了前两个标签页分析设置后的汇总报告。

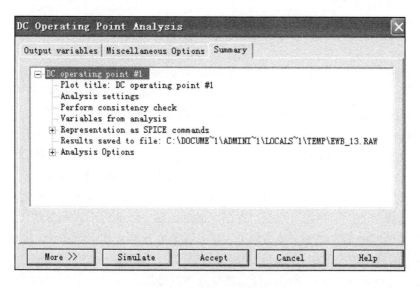

图 7-4 Summary 标签页

在该汇总中，给出了 Analysis Graphs 的标题（Plot title），同时表明已经完成了分析设置（Analysis Settings）、用于分析的变量的设置（Variables from analysis）等。如果通过该汇总，认为设置正确，则单击 Simulate 按钮，立即启动仿真。如果单击 Accept 按钮，则先保存这些设置，而不立即启动仿真。单击 Cancel 按钮，则放弃本次设置。

3. 启动直流工作点分析

完成前面的设置后，单击 Simulate 启动仿真，结果如图 7-5 所示，图中给出的参数分别表示电路中各节点的电压及流过电源 V1 和 V2 的电流值。

图 7-5　直流工作点分析结果

7.2　交流分析

交流分析是一种线性化的分析方法，它是在计算直流工作点的基础上，对电路中的非线性器件做线性化处理，得到线性化的交流小信号等效电路，最后得到电路的幅频特性和相频特性。

在交流分析过程中，无论输入端是三角波，还是方波，均被处理成正弦波。下面通过一个一个反相器电路实例，介绍交流分析的步骤。实例如图 7-6 所示，要求分析其幅频特性和相频特性。

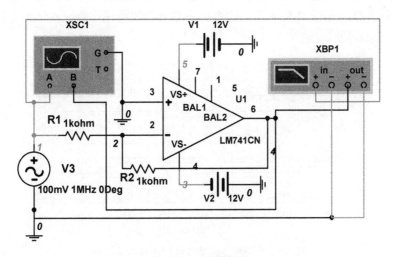

图 7-6　反相器电路

1．创建电路

按照图 6-8 所示，创建电路，并设置元器件参数。

2．设置交流分析选项

单击 Simulate/Analyses/AC Analysis...菜单项，弹出如图 7-7 所示的交流分析设置对适框。

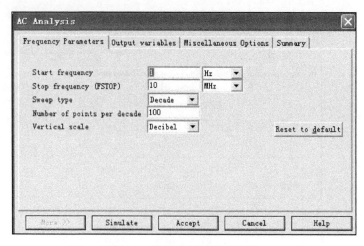

图 7-7 交流分析设置对话框

在该对话框中，共有四个标签页，其中三个与直流分析选项的相同，因此不再赘述，这里只介绍 Frequency Parameters 标签页。

Frequency Parameters 标签页中，有五个选项，其中 Start frequency 选项用来设置起始频率、Stop frequency 选项用来设置终止频率、Sweep type 用来选择扫描类型（Decade 为十倍程扫描、Octave 为八倍程扫描、Linear 为线性扫描，共三种）、Number of points per decade 选项用来设置每十倍频率的取样数量、Vertical scale 选项用来设置纵轴刻度（Decibel 为分贝、Octave 为八倍、Linear 为线性和 Logarithmic 为对数）。

实例中，设置起始频率和终止频率分别为 1Hz、10M Hz，设置为 Decade 扫描、取样数为 100，纵轴刻度设置为分贝，其中分析的节点 4 是运放的输出端。

3. 启动仿真

设置完成后，单击设置对话框的 Simulate 按钮，启动仿真，在分析图形窗口显示其幅频特性和相频特性曲线，如图 7-8 所示。这个仿真结果和波特图仪测试的结果是相同的，其截止频率约为 650kHz。

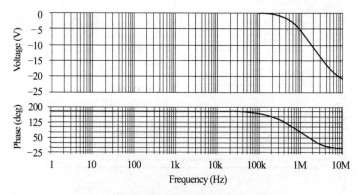

图 7-8 实例电路幅频特性和相频特性曲线

7.3 瞬态分析

瞬态分析是一种非线性电路分析方法，可用来对信号进行时域响应的求解。应用瞬态分析时，即使电路中没有激励信号源，仍然可以依靠电路中的储能元件（如电感或电容）进行电路分析。

在进行瞬态分析时，要求给定一个时间范围，Multisim 2001 软件会在这个时间范围内，按照合理的时间步长，计算测试点在每个时间点的输出电压。瞬态分析一般用来分析电路中某个节点的电压波形，当然还可以计算波形的周期或频率。

下面仍然以图 7-6 所示的反相放大器电路为例，介绍进行瞬态分析的步骤，要求对输入和输出波形进行瞬态分析，并对波形进行比较。

1. 设置瞬态分析选项

在创建如图 7-6 所示的反相放大器电路后，单击 Simulate / Analyses /Transient Analysis... 菜单项，弹出如图 7-9 所示的瞬态分析设置对话框。该对话框中有四个标签页，其中 Analysis Parameter 标签页，用来设置时间范围和步骤。这些选项的含义与操作如下。

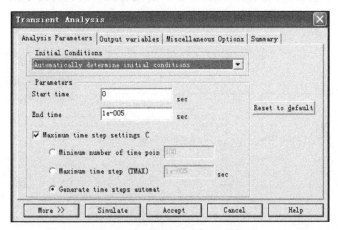

图 7-9　瞬态分析设置对话框

(1) Initial Conditions 区：设置瞬态分析的初始条件。这些条件包括 Automatically determine initial conditions（系统自动设置初始条件）、Set to zero（初始值为 0）、User defined（用户自定义初始值）和 Calculate DC operating point（通过计算 DC 工作点得到初始值）。

(2) Parameters 区：设置时间范围和步长。这些选项包括 Start time（起始时间）、End time（终止时间）、Maximum time step setting（用来设置时间步长）。

这里设置起始时间为 0、终止时间为 0.00001，选择测试节点为 1 和 4，步长采用默认值。

2. 启动仿真

分析设置完成后，单击 Simulate 按钮，启动瞬态分析，结果如图 7-10 所示。通过对结果的比对分析，可以发现输入和输出实现了反相，但输出信号与输入信号相比有延迟。这个结果与示波器测试的结果是相同的。

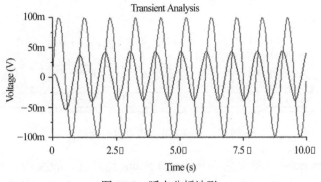

图 7-10　瞬态分析波形

7.4 傅里叶分析

傅里叶分析能够处理复杂的周期性非正弦波信号,它可以将周期性非正弦波信号转换成直流分量、基波分量和 n 次谐波分量。傅里叶分析在瞬态分析基础上,对时域分析的结果做傅里叶变换,从而得到信号的频谱函数。

在执行傅里叶分析的时候,系统会自动按照设定参数先执行瞬态分析,再进行傅里叶分析,最后通过 Analysis Graphs 窗口给出分析结果。

下面通过一个乘法器电路,了解傅里叶分析的步骤。乘法器应用电路如图 7-11 所示,要求对乘法器的输出端信号进行傅里叶分析。

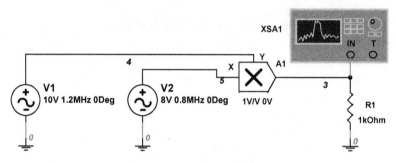

图 7-11 乘法器应用电路

1. 创建电路

按照图 7-11 创建电路,并修改两个交流激励源的数据,乘法器参数设置采用默认值。

2. 设置傅里叶分析选项

单击 Simulate/Analyses/Fourier Analysis...菜单项,弹出如图 7-12 所示的傅里叶分析设置对话框。在该对话框中,有四个标签页,后三个的分析方法与前面的相同。

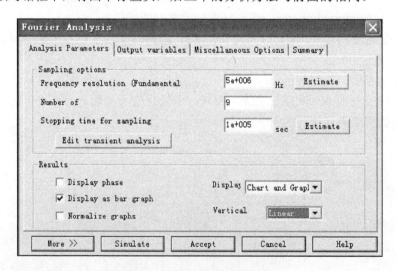

图 7-12 傅里叶分析设置对话框

在 Analysis Parameter 标签页的 Sampling options 选项区,设置傅里叶分析的基本参数。其中 Frequency resolution (Fundamental Frequency)选项是设置基频,可以单击 Estimate 按钮,

系统将自动计算并给出基频数值；Number of 选项设置停止采样的时间，也可以单击 Estimate 按钮，由系统计算给定。

在 Analysis Parameter 标签页的 Results 选项区，用来设置傅里叶分析显示的方式。Display phase 选项，作用是显示相位频谱。Display as bar graph 选项，作用是以线条显示频谱。Normalize graphs 选项，作用是显示归一化的频谱。Display 选项有三个参数，分别是 Chart（图表）、Graph（曲线）和 Chart and Graph（图表与曲线）。Vertical 选项设置纵轴刻度，可以是 Linear、Decibel、Octave、Logarithmic。本实例设置频率为 5 MHz、谐波次数为 9、停止采样时间为 0.00001s，选项测试节点为 3，其他为默认。

3. 启动仿真

设置完成后，单击 Simulate 按钮，在分析图形窗口显示该例中节点 3 的傅里叶分析结果曲线，如图 7-13 所示。其中基波（一次谐波）的幅度为 4.99829、相位为 90.0018，三次谐波的幅值和相位分别是 4.98529、-90.002，这和两个交流信号相乘的数学结果是吻合的。

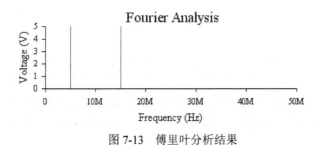

图 7-13 傅里叶分析结果

7.5 噪声分析

在电路中各种元器件都会产生噪声，Multisim 2001 可以定量地分析电路中的噪声大小。在具体分析过程中，系统假设各种噪声源之间是互不相关的，测试点的总噪声就是每个噪声源在该点产生噪声的和（有效值）。通过噪声分析，可以测试各种元器件产生的噪声效果。

Multisim 2001 可以模拟三种噪声，即热噪声、散弹噪声和闪烁噪声。噪声分析实例如图 7-14 所示，要求测试该半波整流电路节点 2 的输入和输出噪声。

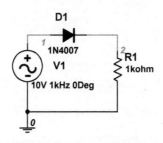

图 7-14 半波整流电路

1. 设置噪声分析选项

按照图示创建电路后，单击 Simulate/ Analyses/Noise Analysis...菜单项，弹出如图 7-15 所示的噪声分析设置对话框。在该对话框中，有五个标签页，其中有三个标签页在前面的分析方法中已经介绍，在此不再赘述。另外两个标签页操作如下。

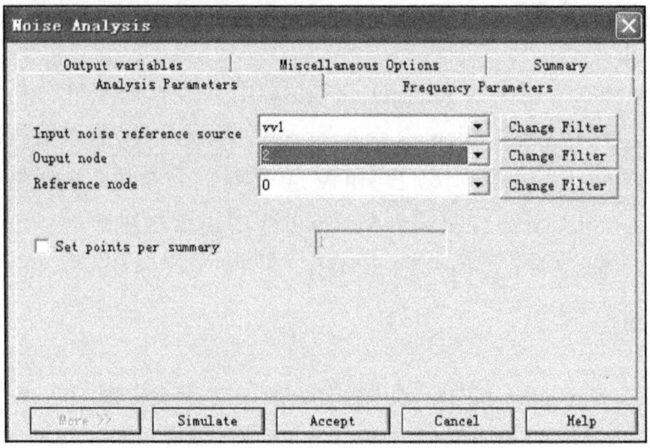

图 7-15 噪声分析设置对话框

(1) Analysis Parameters 标签页。如图 7-15 所示，在该标签页设置噪声源和分析节点等参数。

Input noise reference source 选项用来选择输入噪声的参考电源（必须选择一个交流源作为参考）。Output node 选项用来设置分析节点。Reference node 选项用来设置参考电压节点，一般是"地"。Set point per summary 选项用来设置每个汇总的采样点数，一般选择 1。

(2) Frequency Parameters 标签页。如图 7-16 所示，在该标签页设置有关起始频率等扫描参数。

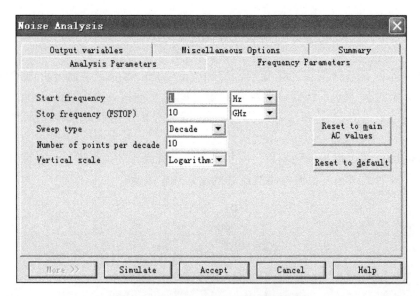

图 7-16 Frequency Parameters 标签页

其中，Start frequency 选项设置起始频率，Stop frequency 选项设置终止频率，Sweep type 选项设置扫描类型，Number of points per decade 选项设置采样点数，Vertical scale 选项设置纵轴刻度，Reset to main AC values 按钮用来将设置恢复为与交流分析相同的设置，Reset to default 按钮用来恢复默认设置。

这里设置分析节点为2，选择交流源V1作为参考电源，Set point per summary 选项为1，其他采用默认值。

2. 启动仿真

设置完成后，单击Simulate按钮启动噪声分析，结果曲线如图7-17所示，上部曲线为输入噪声功率谱，下部曲线为输出噪声功率谱。

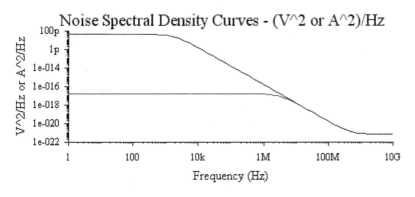

图 7-17　噪声分析曲线

7.6　失　真　分　析

信号的失真一般是由电路的非线性增益和相位的偏移引起的，非线性增益会导致谐波失真，而相位的偏移会导致互调失真。

在失真分析过程中，如果只有一个交流激励源，则分析电路中每一个节点二次和三次谐波的失真。如果电路中有两个交流激励源（设频率分别为 F1 和 F2、F1>F2），则分析被测试点在（F1+F2）、（F1-F2）和（2F1-F2）三个频率上的谐波失真。

失真分析对于交流小信号的分析十分有利，可以发现瞬态分析时不明显的失真现象。这里通过一个放大电路的示例，介绍失真分析的步骤。图 7-18 是一个单级晶体管放大电路，要求测试该电路输出信号的失真程度。

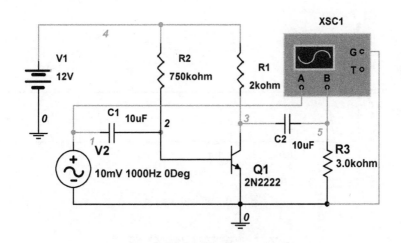

图 7-18　单级晶体管放大电路

1. 设置失真分析选项

按照图示创建电路后，单击 Simulate/Analyses/Distortion Analysis...菜单项，弹出如图 7-19

所示的失真分析设置对话框。在该对话框中，有四个标签页，下面主要对 Analysis Parameters 标签页做有关说明。

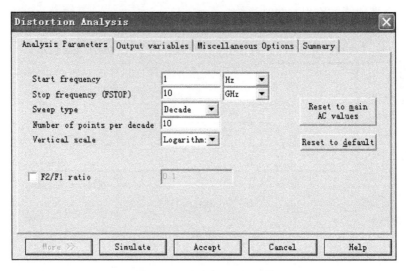

图 7-19 失真分析设置对话框

Analysis Parameters 标签页，用来设置进行失真分析的有关参数，如扫描类型、频率等。其中 Start frequency 选项设置起始频率，Stop frequency 选项设置终止频率，Sweep type 设置扫描类型，Number of points per decade 选项设置采样点数，Vertical scale 选项设置纵轴刻度。另外还有一个可选项是 F2/F1 ration 选项，该选项是当电路有两个激励源时分析（F1+F2）、(Fl-F2)和（2F1-F2）三个频率上的失真，取值范围为 0～1。

当选择 F2/F1 ration 的值，在 F1 进行扫描时，F2 被设定为 F2/Fl ration 的值×F1 的起始频率。本实例选择测试节点为 5，其他选项值默认。

2．启动仿真

设置完成后，单击Simulate按钮，启动失真分析，结果如图7-20所示。

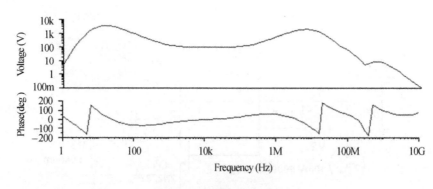

图 7-20 失真分析结果

7.7 直流扫描分析

直流扫描分析就是通过相关参数设置，计算被测试节点的直流工作点随电路中直流源变化的规律，从而快速确定电路的直流工作点。

在直流扫描分析过程中,所有数字器件均作为接地的大电阻处理。

下面以图 7-21 所示放大电路为例,通过测试节点 6 直流特性随直流源 V3 变化的情况,介绍直流扫描分析的步骤。

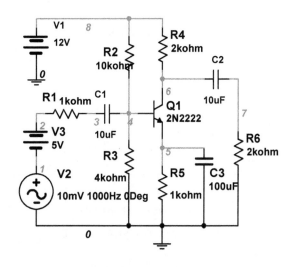

图 7-21　放大电路

1. 设置直流扫描分析选项

单击 Simulate/Analyses /DC Sweep 菜单项,打开如图 7-22 所示的直流扫描分析设置对话框。以下主要对 Analysis Parameters 标签页的应用做有关说明。

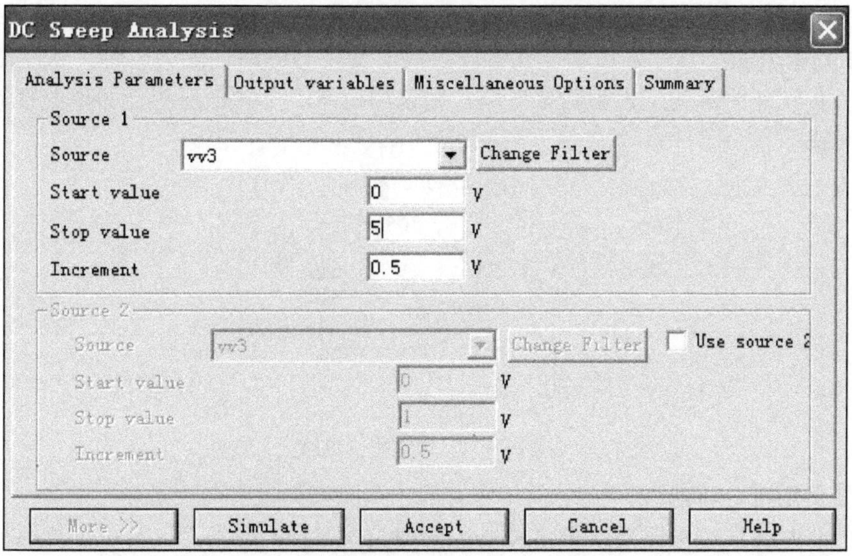

图 7-22　直流扫描分析设置对话框

Analysis Parameters 标签页可以编辑直流源。在 Source 1 选项区,Source 选项设置要扫描的某个直流源。Start value 和 Stop value 选项分别是起始值和终止值,Increment 选项用来设置扫描步长。

选定 Use source 2 选项时,可以通过 Source 2 选项区设置第二个直流电源。

实例中，设定要扫描的直流源为 V3，Start value 和 Stop value 选项分别是 0 和 5，Increment 选项设置为 0.5，被测试节点为 6。

2. 启动仿真

单击 Simulate 按钮启动仿真，直流扫描分析结果曲线如图 7-23 所示。

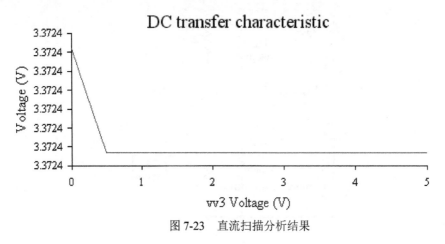

图 7-23 直流扫描分析结果

7.8 灵敏度分析

灵敏度分析是分析电路中元器件参数的变化对输出节点电压或电流的影响，包括直流灵敏度分析和交流灵敏度分析。直流灵敏度分析是在确定直流工作点基础上，计算输出节点电压或电流对电流中元器件参数的直流灵敏度。交流灵敏度分析是计算输出节点电压或电流对一个元器件参数的小信号交流灵敏度。

灵敏度分析有助于设计人员掌握元器件参数的变化对电路性能的影响，从而做好元器件选型工作。图 7-24 所示为二极管箝位电路，用来测试节点 2 的电压对元器件的直流灵敏度。

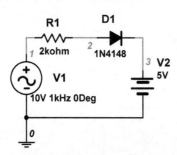

图 7-24 二极管箝位电路

1. 设置灵敏度分析选型

创建如图 7-24 所示电路后，单击 Simulate/Analyses/Sensitivity Analyses...菜单项，弹出如图 7-25 所示的灵敏度分析设置对话框，包括 Analysis Parameters 等四个标签页。

Analysis Parameters 标签页中，在 Out nodes/currents 选项区，Voltage 单选项用来设置电压灵敏度分析，包括 output node 选项设置需要测试的电压节点、output reference 选项设置参考点（一般是"地"）。Current 单选项用来设置电流灵敏度分析，只包括 output source 选项设置电源。Output scale 选项用来设置灵敏度输出格式，其格式有 Absolute（绝对灵敏度）和 Relative（相对灵敏度）。

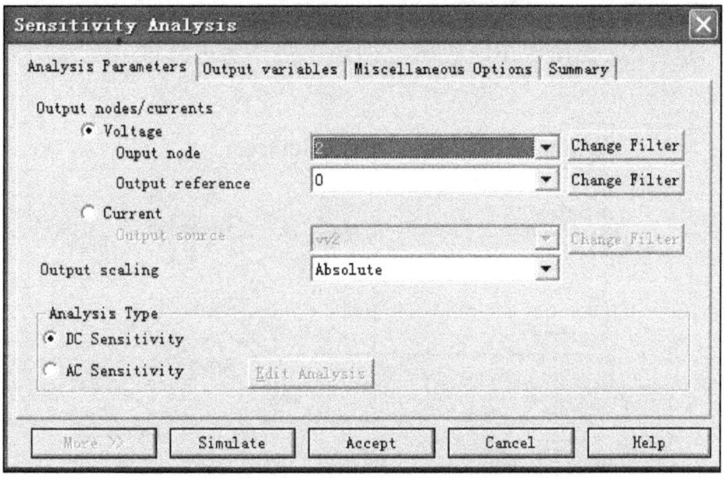

图 7-25 灵敏度分析设置对话框

在 Analysis Type 选项区，DC sensitivity 选项用来设定直流灵敏度分析。AC sensitivity 选项用来设定交流灵敏度分析。当选择了 AC sensitivity 选项后，可单击 Edit Analysis 按钮，打开 Sensitivity AC Analysis 设置对话框，如图 7-26 所示，用来设置扫描的起始和终止频率等。

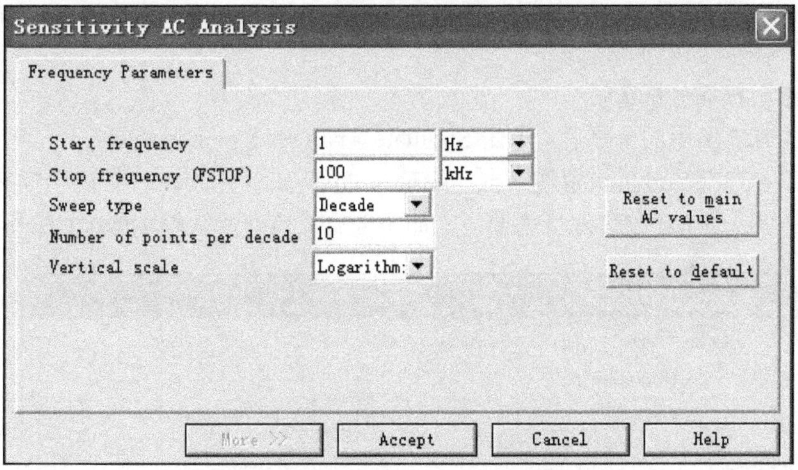

图 7-26 Sensitivity AC Analysis 设置对话框

在本实例中，先设定直流灵敏度分析，选择 Output node 为节点 2，选择 Output Variables 为 rr1、vv1、vv2。

2. 启动仿真

单击 Simulate 按钮，启动直流灵敏度分析，仿真结果为 Sensitivity Analysis：rr1、6.89630n、vv2、2.00938n、vv1、1.00000。这三组数据分别表示电路中电阻、电源 VI 和电源 V2 每单位变化所造成的节点 2 的电压变化量。

7.9 参数扫描分析

参数扫描分析是对电路中某个元器件的参数，按指定的变化范围进行扫描，以分析该元器件的参数变化对电路特性的影响。变化的元器件参数可以是独立的电压源、独立的电流源及其他元件的参数,如电阻、电容的参数等。通过参数扫描分析可以实现对电路的优化设计。

图 7-27 所示为一个文氏桥式 RC 正弦波振荡电路,要求测试电阻 R1 对电路输出的影响情况。

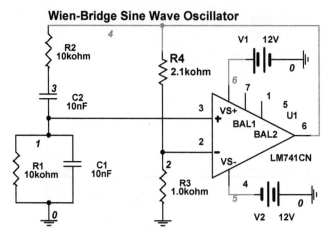

图 7-27 文氏桥式 RC 正弦波振荡电路

按照本实例的要求,可以通过对电阻 R3 进行参数扫描分析,获得仿真结果。依据文氏桥式 RC 正弦波振荡电路的原理,其振荡频率为 f=1/(2πR1C1)、放大倍数为 A=1+R4/R2,只要 A 略大于 3,则电路即可正常起振。

1. 设置参数扫描分析选项

创建如图 7-27 所示的电路后,单击 Simulate/Analyses/Parameter Sweep…菜单项,弹出如图 7-28 所示的参数扫描分析设置对话框,包括有 Analysis Parameters 等四个标签页。其后面的三个标签页与前面所述分析方法类似,下面主要叙述 Analysis Parameters 标签页的内容。

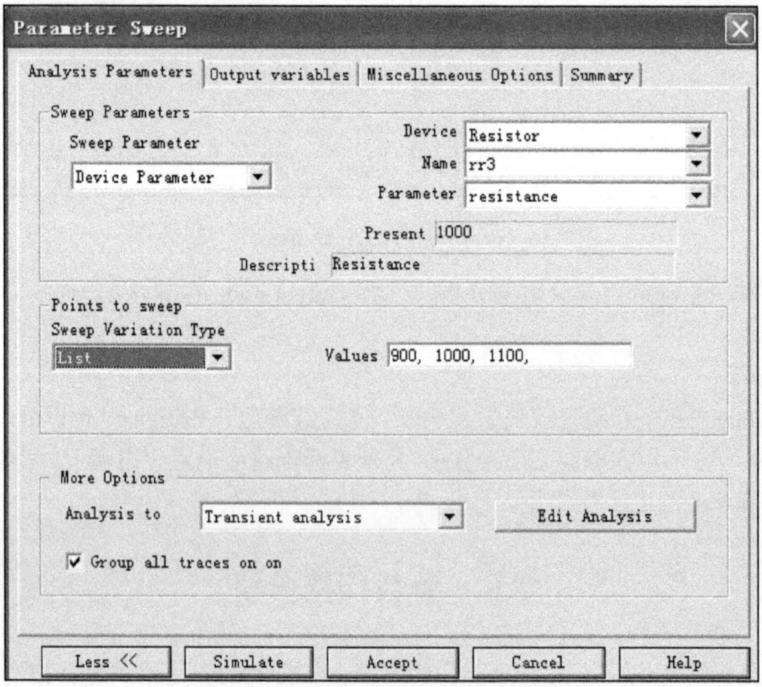

图 7-28 参数扫描分析设置对话框

Sweep Parameter 选项：用来设置参数类型，分别有模型参数（Model Parameter）和器件参数（Device Parameter）。

Device 选项：表示可供选择的元器件种类，本例有 BJT、Capacitor 和 Diode、Resistor 等。

Name 选项：表示待扫描的元器件序号，本实例为 rr3。

Parameter 选项：表示待扫描的元器件参数。

Sweep Variation Type 选项：表示用于扫描的变量类型，分别有 Decade、Linear 等四种。本实例选择为 List，Value 值为 900、1000、1100。

Analysis to 选项设置为瞬态分析：再单击 Edit Analysis 按钮，在 Sweep of Transient analysis 对话框中，设定 End time 为 0.05s，选定 Maximum Time Step（最大时间步长）为 1e-005s。

在 Output variables 标签页，设置待测试输出的节点，例中选择节点为 4。

2. 启动仿真

设置完毕后，可直接单击设置对话框中的 Simulate 按钮，启动参数扫描分析。其结果如图 7-29 所示。由于要连续对设定的元器件参数变化进行扫描，需要等待数秒才能得到结果。

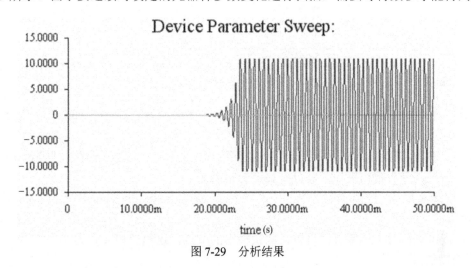

图 7-29　分析结果

分析结果表明，当R3取值为1000时，可以正常起振，而且没有很明显的失真，因为此时它保证了R4略大于2R3。当R3取值为900时，起振时间短，但失真很大。而R3取值为1100时，则根本不能起振。这时也可以通过示波器，观察R3在这三个取值时的输出信号的情况，其结果应与参数扫描分析相同。

7.10　温度扫描分析

温度扫描分析是研究温度变化对电路特性的影响，一般地默认电路分析时的温度为27℃，但电路实际工作时，元器件（如电阻、晶体管等）对温度的较大变化是十分敏感的，并可能导致电路的性能发生变化，因此研究温度对电路的影响是非常必要的。

利用Multisim 2001软件进行温度扫描分析，电阻、电容等元器件需要使用虚拟的元器件。这里结合图7-27所示的文氏桥式RC正弦波振荡电路，分析其温度变化时的输出情况。

1. 设置温度扫描分析选项

单击Simulate/Analyses/Temperature Sweep ...菜单项，弹出如图7-30所示的温度扫描分析设置对话框。下面详细叙述Analysis Parameters标签页的内容。

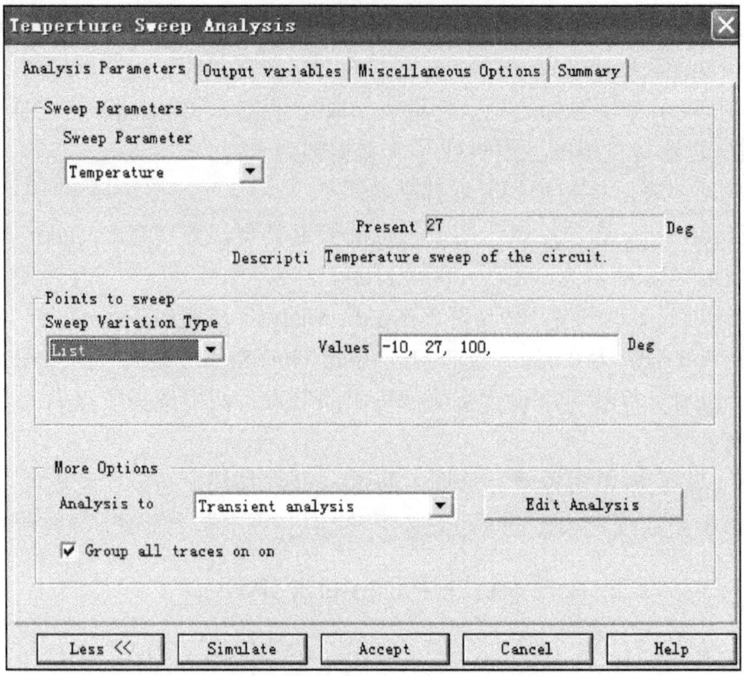

图 7-30 温度扫描分析设置对话框

其设置与参数扫描分析设置有许多相同的地方。本实例设置 Sweep Variation Type 为 List Value 值列表为-10℃，27℃，100℃。

为了能够更清楚地比较在不同温度下该电路的输出信号的变化，不选择 "Group all trace on one"，这样在分析输出窗口，将分开显示分析结果。

单击 Edit analysis 按钮，设定 End time 为 0.4s，选定 Maximum Time Step（最大时间步长）为 1e-005s。

在 Output variables 标签页，设置待测试输出的节点，这里分析节点为 4。

2. 启动仿真

设置完毕后，可直接单击设置对话框中的 Simulate 按钮，启动参数扫描分析。其结果如图 7-31 下所示温度为-10℃、中所示温度为 27℃、上所示温度为 100℃。

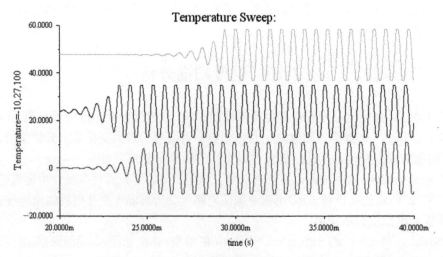

图 7-31 温度为-10℃（下）、温度为 27℃（中）、温度为 100℃（上）

比较分析结果,可以看出温度较高或较低时,都会影响电路的工作,使起振时间延长。但温度对其振幅基本没有影响。

7.11 极点零点分析

在进行极点零点分析时,首先计算直流工作点,确定电路中非线性化元器件在交流小信号条件下的线性化模型,从而找到转移函数的极点和零点。极点零点分析可用于确定电子电路的稳定性,这一点对电路设计很重要。

在进行极点零点分析时,可选择电压或者电流,因此分析的结果可以是电压增益、电流增益或者跨导等。

图 7-32 所示的是一个二阶动态电路,试分析其极点零点的分布情况。

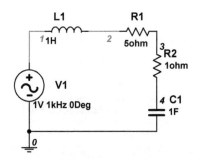

图 7-32 二阶动态电路

1. 设置极点零点分析选项

创建如图 7-32 所示的二阶动态电路后,单击 Simulate/ Analyses /Pole Zero...菜单项,弹出如图 7-33 所示的极点零点分析设置对话框。下面详细叙述 Analysis Parameters 标签页的内容。

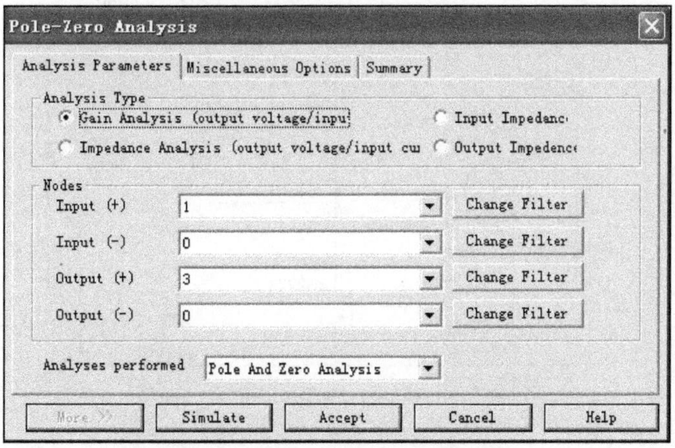

图 7-33 极点零点分析设置对话框

分析类型分别有 Gain Analysis、Impedance Analysis、Input Impedance 和 Output Impedance。其中 Gain Analysis 选项,表示进行电路增益分析,即输出电压/输入电压。Impedance Analysis 选项,表示进行电路的互阻抗分析,即输出电压 / 输入电流。Input Impedance 选项表示进行

输入阻抗分析。Output Impedance 选项表示进行输出阻抗分析。

在节点（Node）选项区，Input(+)和 Input(-)分别表示设置输入端的正、负节点。Output(+)和 Output(-)分别表示设置输出端的正、负节点。

Analyses Performed 选项用来设定要进行分析的种类，分别有极点和零点分析、极点分析和零点分析。

本实例设定进行增益分析，输出端正、负节点分别为 3、0，输入端正、负节点分别是 1、0。其他选项默认。

2. 启动仿真

设置完毕后，可直接单击设置对话框中的 Simulate 按钮，启动极点零点分析。其极点零点分析结果如下，共有两个极点和一个零点。其中 Real 和 imaginary 分别对应极点或零点的实部和虚部。极点和零点的单位为 rad/s。

Pole Zero Analysis	Real	Imaginary
pole(1)	−5.82843	0.00000
pole(2)	−171.57288m	0.00000
zero(1)	−1.00000	0.00000

7.12 传递函数分析

传递函数分析是计算两个输出节点间的电压或流过某个器件的电流与一个输入电源的直流小信号传递函数，也可以计算输入或输出阻抗。在进行传递函数分析时，首先是根据直流工作点，将非线性模型线性化，然后再进行小信号的分析。

下面对图 7-34 所示的差分对电路进行传递函数分析。

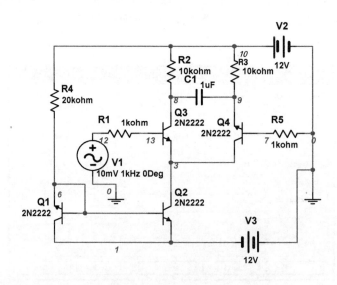

图 7-34　差分对电路

1. 设置传递函数分析选项

单击 Simulate /Analyses/Transfer Function...菜单项，弹出如图 7-35 所示的传递函数分析设置对话框。下面详细叙述 Analysis Parameters 标签页的内容。

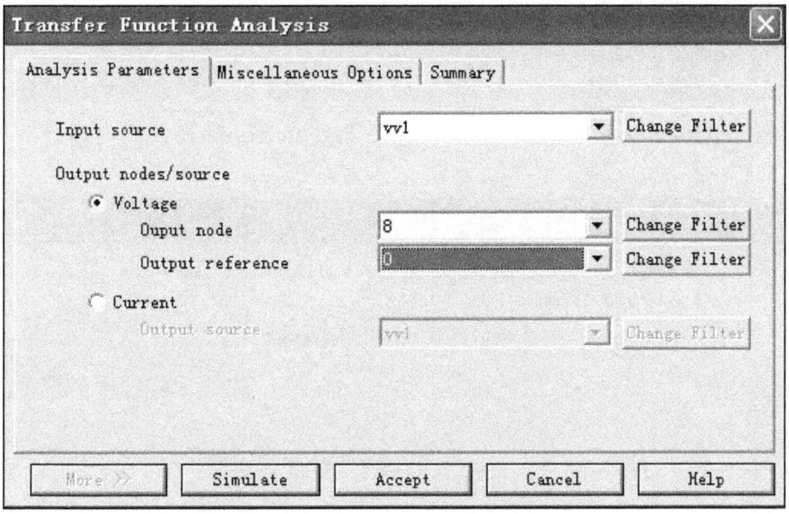

图 7-35 传递函数分析设置对话框

Input source 选项：用来设定输入电源。

Output nodes/source 选项区：Voltage 选项，用来确定作为输出电压的变量；Output Node 和 Output reference 分别是表示输出节点、参考节点（该节点一般是"地"）。

Current 选项：用来确定作为输出电流的变量。可在 Output source 中设定。

选定 Voltage 选项，Input source 为 VV1，分别设置 Output node、Output reference 为 8、0。

2. 启动仿真

设置完毕后，单击设置对话框中的 Simulate 按钮，启动传递函数分析。其结果如下：

Transfer Function Analysis

Transfer function   363.95331m
vv1#Input impedance   1.61292k
Output impedance at V (8,0)   384.19781

通过仿真分析结果可以看出，该电路的输出阻抗为 384.19781、输入阻抗为 1.61292k、传递函数值为 363.95331m。

7.13 最坏情况分析

最坏情况分析就是按引起电路特性向一个方向变化的要求，分别确定每个元器件的变化方向，再使这些元器件同时在相应的方向上按其可能的最大范围变化，对电路特性进行分析。最坏情况分析的结果从一个方面反映了电路设计的好坏，如果其分析结果能满足设计规范的要求，那么该电路设计用于生产时，成品率一定很高。

最坏情况分析是一种统计分析方法。在进行分析时，先进行一次标称值分析，再进行灵敏度分析，以确定该元器件值变化时引起电路特性变化的大小和方向。然后，按照电路特性变坏的方向，确定每一个元器件值的变化方向，最后使每个元器件均向"最坏方向"按其量的可能范围变化，进行一次电路分析，从而得到最坏情况分析结果，并与标称值分析结果做比较。

这里分析图 7-34 所示的差分对电路，若电阻 R2 和 R3 的值按 20%的误差独立随机变化时，针对节点 9 进行最坏情况分析。

1. 设置最坏情况分析选项

单击 Simulate/Analyses/Worst Case...菜单项，弹出如图 7-36 所示的最坏情况分析设置对话框。下面详细叙述 Model tolerance list 和 Analysis Parameters 标签页的内容。

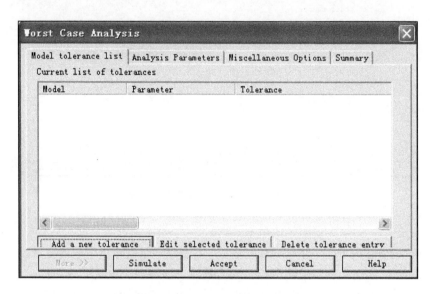

图 7-36　最坏情况分析设置对话框

(1) 在 Model tolerance list 标签页的 Current list of tolerance 区域列出了当前元器件模型误差。若单击 Add a new tolerance 按钮，则弹出如图 7-37 所示的添加误差对话框。其中各选项功能如下。

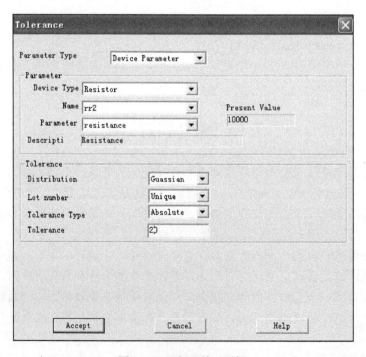

图 7-37　添加误差对话框

Parameter Type 选项：用来设定元件的模型参数或器件参数。

Device Type 选项：表示电路中需要设定的元器件种类。其中包括电路中所用到的所有元器件种类，如实例中的 BJT、Resistor 和 Capacitor 等。

Name 选项：表示元器件序号。

Parameter 选项：表示要设定的参数。不同的元器件参数是不同的，应根据仿真需要选择。

Distribution 选项：表示元器件容差的分布类型，包括 Guassian（高斯分布）和 Uniform（均匀分布）。

Lot number 选项：用来选择容差随机数出现的方式，分别有 Lot、Unique 等方式。其中 Lot 适用于集成电路，而 Unique 适用于离散元件电路。

Tolerance Type 选项：表示容差类型。有 Absolute（绝对值）和 Percent（百分比）两种。

Tolerance 选项：表示容差值。

完成添加容差设置后，单击 Accept 按钮即可保存、退出。

在 Model tolerance list 标签页，单击 Edit selected tolerance 按钮，将重新对容差进行编辑。单击 Delete tolerance entry 按钮，则删除选定的容差项目。

(2) Analysis Parameter 标签页，如图 7-38 所示。

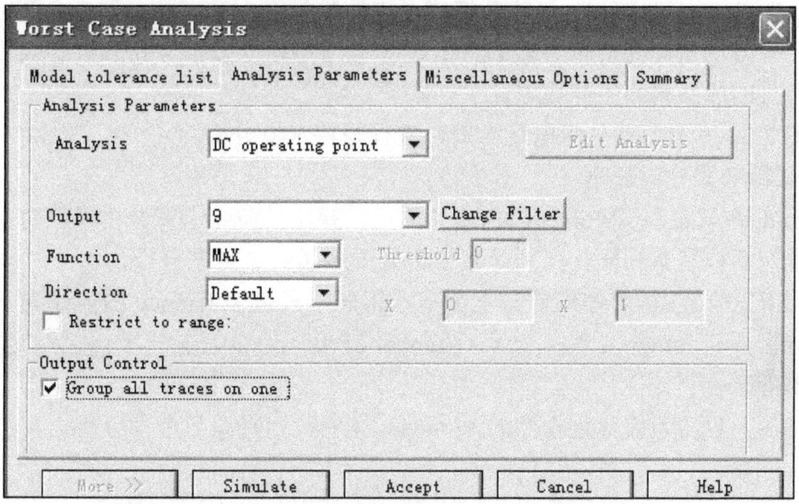

图 7-38 Analysis Parameter 标签页

Analysis 选项：用来设置分析方式，有 AC analysis 和 DC operation point 两种。

Output 选项：用来确定输出节点。

Function 选项：用来选择比较函数。其选项值有四种，其中 MAX 表示 Y 轴的最大值，MIN 表示 Y 轴最小值，二者仅在 DC Operation Point 时使用。另外还有 RISE EDGE 表示第一次出现大于设定门限值时的值，FALL EDGE 表示第一次出现小于设定门限值时的值。

Restrict to range 选项：用来设定 X 轴的显示范围。

这里通过单击 Add a new tolerance 按钮，即可设定电阻 R2 和 R3 的容差等参数。

2. 启动仿真

设置完毕后，单击设置对话框中的 Simulate 按钮，启动最坏情况分析。其结果如图 7-39 所示。

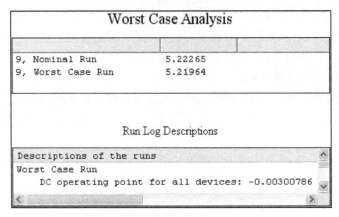

图 7-39 最坏情况分析结果

7.14 蒙特卡罗分析

在实际电路设计时,同样的元器件,其参数不可能完全相同,一般是以其标称值为中心分布的(高斯分布或均匀分布),这样就造成了电路特性具有一定的分散性。蒙特卡罗分析就是采用统计分析方法研究元器件参数的分散性对电路特性的影响。其分析结果可以用来预测电路批量生产时的成品率和生产成本。

以下以图 7-34 所示的差分对电路为例,进行蒙特卡罗分析。

1. 设置蒙特卡罗分析选项

单击 Simulate/Analyses/Monte Carlo...菜单项,弹出的蒙特卡罗分析设置对话框与最坏情况分析的设置对话框基本相同。区别是其分析方式多了一个瞬态分析。

实例设定 R2 和 R3 的容差参数与上例基本相同,只是 Tolerance 的值改为 10%。分析方式采用瞬态分析,其 End time 为 0.01 s,Number of runs 为 20,输出节点仍然为 9。

2. 启动仿真

设置完毕后,单击设置对话框中的 Simulate 按钮,启动蒙特卡罗分析。其结果如图 7-40 所示。

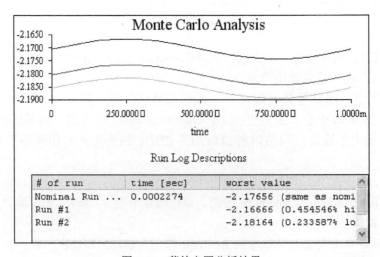

图 7-40 蒙特卡罗分析结果

7.15 分析图形窗口

在 Multisim 2001 中无论使用何种分析方法进行电路仿真，其仿真结果均会显示在 Analysis Graphs（分析图形窗口）中。如图 7-41 所示的是一个单级放大电路交流分析的结果，下面以此为例，分析 Analysis Graphs 的操作。

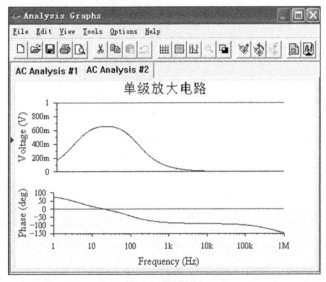

图 7-41　Analysis Graphs

Analysis Graphs 是典型的 Window 窗口，由一个菜单系统、一个工具栏和显示区构成。

1. 菜单栏

(1) File 菜单。其中，New 是新建一个子窗口；Open 是打开一个图形文件，其扩展名分别是 gra、scp 和 bod；Save 是将当前子窗口内的图形数据保存到扩展名为 gra 或 txt 的文件中。

(2) Edit 菜单。其中，Clear Pages 是清除所有子窗口；Properties 用来设置窗口的属性；Copy Properties 是复制红色三角形对应曲线的属性。

(3) View 菜单。其中，Show/Hide Legend 是显示或隐藏图例；Shoe/Hide Cursors 是显示或隐藏读数指针；Reverse Colors 是对窗口的背景和坐标颜色进行黑白转换。

(4) Tools 菜单。该菜单只有两个子菜单。Export to Excel 是将当前曲线的数据导出到 Excel。Export to MathCad 是将当前曲线的数据导出到 MathCad，此时需要你的机器已经安装了 MathCad 软件，否则无法导出。

2. 工具栏

如图 7-42 所示是分析图形窗口工具栏。

图 7-42　分析图形窗口工具栏

从左至右依次为：新建、打开、保存、打印、预览、剪切、复制、粘贴、撤销、显示/隐藏网格、显示/隐藏图例、显示/隐藏读数指针、放大/缩小、颜色反转、打开属性窗口、复制属性、粘贴属性、导出到 Excel、导出到 MathCad 等。

3. 属性设置

(1) 设置页面属性。

单击页标题，选定整个页面（显示窗口），然后单击 Edit / Properties 或工具栏上的"属性"按钮，打开如图 7-43 所示的页面属性对话框。

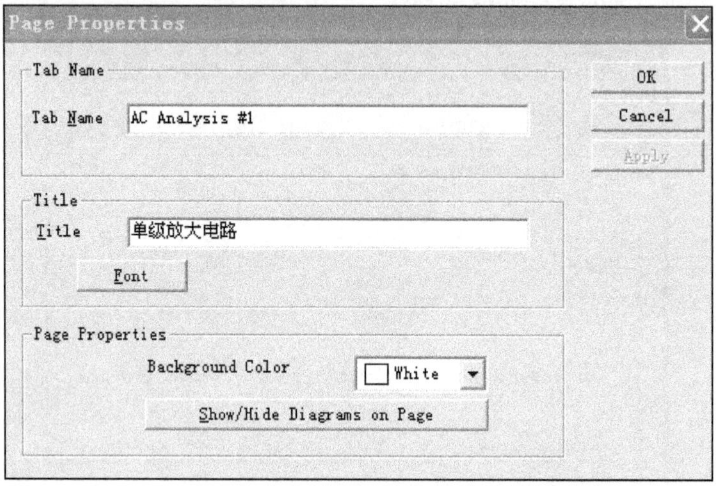

图 7-43　页面属性对话框

其中，Tab Name 是页窗口的名称，Title 选项表示标题，Font 按钮可以打开设置页标题字体或字号、颜色等的对话框，Background Color 选项用来设置页窗口的背景颜色。

(2) 设置曲线图属性。

单击曲线图，再单击 Edit/Properties 或工具栏上的"属性"按钮，打开如图 7-44 所示的页面属性对话框。相关选项设置说明如下。

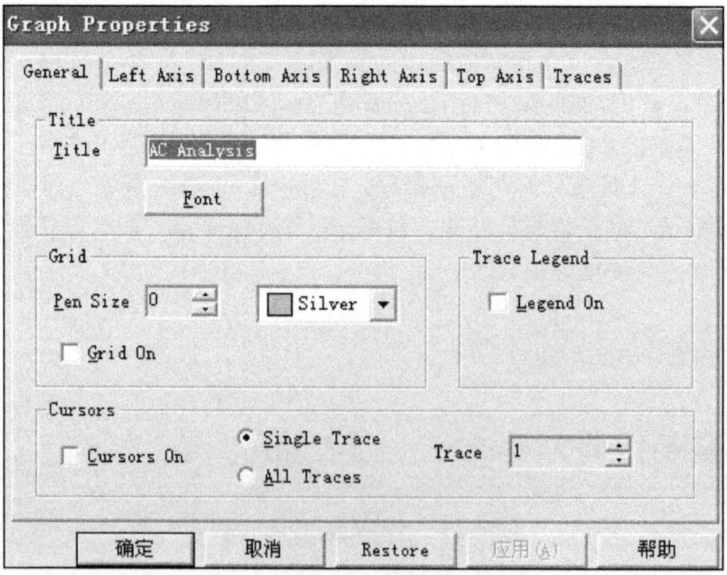

图 7-44　曲线图属性对话框

General 标签页：需要选定 Grid on 或 Cursors On 选项，才能控制网格的颜色或是否显示读数指针。

Left Axis 标签页：主要是用来设置左侧纵坐标轴。包括坐标轴的 Label（标签）、Color（颜色）和 Scale（刻度）等。

Bottom Axis、Right Axis、Top Axis 标签页：选项的意义与 Left Axis 相同。

Traces 标签页：用来设置曲线的颜色、粗细（Pen Size）和设置 X 轴或 Y 轴所在的位置等。

7.16 后 处 理 器

Multisim 软件的 Postprocessor 是一个十分有用的工具，可用来对仿真分析结果做进一步的计算处理，获得电路新的特性。不仅用于仿真结果的处理，还可用于对曲线或图表数据的处理，如电压与电流相乘、输出曲线与输入曲线相除等，并能将仿真结果转换为其他软件使用的文件。

1. Postprocessor 界面

单击 Simulate/Postprocess or...菜单项或工具按钮，启动 Postprocessor，如图 7-45 所示。在 Traces to plot 区，用来放置变量或函数。

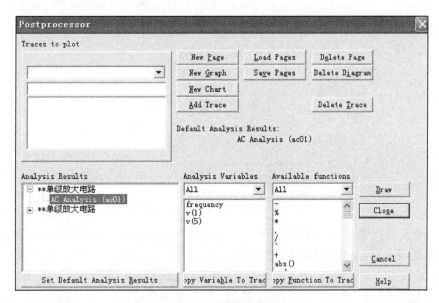

图 7-45 后处理器及功能

在 Analysis Results 区，用来存放已经进行的仿真分析结果。

New Page 按钮：用来创建一个新的显示页。

New Graph 按钮：用来创建一个新的曲线图。

New Chart 按钮：用来创建新的图表。

Add Trace 按钮：用来添加变量、函数或计算表达式的结果曲线或图表。

Load Pages 按钮：用来加载已经存在的页。

Save Pages 按钮：用来保存当前页。

Delete Page 按钮：用来删除当前页。

Delete Diagram 按钮：用来删除当前的图表或曲线。

Delete Trace 按钮：用来删除当前的结果。

Draw 按钮：表示在 Analysis Graph 窗口绘制曲线或图表。

2．应用操作示例

按图 7-46 所示电路，求电阻 R1 两端电压。

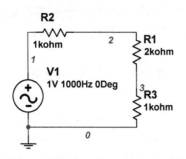

图 7-46　实例电路

按照瞬态分析的方法，可以得到节点 2 和 3 的电压值，但在瞬态分析的结果中，是无法看到 R1 两端的电压曲线的，这时可以利用后处理器，通过 V2-V3 的运算看到 R1 两端的电压曲线。具体方法如下。

创建电路后，启动瞬态分析，设定 End Time 为 0.04s，测试节点为 2 和 3。其他选项为默认。开始仿真，得到节点 2 和 3 的曲线如图 7-47 所示。

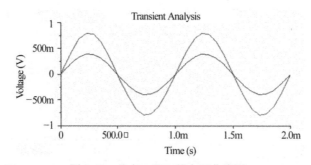

图 7-47　节点 2 和 3 的电压曲线图

下面利用后处理器计算 V2-V3。单击 Simulate/Postprocess…菜单项或工具按钮，启动 Postprocessor。单击 New Page 按钮，建立新的页，单击 New Graph 按钮，建立新的曲线图。双击 Analysis Variables 区域的 V2，再双击 Available functions 区域时 "－" 号，双击 Analysis variables 区域的 V3，然后单击 Add Trace 按钮。为了更清楚地比较 V2，V3 和 V2-V3 的曲线，可在新的曲线图中也添加 V2 和 V3 变量，方法同 V2-V3。最后单击 Draw 按钮，得到的曲线如图 7-48 所示。图中较粗的曲线就是 R1 两端的电压曲线（V2-V3）。

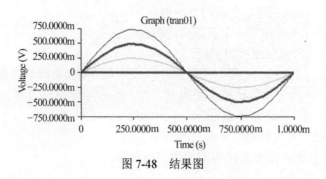

图 7-48　结果图

第8章 Multisim 2001 应用实例

本章主要介绍 Multisim 2001 在模拟电路、数字电路和通信电路等模块的应用实例。通过这些实例，熟练运用 Multisim 2001 进行电路的仿真分析，并灵活使用各种分析方法，分析电路元器件或环境对电路特性的影响，从而实现实际应用电路的设计及优化。

8.1 模拟电路应用

1. 放大电路设计与分析

实例如图 8-1 所示，这是一个典型共射晶体管放大电路，要求：
(1) 分析判断输出波形是否失真；
(2) 如何改善电路波形失真；
(3) 测试其 fL 和 fH。

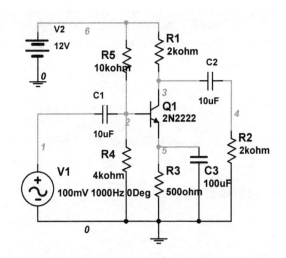

图 8-1　共射晶体管放大电路原理图

电路分析：该电路是一个共射单管放大电路。晶体管基极电位由 R4 和 R5 分压决定，并采用 R3 作为负反馈，加上旁路耦合电容 C3，从而保证电路静态工作点的稳定。

利用示波器或者瞬态分析，可观察其输出波形，来判断波形是否失真。测量 fL 和 fH 可由交流频率分析得到。

创建电路：在 Multisim 2001 的主窗口新建一个文件。单击元器件库栏的基本元器件图标，选取电阻、电容。单击晶体管库图标，选取晶体管 2N2222。单击信号源库图标，选取交流信号源、直流信号源和"地"。调整各个元器件到适当位置，连接导线。

修改参数：双击交流信号源 V1 的图形，在打开的属性窗口中，将其参数修改为 100 mV、1000 Hz。分别双击电阻和电容的图形，在其属性窗口中，按照图 8-1 所示的参数修改。

仿真分析：检查电路无误后，首先进行瞬态分析，观察其波形是否失真。单击菜单 Simulate/Analyses/Transient Analysis...，在出现的瞬态分析设置窗口中，设定 End time 为 0.005s，设定测试节点为 4 的输出变量，其他参数默认，单击 Simulate 按钮启动瞬态分析仿真，得到输出波形如图 8-2 所示。可以发现波形有严重的失真，可在发射极再串接一个反馈电阻 R6，改善输出波形，以消除失真。

图 8-2　瞬态分析仿真波形

为了确定 R6 的阻值，可进行参数扫描分析。单击菜单 Simulate/Analyses/Parameter Sweep...，在弹出的参数扫描设置对话框中，设置参数如图 8-3 所示，同时设定测试节点为 4。

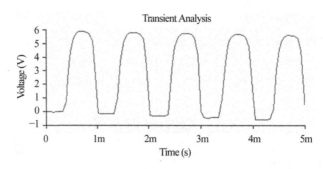

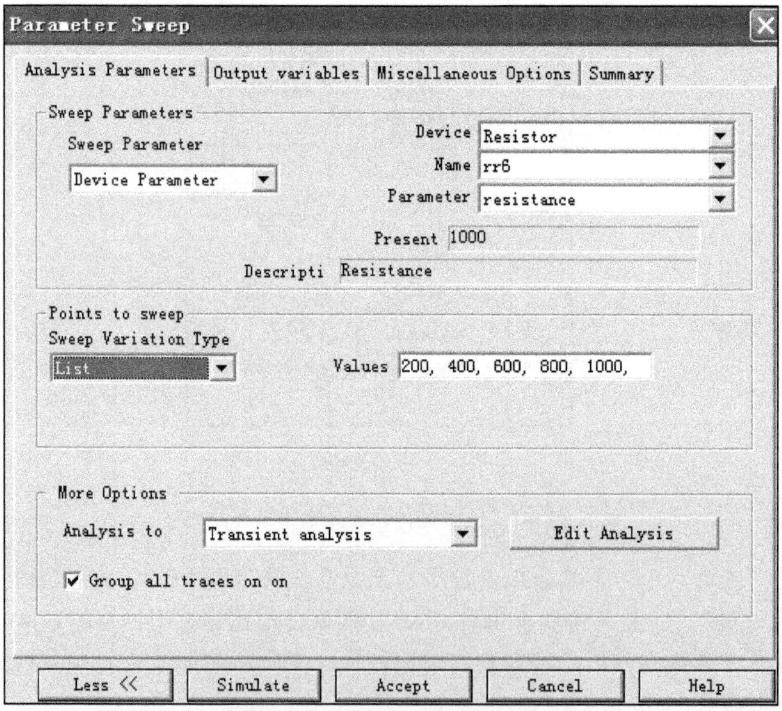

图 8-3　参数扫描设置对话框

单击 Edit Analysis 按钮，设置仿真结束时间为 0.005s，其他参数默认。最后单击 Simulate 按钮启动仿真。结果如图 8-4 所示，其中 R6＝200Ω 时，波形幅度最大，而取反馈电阻 R6 为 400Ω 时较合适，且输出幅度较大。

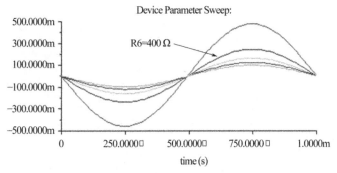

图 8-4 参数扫描结果

测试 fL 和 fH。单击菜单 Simulate/Analyses/AC Analysis...，在弹出的交流分析设置窗口中，设定 Stop Frequency 为 200MHz，测试节点为 4，其他测试默认，然后单击 Simulate 按钮启动仿真。未加上电阻 R6 前的幅频特性曲线如图 8-5 所示，加上电阻 R6 后的幅频特性曲线如图 8-6 所示。未加上 R6 前，fL 和 fH 分别约为 1 kHz 和 600kHz。加上 R6 后，fL 和 fH 分别约为 8 Hz 和 60MHz，可见加上负反馈电阻 R6 后，不仅消除了波形失真，同时明显展宽了频带。

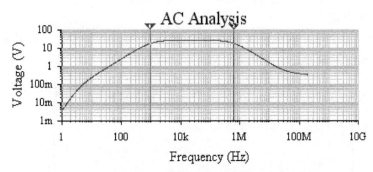

图 8-5 未加电阻 R6 时的幅频特性曲线

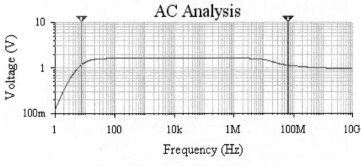

图 8-6 加 R6 后的幅频特性曲线

2. 差动放大器电路分析

图 8-7 是一个由运算放大器构成的差动放大器电路，仿真分析其功能。

电路分析：运算放大器的输出与输入之间加了负反馈电阻 R2，运放工作于线性状态。

$V+=V-$

$(Vo-V+)/R2=(V+-V1)/R1$

$(V2-V+)/R1=V+/R2$

$Vo=(V2-V1) R2/R1$

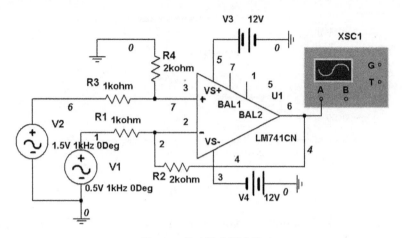

图 8-7 差动放大器电路

创建电路：从基本元器件库中选取电阻、从模拟器件库中选取通用运算放大器 LM741、从信号源库中选取交流电源，将它们放置到合适的位置，最后连接导线。

修改元器件参数：分别双击元器件的图标，打开其属性窗口，依照电路原理图的示意，修改各个元器件的参数值。

仿真分析：检查无误后，单击仿真按钮，启动仿真。双击示波器，打开其显示窗口，如图 8-8 所示，观察和测试波形。

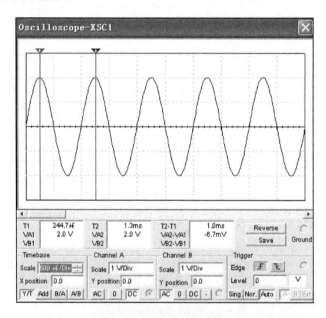

图 8-8 示波器显示窗口

从示波器窗口中，测得输出波形幅值为 2.0V，这和下面的理论值是一致的。

$$Vo=(V2-V1) R2/R1=2.0V$$

可见差动放大器放大了两个信号的差，但是它的输入电阻不高（2R1），这是由于反相输入造成的。

3. 模拟信号运算电路分析

图 8-9 所示是采用集成运放设计的一个积分运算电路，仿真分析其性能。

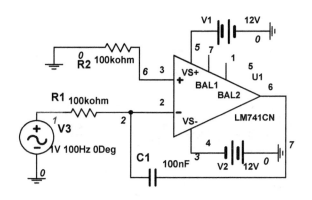

图 8-9 积分运算电路原理图

分析：该电路是一个积分运算电路，电容 C 的电流等于 R1 的电流，即

$$iC = iR = V1 / R$$

输出电压与电容上的关系为

$$Vo = -Vc$$

因此：

$$Vo = (-1/C)\int icdt = (-1/R1C)\int V1dt$$

创建电路：在 Multisim 2001 主窗口新建一个文件，按照图 8-9 所示，选取需要元器件，并连接导线。

修改参数：依次双击交流信号源、电阻和电容图形，在其属性窗口中，分别修改交流信号源的幅值为 1V，频率为 100 Hz，电阻和电容的参数按照电路图修改。

仿真分析：放置一个示波器，将其通道 A 与交流信号源（节点 1）相连，通道 B 与输出（节点 7）Vo 相连。启动仿真，打开示波器，得到如图 8-10 所示的波形，其中仿真结果输入波形（粗线）、输出（细线）与理论运算是一致的。

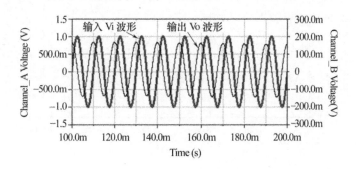

图 8-10 积分运算结果

按照积分电路运算的原理，R1 和 C 的值对输出信号增益有很大影响，修改 R1 的阻值为 1kΩ，则信号增益将增大。

4. 信号产生电路分析

图 8-11 所示是一个方波和锯齿波发生器电路，测试其周期，并使其周期可调。

电路分析：在该电路中，运放 U1 和电阻 R1、R3、R5 等构成了一个滞回比较器，其中 R3、R5 将 Vo1 反馈到运放 U1 的同相输入端，与零电位比较，实现状态的转换。R1 为限流电阻，与稳压管一起实现运放 U1 输出电平的限幅。运放 U2 和电阻 R4、电容 C1 等构成反相积

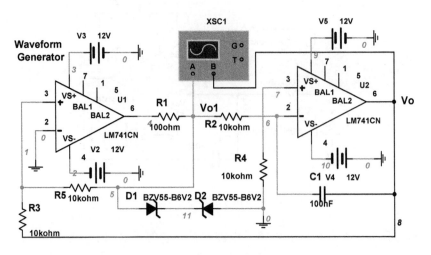

图 8-11 信号发生器电路原理图

分电路，通过对 Vo1 的积分运算，输出三角波。其周期 T 为

$$T=4R_1*R_3*C/R_4$$

创建电路：在 Multisim 2001 主窗口新建一个文件。单击模拟器件库图标，选取运放 LM741CN，单击二极管库图标，选取稳压管 B6V2。元器件选取完毕后，按照原理图图示，连接导线。选取一个示波器，将其 A 通道连接到节点 Vo1，B 通道连接到节点 Vo。

修改参数：依次双击电阻、电容，在出现的属性窗口中，修改其参数。信号源和运放的参数采用默认。

仿真分析：检查电路无误后，启动仿真，双击示波器，其显示结果如图 8-12 所示。

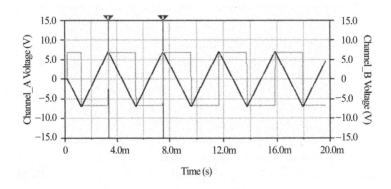

图 8-12 信号发生器仿真分析结果(方波为 Vo1，锯齿波为 Vo)

利用示波器游标，得到其周期为 4 ms，与理论计算一致。如果将电阻 R3 换成一个变阻器，则可调整其周期。

5. 信号处理电路设计分析

实例要求设计一个二阶低通有源滤波电路，通带截止频率为 100Hz。

分析：可利用运放设计该滤波电路，如图 8-13 所示。当输入信号频率等于 0 时，信号电压直接加到运放同相输入端，电容相当于开路。当频率增大时，容抗减小，信号被分流，使输出电压变小，表现出了良好的低通特性。

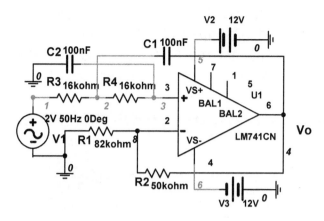

图 8-13 二阶低通有源滤波电路

其参数为

$$Aup=1+R2/R1=1.61$$
$$f0=1/(2\pi R3C1)=100\ Hz$$
$$20lg(Aup)=4.1\ dB$$

创建电路：依照前面例子的方法，选取元器件，连接导线。选取一个示波器，A 通道连接到 V1（节点 1），B 通道连接到运放的输出端（节点 4），再选取一个波特图仪，IN 端子连接 V1，OUT 端子连接运放输出端。

修改参数：也可以依照前例方法，按照原理图修改元器件参数。其中 V1 的频率为 50Hz。

仿真分析：检查电路无误后，启动仿真。双击示波器，打开其显示窗口，得到如图 8-14 所示的仿真波形图。双击波特图仪，在显示窗口中得到幅频特性曲线，如图 8-15 所示。

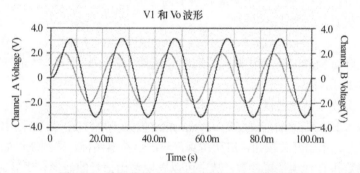

图 8-14 输入信号 V1 和输出信号 Vo 的波形图

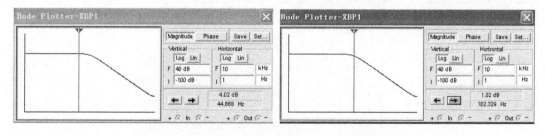

图 8-15 波特图仪显示低通有源滤波电路幅频特性结果

从图 8-14 中可以测试到 Vo=1.61V1，输入信号通过了该滤波电路，并被放大。从图 8-15 波特图仪上可以观察到 20lg(Aup)= 4.02 dB，其 f0=102 Hz，这与理论值相同。

将信号源的频率修改为 200Hz，再次启动仿真，就可以发现，其输出电压变小，如果将信号源频率修改为 1 MHz，则运放的输出电压已经变得极小。

通过修改适当参数 R1、R2、R3、R4 和 C1、C2，可以改变通带电压放大倍数和通带截止频率。采用同样方法，可仿真设计二阶高通、带通和带阻滤波器电路，并实现其性能分析。

6. 功率放大电路分析

图 8-16 所示为乙类互补对称功放电路，观察其输出波形，并判断其最大电压输出范围。

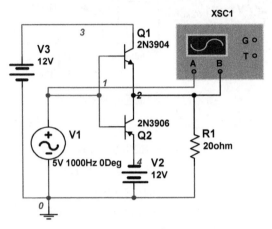

图 8-16　乙类互补对称功放电路

分析：该电路由一对 NPN、PNP 特性相同的互补三极管组成。当输入信号处于正半周时且幅值远大于三极管的开启电压，此时 2N3904 三极管 Q1 导通，有电流通过负载 R1，当输入信号为负半周时，且幅值远大于三极管的开启电压，此时 PNP 型三极管 2N3906 Q2 导通，有电流通过负载 R1，在负载上将正半周和负半周合成在一起，得到一个完整的波形。该电路负载上的最大不失真功率为

$$Pomax=(VCC-VCES)^2/2RL=VCC^2/2RL$$

创建电路：启动 Multisim 2001 软件，选取元器件。最后放置和连接元器件，添加示波器，建立电路如图 8-16 所示。

修改参数：分别双击信号源 V1、V2 和 V3，打开其属性窗口，修改 V1 和 V3 的 Voltage 值为 12V，修改 V2 的 Voltage 值为 5V，Frequency 值为 1000 Hz，其他采用默认。

观察输出波形：单击开关按钮，启动仿真，双击示波器图标，得到波形如图 8-17 所示。调整示波器时基参数和 B 通道位置参数，从中可以发现输出信号的波形有明显的交越失真。其失真原因是输入信号较小时，达不到三极管的开启电压，三极管不导电。因此在正、负半周交替过零处会出现非线性失真，即交越失真。其交越失真的范围，可以通过直流扫描分析确定。

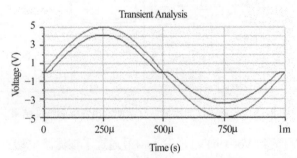

图 8-17　功放电路输入、输出波形

直流扫描分析：单击菜单 Simulate/Analyses/DC Sweep，打开直流扫描设置窗口。在 Analysis Parameters 标签页，设置 Start value 和 Stop value 的值分别为-5V 和 5V,设置 Increment 为 0.1V,在 Output variables 中标签，选定节点 2 作为测试节点，其他项默认。最后单击 Simulate 按钮，开始直流扫描分析，分析窗口如图 8-18 所示。在该窗口，可以发现其失真范围为-725.000 mV~725.000 mV。

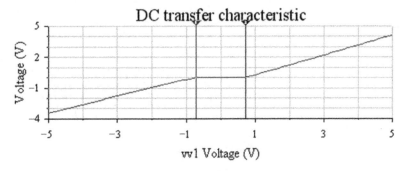

图 8-18　功放电路直流扫描分析窗口

判断其最大电压输出范围：打开直流扫描分析设置窗口，设置其 Start value 和 Stop value 的值分别为-15 V 和 15 V,然后进行直流扫描分析，结果如图 8-19 所示，测得其最大电压输出范围为-13.000 0 V～13.000 0 V。

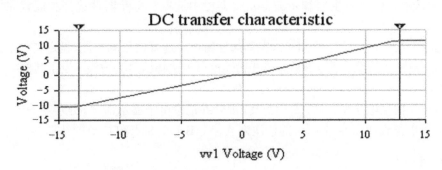

图 8-19　功放电路最大输出电压测试结果图

针对上例中乙类互补对称功放电路的交越失真问题，可以对电路进行优化设计。由于上例中乙类互补电路在正、负半周交替过零处，对较小信号的响应不理想，因此给三极管加上偏置，使之工作在甲乙类。实例电路中可以利用二极管提供偏置电压，改进后的电路是一个甲乙类互补对称功放电路，通过进一步仿真可以观察其输出波形改进情况，并获得其最大电压输出范围。

8.2　数字电路应用

1. 逻辑门电路应用分析

TTL 电路是晶体管—晶体管逻辑(Transistor-Transistor Logic)电路的简称，它由若干个晶体管和电阻组成。随着集成电路技术的发展，目前 TTL 电路结构和工艺等方面得到了改进，并广泛应用于中小规模数字电路或系统中。

以下利用 Multisim 2001 仿真软件，进行典型门电路的应用设计与分析。

图 8-20 所示是一个用 74LS00D 构成的半加器，设计完成该电路，并分析其功能。

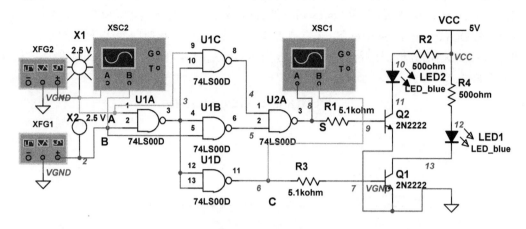

图 8-20　半加器电路

电路分析：节点 8 输出其本位和，电路中使用两个指示灯和两个三极管分别构成的两个基本放大电路，作为电平指示电路。当输入端 A（或 B）为高电平时，指示灯 X1（或 X2）闪亮，本位和为高电平时 LED2 闪亮，进位为高电平时，LED1 闪亮。

创建电路：指示灯从指示部件库中选取，74LS00D 从 TTL 库中选取，发光二极管从二极管库中选取，信号发生器和示波器从仪器栏中选取，待元器件选择和放置完毕后，连接导线。

修改参数：双击信号发生器 XFG2，在其属性窗口中选择信号为方波，设定其频率为 20 Hz，幅值为 5 V。双击信号发生器 XFG1，在其属性窗口中选择信号为方波，设定其频率为 10 Hz，幅值为 5V。

仿真分析：检查电路无误后，启动仿真，观察并记录电平显示情况。分别双击示波器 XCS1 和 XCS2，可以得到如图 8-21 所示的依次为 A 点、B 点、S 点和 C 点的波形。

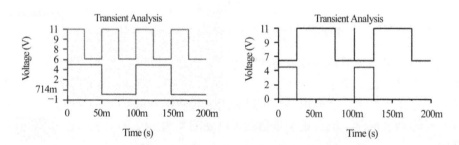

图 8-21　仿真测试 A 点、B 点、S 点和 C 点波形

2. 计数、译码和显示电路

计数器、译码器及数码显示电路组成如图 8-22 所示。

电路设计：电路设计的关键器件计数器选用 74LS191 四位二进制同步可逆计数器，译码驱动电路选用 74LS47 DCB-7 段译码器。其中 74LS191 计数器由四个 J、K 触发器和若干门电路组成，有一个时钟输入（CLK）正边沿触发，四个触发器同时翻转的高速同步计数器。由输出端 QB 和 QD 经逻辑组合电路接至计数器（LOAD）端，构建计数进位阻塞电路。在设计时可根据需要，由相应的输出端构建组合逻辑电路，从而实现不同进制的计数与显示。

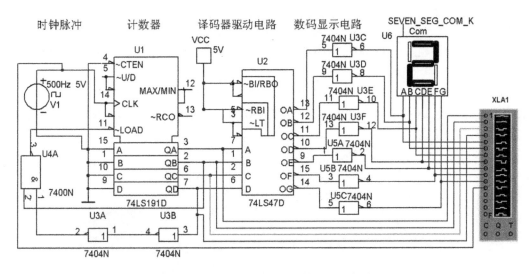

图 8-22 计数器、译码器、数码显示电路

仿真分析：分析译码显示电路信号时序关系可以采用虚拟仪器逻辑分析仪 XLA1 观察。逻辑分析仪上有 1~F 共 16 个输入端，1~4 端分别与计数器的四个数据输出端 QA~QD 相连，第 5~11 端分别与数码管的七段 A~G 相连，第 12 端接 CLK 脉冲输入端。计数器的输出和数码管的波形时序关系可直观地显示在"Logic Analyzer-XLA1"的面板窗口中，根据要求可进行设计分析，本实例相关信号时序关系的仿真显示结果如图 8-23 所示。

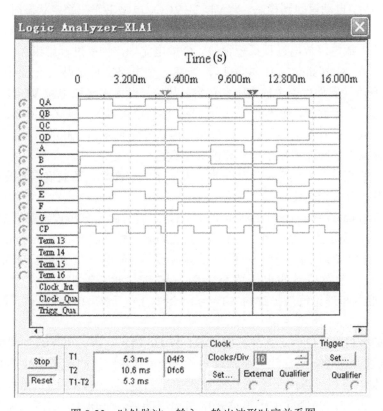

图 8-23 时钟脉冲、输入、输出波形时序关系图

3. 555 定时器应用电路

555 定时器是一种集成电路，因集成电路内部含有三个 5kΩ 电阻而得名。利用 555 定时器可以构成施密特触发器、单稳态触发器和多谐振荡器等。其 4 脚为复位输入端(RD)，当 RD 为低电平时，不管其他输入端的状态如何，输出 Vo 为低电平。正常工作时，应将其接高电平。其 5 脚为电压控制端，当其悬空时，片内两比较器的比较电压分别为 2/3VCC 和 1/3VCC。其 2 脚为触发输入端，6 脚为阈值输入端，两端的电位高低控制片内比较器和 RS 触发器的输出，决定输出 3 脚的状态。

分析图 8-24 所示的单稳态触发电路，确定其周期。

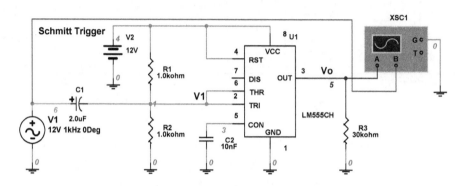

图 8-24 单稳态触发电路

电路分析：该电路有一个稳态和一个暂态，在触发信号作用下，由稳态翻转到暂态；暂态维持一段时间后，自动返回到稳态。当 V1>2/3VCC，电路工作在稳定状态时，Vo=0，VC=0。当 V1 值下降沿到小于 2/3VCC 时，Vo 发生跳变，电路由稳态转入暂态。当暂态结束后，C 通过饱和导通的 T 放电，放电过程很短很快。C 放电完毕，恢复过程结束。

创建电路：在 Multisim 2001 主窗口，新建一个电路文件。从混合器中，选取定时器 LM555CH，从基本元器件库中选取电阻和电容，从信号源库中选取电源 VCC，从仪器栏中选取一个信号发生器和示波器，均放置在适当位置。然后连接导线，建立如图 8-24 所示的电路。

修改参数：双击信号发生器图标，选择正弦波，设定频率为 1000Hz、幅值为 12V，其他电阻、电容等元器件依照原理图示意，修改其参数值。

仿真分析：检查电路无误后，启动仿真。双击示波器图标，可察看其输出波形。下面利用瞬态分析，分析其波形变化。

单击菜单 Simulate /Analyses/Transient Analysis…，打开瞬态分析设置对话框。设置起止时间为 0s 和 0.05 s，选定测试节点为 5、1，其他选项采用默认。单击 Simulate 按钮，开始仿真，分析窗口如图 8-25 所示。移动滑标可以测得触发信号的电压值大于约 8.8942V 时，输出处于稳定状态，触发信号的电压值小于约 3.9273V 时，输出处于暂稳态。脉冲宽度 Tw=0.513ms，这些和理论值是一致的（Tw=1.1R1*C1）。周期 T=0.001 s，因此最高工作频率 f=100Hz。

通过该例的分析，可以确定脉冲宽度由 R1 和 C1 决定。因此可以通过调整 R1，即将电阻 R1 置换为可变电阻器，这样该电路就成为了一个可调占空比的单稳态触发电路。

单稳态触发电路还可以用于不规则的输入信号的整形，使其成为幅值和宽度都相同的标准矩形脉冲，脉冲的幅值取决于单稳态电路输出的高、低电平，宽度 Tw 取决于暂稳态时间。

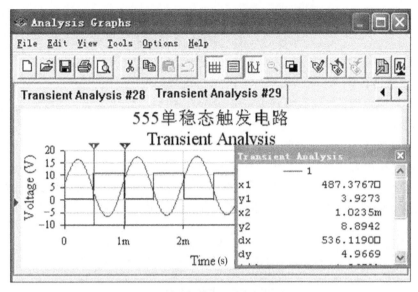

图 8-25　单稳态触发电路瞬态分析结果

4. DAC 应用电路

ADC 和 DAC 转换器是进行模拟、数字电路综合设计常用的器件,其中利用 D/A 转换器可以构成受数字信号控制的放大器、直流电源等实用电路。

图 8-26 是一个由 DAC 转换器和运算放大器组成的数控恒流源电路。图中 VDAC 构成数控直流电压源,运算放大器构成恒流源电路,改变开关触点位置,可以调节恒流源电路输出电流。如果将 D/A 转换器与微控制器等电路相连,可以构成可编程的数控恒流源电路。完成该电路设计后,获得输出电压和负载电流仿真结果如图 8-27 所示。

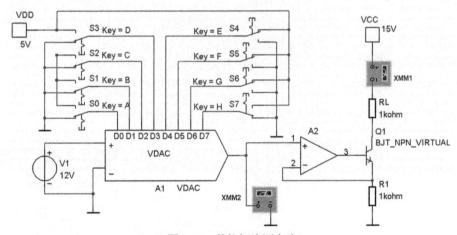

图 8-26　数控恒流源电路

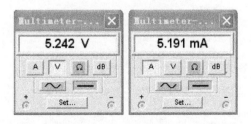

图 8-27　数控恒流源电路 DAC 输出电压和负载电流

8.3 电源电路应用

1. 直流电源设计

设计一个直流电源,其输入电网电压是 220 V、50 Hz,输出负载为 1 kΩ,电流为 10 mA,要求纹波尽可能小。

分析:根据要求,可选用单相全波整流电路,为使输出纹波系数降低,需要采取滤波措施,这里可以使用电容滤波。设计电路如图 8-28 所示。当变压器次级信号处于正半周时,二极管 D1 导通,当信号处于负半周时,二极管 D2 导通,周而复始,便可实现全波整流。电容 C1 把整流后信号中的交流成分滤除,使输出电压的纹波系数降低。

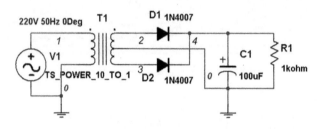

图 8-28 直流电源原理图

空载时,整流均值电压为 $U_o=0.9U_2$,其中 U_2 为次级电压的有效值。

创建电路:在 Multisim 2001 主窗口新建一个文件。单击基本元器件库图标,选取变压器 TS AUDIO 10 TO 1,再选取电容和电阻。单击信号源库图标,选取交流信号源和"地"。单击二极管库图标,选取二极管。调整元器件到适当位置,连接导线。选取一个示波器,通道 A 连接到节点 2,用于测试变压器次级输出信号,通道 B 连接到节点 4,用于测试负载上的电压信号。再选取一个万用表,用于测试负载上的电流。

修改参数:按照原理图所示,修改交流信号源的参数为 220 V、50 Hz。

仿真分析:检查电路无误后,启动仿真。示波器显示结果如图 8-29 所示,万用表测量结果如图 8-30 所示。

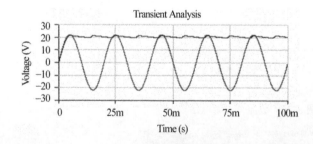

图 8-29 示波器显示结果

图 8-30 万用表测量结果

从仿真结果上看,负载电流为 20.452mA,基本满足设计要求。但是,负载上的电压信号纹波略大。需要选择一个合适的滤波电容值,来减小纹波系数,这里可以通过参数扫描分析解决这个问题。

参数扫描分析:单击菜单 Simulate/Analyses/Parameter Sweep...,在弹出的参数扫描对话框中，选项设置如图 8-31 所示。同时设定分析时间为 0.05s。单击 Simulate 按钮，启动参数扫描仿真，结果如图 8-32 所示。可见电容取值大于 300μF 时，输出电压纹波极小。

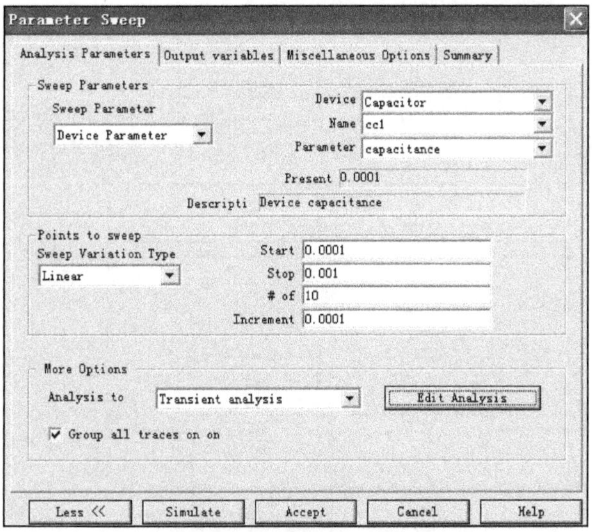

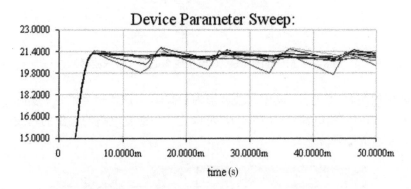

图 8-31　参数扫描对话框

图 8-32　电容 C1 取不同值时的负载信号波形

2. DC-AC 全桥逆变电路

DC-AC 逆变电路是现代功率电源的常用电路，由功率器件 MOSFET 构成的典型 DC-AC 全桥逆变电路如图 8-33 所示。其中 UD 为输入电源，电压为 100V。电压控制电压源 VCVS1～VCVS4 和脉冲电压源 V1～V4 组成 MOSFET 功率开关管驱动电路。VT1～VT4 为 MOSFET 功率开关管，栅极受电压控制电压源 VCVS1～VCVS4 控制，电压控制电压源 VCVS1～VCVS4 受脉冲电压源 V1～V4 控制。

为了实现电路性能，需要用鼠标双击 V1～V4 打开对话框，在对话框中可以修改脉冲宽度、上升时间、下降时间和脉冲电压等参数。VCVS1 和 VCVS3 与 VCVS2 和 VCVS4 的相位互差 180°。根据输入触发脉冲周期要求，修改 Pulse Width（脉冲宽度）参数，可以改变 MOSFET 功率开关管的导通时间。通过修改 Delay Time 参数，即可改变控制导通角或触发角 α 的大小。

例如当输入触发脉冲周期是 20ms（对应是 360°，即 2π）时，设置 V1 和 V3 的 Delay Time 参数（即触发角 α）为 3ms 时，应设置 V2 和 V4 的 Delay Time 参数（即触发角 α）为 13ms（10ms 对应 π），使两者之间相差 180°（π）。启动仿真，示波器显示 DC-AC 全桥逆变电路

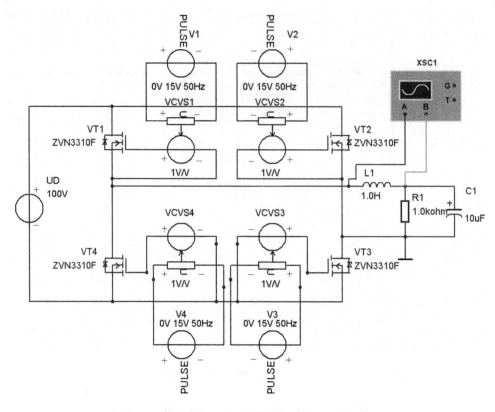

图 8-33　MOSFET DC-AC 全桥逆变电路（带滤波器）

的输出电压波形如图 8-34 所示，其中方波波形为示波器 A 通道信号波形。实际应用中通过增加滤波电感 L1（1.0H）和电容 C1（10μF），可以使全桥逆变电路的输出的基波电压的波形是一个正弦波（B 通道信号波形）。

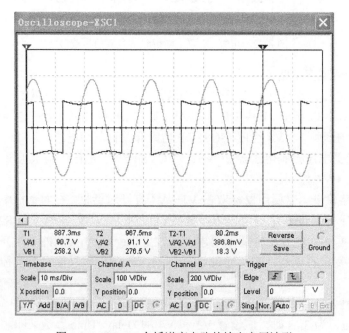

图 8-34　DC-AC 全桥逆变电路的输出电压波形

3. 正弦脉宽调制(SPWM)逆变电路

正弦波脉宽调制（Sine Pulse Width Modulation，SPWM），就是利用逆变器的开关元件，由控制线路按一定的规律控制开关元件的通断，从而在逆变器的输出端获得一组等幅、等距而不等宽的脉冲序列。其脉宽基本上按正弦分布，以此脉冲列来等效正弦电压波。

典型的SPWM产生和驱动电路如图8-35所示。SPWM产生电路采用LM339AJ比较器作为SPWM调制电路，函数发生器XFG1产生1kHz的三角波信号作为载波信号uc，函数发生器XFG1产生50Hz的正弦波信号作为调制信号ur。比较器输出信号经过A2 3545AM反相放大器驱动，产生SPWM驱动信号，再通过由光耦器件U1～U4和晶体管VT1～VT4构成的单相桥式逆变电路，输出SPWM信号驱动负载电阻R4。电路仿真结果输出波形如图8-36所示。

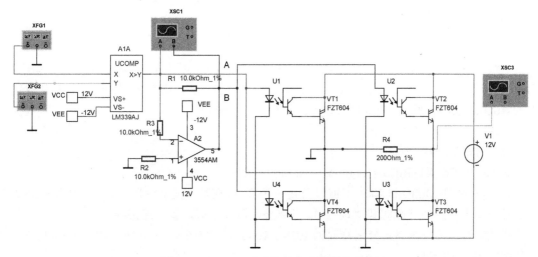

图8-35 SPWM驱动信号产生和逆变电路

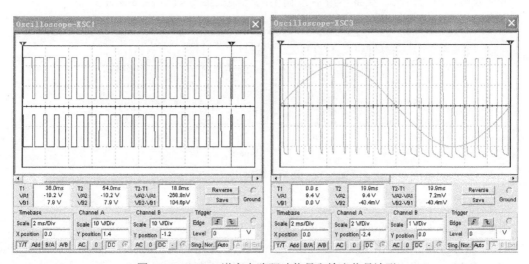

图8-36 SPWM逆变电路驱动信号和输出信号波形

8.3 通信电路应用

1. 调幅应用电路

图8-37所示是一个简单的二极管桥型调幅电路，仿真分析电路特性。

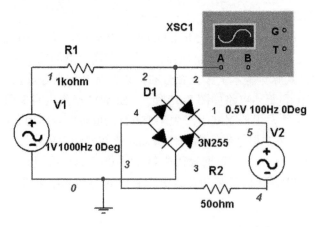

图 8-37 二极管桥型调幅电路

电路分析：幅值调制就是用调制信号去控制高频载波的振幅，使载波的振幅按调制信号的规律变化。在本电路中利用四个二极管的导通和截止来产生调制波。其中载波是 V1cos1000t=1.0cos1000t，调制信号是 V2cos100t=0.5cos100t。

导通时，Vo=V1 *Rd/(Rl+Rd)

截止时，Vo=V1

则 Vo=V1Rd/(R1+Rd)cos1000t−V1cos(1000 t−π)

创建电路：在 Multisim 2001 主窗口新建一个文件。在基本元器件库中，选择电阻和 3N255，在信号源库中，选择交流源和"地"，适当调整元器件位置，最后连接导线。

修改参数：信号源参数分别修改为 1.0V、1000 Hz 和 0.5 V、100 Hz，电阻 R1 和 R2 的阻值分别为 1kΩ 和 50Ω。

仿真分析：启动仿真，观察示波器。输出的已调波信号如图 8-38 所示。

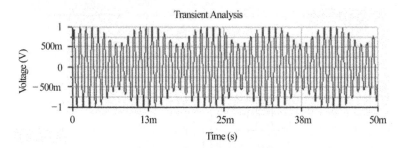

图 8-38 调幅电路输出信号波形

2. 包络检波电路

图 8-39 所示为典型二极管包络检波电路。

电路分析：在 V1 的正半周，二极管导通，对电容充电，充电时间 τ1=RdCl，二极管内阻 Rd 很小，所以 τ1 也很小，Vo=V1。其余时间，二极管截止，C1 经 R1 放电，τ2=R1C1，因为 R 很大(R1>>Rd)，所以 τ2 很大，C1 上电压下降不多，仍有 Vo=Vs。重复此过程，就在可 C1 上获得与包络（调制信号）相一致的电压波形。

创建电路：在 Multisim 2001 中创建一个新文件。在信号源库中选择一个 AM 信号源，在基本元器件库中选择电阻、电容和变压器，在二极管库中选择二极管 1N4148。调整元器件位置，最后连接导线。

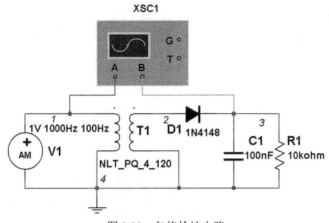

图 8-39 包络检波电路

修改参数:按照原理图图示修改电阻和电容的参数,其他默认。

仿真分析:启动仿真,观察示波器,可得到已调波信号波形和包络检波输出后的波形,如图 8-40 所示。

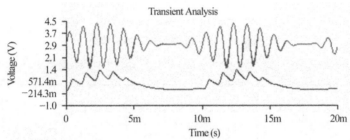

图 8-40 仿真分析结果波形(上为已调波波形、下为检波后波形)

3. 振幅键控(ASK)调制电路

数字信号对载波振幅调制(Amplitude-Shift Keying,ASK)信号可用乘法器实现。乘法器实现的 ASK 调制电路如图 8-41 所示,它的输入波形序列 u(t)用方波信号源 V2 代替,载波信号为 V1。乘法器用来进行频谱搬移,乘法器后的输出就是振幅键控信号,用 uASK(t)表示。仿真电路产生的振幅键控信号 uASK(t)如图 8-42 所示。

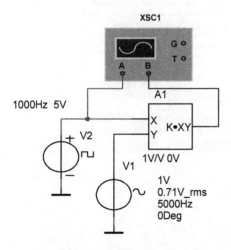

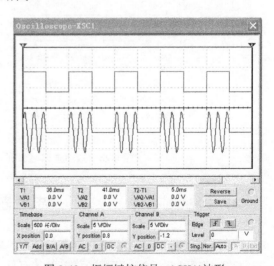

图 8-41 乘法器实现的 ASK 调制电路　　　图 8-42 振幅键控信号 uASK(t)波形

4. 抑制载波双边带调幅解调电路

在通信电路中，经常应用抑制载波双边带调幅（DSB/SC AM）解调电路，要求从抑制载波的双边带调幅波检出调制信号来。从频谱上看就是将幅度调制波的边带信号不失真地搬到零频附近。AM 波的解调电路可以通过乘法器来实现这种频谱搬移作用，其电路如图 8-43 所示。其中乘法器 A1 组成调制器产生调制信号，通过乘法器 A2 产生双边带调制信号，用低通滤波器（LPF）将它滤除，即可得到所需调制信号，如图 8-44 所示。

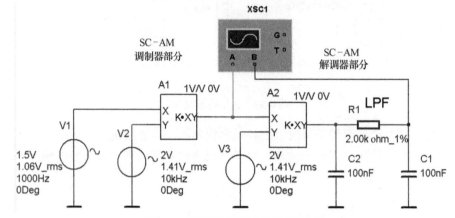

图 8-43 用乘法器组成的抑制载波

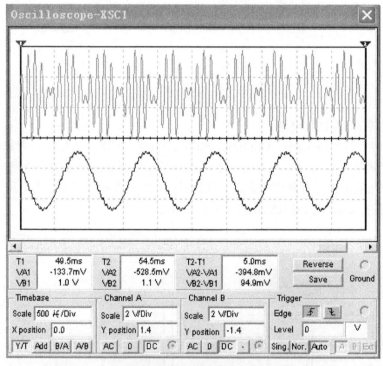

图 8-44 双边带调幅调制与调制解调器输入和输出波形

思考题与习题

2.1 Multisim 2001 系统的特点是什么？它由哪些部分组成？

2.2 Multisim 2001 有哪些菜单？各有什么作用？

2.3 简述 Multisim 2001 基本操作方法，主要涉及哪些内容？
2.4 简述元器件选取的过程及放置方法，如何修改元器件的参数？如何连接导线？
2.5 Multisim 2001 有哪些元器件库，每个元器件库中主要包含哪些元器件？
2.6 Multisim 2001 提供了哪些虚拟仪器？
2.7 举例说明示波器、信号发生器、逻辑分析仪和逻辑转换仪的使用方法。
2.8 简述 Multisim 2001 提供的每种分析方法的作用。
2.9 举例说明瞬态分析、温度分析、交流频率分析的用法。
2.10 举例说明分析图形窗口和后处理器的用法。
2.11 创建如题图 2-1 所示单管放大电路，调整合适静态工作点。（1）直流工作点分析，测出各级直流电压、输入电阻、输出电阻、电压放大倍数；（2）交流动态分析，仿真输入输出波形、幅频和相频特性；（3）进行电路失真分析。

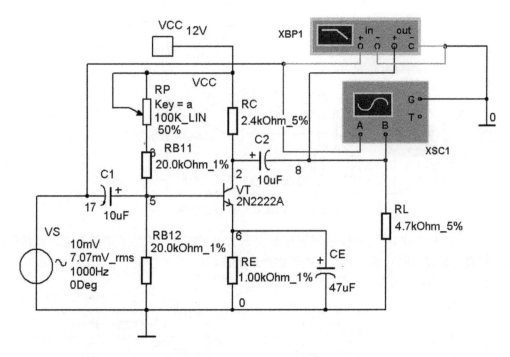

题图 2-1 单管放大电路

2.12 在 Multisim 仿真平台设计一个同相比例运算放大器和一个反相比例运算放大器，分别观察其输入和输出信号波形、相位，并测出输出电压，比较两电路特点和应用。

2.13 创建如题图 2-2 所示的二阶有源带通滤波器电路，仿真分析其幅频特性和相频特性，并求出截止频率、通带增益和带宽。

2.14 在 Multisim 仿真平台设计一个由运算放大器组成的 RC 桥式正弦波振荡器，仿真产生稳定的正弦波信号，测试电路振荡频率、幅度参数，并分析电路起振、稳幅、选频和改善波形的性能。

2.15 创建如题图 2-3 所示 VFC（电压/频率变换）电路，仿真观察输入信号 Ui>0 和 Ui<0 情况下，输出信号 Uo 波形和频率变化，分析该电路特性及应用。

2.16 设计单相桥式整流电路，分别采用电容和电感进行电路滤波，观测输出电压、电流波形及纹波电压，分析电感和电容参数的选择、作用和区别。

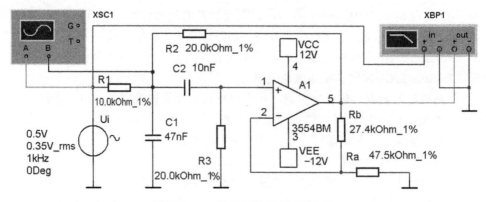

题图 2-2　二阶有源带通滤波器电路

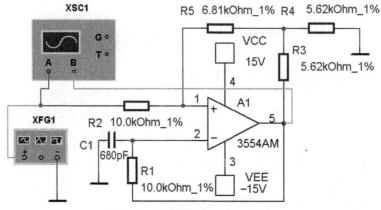

题图 2-3　运算放大器 VFC 电路

2.17　设计智力竞赛抢答器，由四锁存 D 型触发器组成的四人抢答器参考电路如题图 2-4 所示，仿真分析该电路功能，并设计扩展出八人抢答器。

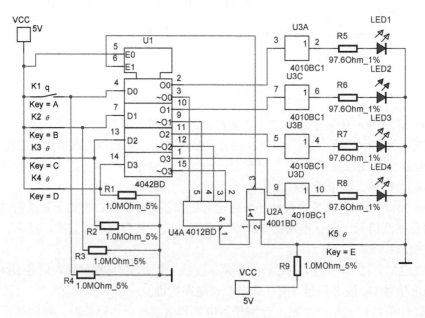

题图 2-4　四人抢答器电路

2.18 设计晶体稳频的多谐振荡器电路,设晶体频率 f0=32768Hz,并设计获得 1Hz 秒脉冲信号和 0.5Hz 时基信号。

2.19 A/D 转换器应用电路如题图 2-5 所示,改变电位器 RP 大小,仿真观察输出端数字信号变化情况。如果将 RP 改为正弦波交流信号,当 VIN 输入低频(<10Hz) 时,观察输出端数字显示;当 VIN 输入高频信号时,用示波器或逻辑分析仪观察输出端数字信号变化。

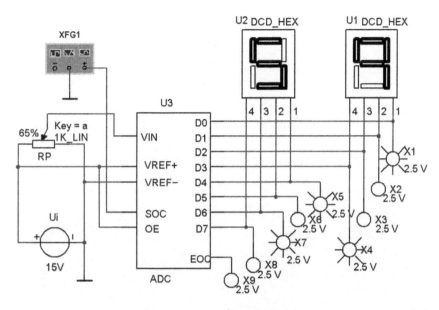

题图 2-5 A/D 转换器仿真电路

2.20 数控增益放大器电路如题图 2-6 所示,利用 D/A 转换器构成增益受数字信号控制的可变增益放大器。仿真电路功能,改变数字控制信号 D0～D7 的权值,观测输出电压 Vo 变化,并分析电路输入 VREF 电压 V1 的变化对输出电压 Vo 的影响。

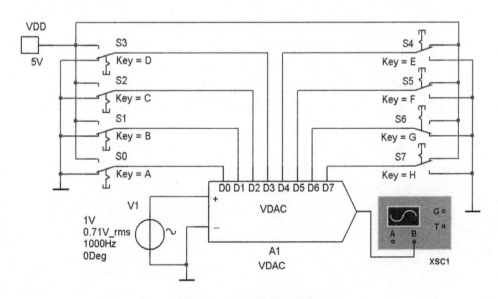

题图 2-6 数控增益放大器电路

2.21 应用 Multisim 软件设计数字时钟电路。该数字电子钟的逻辑框图如题图 2-7 所示，主要由振荡器、分频器、校时电路、计数器、译码器和显示器六部分组成。根据逻辑框图设计出实现电路图，并仿真测试电路功能。

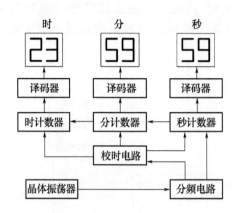

题图 2-7　数字时钟逻辑框图

第三篇　Protel 2004 的使用

第 9 章　印制电路板基础知识

印制电路板（Printed Circuit Board，PCB）是电子电路产品最为重要的组成部分，是实现各种功能的电子电路的物理载体。在学习如何使用 Protel 进行电路原理图和 PCB 设计之前，有必要先掌握基本的 PCB 知识。

9.1　PCB 基本结构

在使用 PCB 系统进行设计前，先了解一下 PCB 的结构，理解一些基本概念。在涉及到布线规则时，这些概念很重要。

9.1.1　印制电路板

印制电路板是构建电路系统的基础，它将设计电路中各元件间的电气连接线做成实体铜膜连接线，在一层或数层绝缘板子上做出信号板层，并适当地蚀刻成元件外形的焊点和铜膜走线来安装与连接各个电子元件，如图 9-1 所示。早期的绝缘板子都是使用电木为材料，现在则大多改为玻璃纤维材料，厚度更薄，而弹性和韧度更好。

印制电路板结构可以分为单面板、双面板和多层板三种，其结构分别如图 9-2(a)~(c)所示。

图 9-1　印制电路板

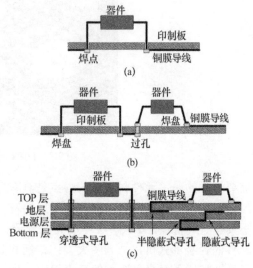

图 9-2　板层结构
(a) 单面板；(b) 双面板；(c) 多层板。

单面板：是一种一面有敷铜，另一面没有敷铜的电路板。用户可以在没有敷铜的一面放置元件，而在有敷铜的一面布线并焊接元件。单面板成本较低，但由于只能在一个面上走线，其设计往往比双面板或多层板困难得多，一般用于布线结构比较简单的电路。

双面板：是双面都有敷铜的电路板。双面板包括顶层和底层两层，双面都可以敷铜，都可以布线。双面板的电路一般比单面板的电路复杂，但布线比较容易，成本适中，是制作电路板比较理想的选择，应用最为广泛。

多层板：多层板就是包含了多个工作层的电路板。除了顶层、底层以外，还包括中间层、内部电源和接地层等。多层板在制作工艺上，可以看作是将多个双面板的合并，就像夹心饼干一样，一层铜膜走线一层绝缘层压合起来就成为多层板了。如果板层愈多，印制电路板的制作流程就愈复杂，所以制作的失败率就愈高，其制作成本也跟着高涨。因此，只有在业界中较高级的电路应用场合，才会考虑使用多层板。但随着电子技术的高速发展，电子产品越来越精密，电路板也就越来越复杂，多层电路板的应用也越来越广泛。目前，使用最多的多层板是四层板，包含顶层（安装元件与布线）、底层（布线）和夹在中间的两个电源内层板层。

9.1.2 元件封装

印制板制作完成后，如何保证元件的引脚和印制板上的焊盘一致呢？这就要靠元件封装了。所谓元件封装，就是根据实际元件包装尺寸定义好的焊点，另外还附加一些属性和展示元件外观的符号。封装仅仅是一个空间的概念，因此不同的元件可以共用同一个封装，同种元件也可以有不同的封装。每一种封装都有一个名称，如果在原理图中的 Footprint（封装）属性里注明封装名称，而该封装又在当前封装库中的话，就可以自动在 PCB 文件中生成该封装的元件。如图 9-3 所示，就是 DIP8 的元件封装外形。

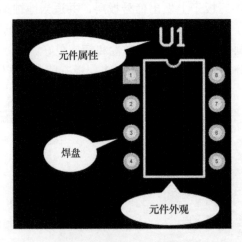

图 9-3 DIP8 元件封装外形

需要注意的是，元件封装中的焊点是具有电气特性的，必须与原理图中定义的引脚一一对应，否则在生成网表时会出错。而附加的符号主要是为设计者和电路板用户提供方便，本身并不具有电气特性。如图 9-3 中的外框表示芯片外形大小，而文字表明了器件的编号。

元件的封装形式可以分为两大类：直插式封装和表贴式封装。直插式封装元件焊接时要先将元件针脚插入焊盘导孔，然后再焊锡。由于直插式元件封装的焊盘和过孔贯穿整个电路板，所以焊盘的层属性必须设为 Multi Layer(多层)。常见的直插式封装如表 9-1 所列。

表 9-1 常用的针脚式元件外形（x 表示有后续字符串）

元件类型	元件外形名称	元件类型	元件外形名称
电阻器或无极性双端子元件	AXIAL0.3~AXIAL1.0	晶体管、FET、UJT	TO-xxx
无极性电容器	RAD0.1~RAD0.4	DIP 包装的 IC	DIP4~DIP64、DIP-4~DIP-64
有极性电容器	RB.2/.4~RB.5/1.0	电源连接头	POWER4、POWER6、SIPx
石英振荡器	XTAL1	单排包装的元件或连接头	FLY4、SIP2~SIP20
按键开关、指拨开关	SIP2、RAD0.3、DIPx	双排包装的连接头	IDC10~IDC50x
可变电阻	VR1~VR5	D 型连接头	DB9x、DB15x、DB25x、DB37x
二极管	DIODE0.4、DIODE0.7		

表贴式封装的焊盘只限于表面层，其层属性必须为单一表面，如 Top layer 或者 Bottom layer。常见的表贴芯片封装有陶瓷无引线载体（Leadless Ceramic Chip Carrier，PLCCC）、塑料有引线载体（Plastic Leaded Chip Carrier，PLCC）、小尺寸封装（Small Outline Package，SOP）、塑料四边引出扁平封装（Plastic Quad Flat Package，PQFP）和球栅阵列（Ball Grid Array，BGA）。

元件封装编号一般为"元件类型+焊盘距离（焊盘数）+元件外形尺寸"。可以根据元件封装编号来判别元件封装的规格。如果是标准的包装名称就直接引用，如晶体管元件所使用的包装名称 TO-5、TO-92A 等，DIP IC 元件封装就是 DIP8、DIP40 等，而 SIP 连接头的元件外形名称就是 SIP4、SIP20 等。

如果没有标准包装名称，就尽量用简短的英文字符串来描述其元件功能。如 AXIAL 表示无极性双轴式元件外形（如电阻），DIODE 表示二极管元件外形，XTAL 表示石英振荡器，VR 表示可变电阻。电容器比较复杂一点，RADx 表示无极性电容器，RBx 表示有极性电容器。

元件名称后会跟一些数字表示，如果是整数代表该元件的引脚总数，如果是小数，代表接脚间距。如 DIP4 表示 4 脚的双列直插封装，AXIAL0.3 表示两只接脚间距是 0.3 英寸，即 300mil。RB.2/.4 表示接脚间距为 0.2 英寸，外壳直径为 0.4 英寸。

9.1.3 PCB 上的其他元素

PCB 上除了元件封装以外，还有很多其他的元素，如图 9-4 所示。下面分别介绍。

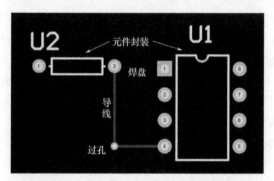

图 9-4 元件封装、焊盘、过孔及导线

1. 铜膜导线

铜膜导线也叫铜膜走线，简称导线，用于连接各个焊盘，是 PCB 最重要的部分。PCB 设计都是围绕如何布置导线来进行的。导线可以是直线，也可以是圆弧线，但圆弧线会使电路板元件密度降低。

与导线相关的另外一种线常称之为飞线,即预拉线。飞线只是一种形式上的连接,表示各焊盘间的电气连接关系,用于引导布线,不具有电气连接意义。

2. 焊盘

焊盘(Pad)的作用是放置焊锡、连接导线和元件引脚。选择焊盘类型要综合考虑元件的形状、大小、布置形式、振动、受热情况和受力方向等因素。焊盘除了常用的圆形外,还可以设计成不同的大小和形状,如圆、方、八角、圆方和定位用焊盘,有时这些还不够,需要自己编辑。如对发热较多、电流较大的焊盘,可自行设计成"泪滴状"。

3. 过孔

过孔(Via)是为连通各层之间的线路,在各层导线的交汇处钻上的公共孔。对于多层板而言,过孔有三种,即从顶层贯通到底层的穿透式过孔(Through Hole Via),从顶层到内层或从内层到底层的半隐蔽式过孔(也称盲孔,Blind Via),还有两端都不会露到电路板外面的隐藏式导孔(Buried Via),如图9-2(c)所示。

4. 敷铜

所谓敷铜就是在电路板中空白的部分(没有铜膜走线、焊盘或过孔的部分)布满铜膜。对于抗干扰要求比较高的电路板,常常需要在PCB板上敷铜。敷铜可以有效地实现电路板的信号屏蔽作用,提高电路板信号的抗电磁干扰的能力。通常敷铜有两种方式,一种是实心填充,另一种是网格填充。

9.1.4 层的概念

Protel提供的工作层大致可分为6类:信号层(Signal Layers)、内部电源/接地层(Internal Layers)、机械层(Mechanical Layers)、防护层(Mask Layers)、丝印层(Silkscreens)和其他工作层(Others)。

1. 信号层(Signal Layers)

Protel 2004共有32个信号层,主要包括Top Layer、Bottom Layer、Mid Layer1、Mid Layer2……Mid Layer30等。信号层主要用来放置元器件和布线,Top Layer为顶层敷铜布线层面,Bottom Layer为底层敷铜布线层面,都可以放置元器件和布线。Mid Layer1~Mid Layer30为多层板的中间布线层,用于布置信号线。

2. 内部电源/接地层(Internal Layers)

16个内部电源/接地层Plane1~Plane16专门用于在多层板的内层布置电源线和地线,每个层都赋予一个电气名称,Protel会自动将该层面和其他具有相同网络名称的焊盘连接起来。

3. 机械层(Mechanical Layers)

Protel 2004提供了16个机械层Mechanical 1~ Mechanical 16。机械层一般用于放置有关制板和装配方法的指示性信息,如电路板物理尺寸、尺寸标记、数据资料、过孔信息、装配说明等,通常只需一个机械层。

4. 防护层(Mask Layers)

防护层包括阻焊层(Solder Mask)和锡膏防护层(Paste Mask)两种,每种又分顶层和底层两层,因此防护层总共有四层:顶层阻焊层(Top Solder)、底层阻焊层(Bottom Solder)、顶层锡膏防护层(Top Paste)和底层锡膏防护层(Bottom Paste)。

防焊层可以有顶层与底层两层,是Protel PCB对应电路板文件中的焊点和过孔数据自动生成出来的板层,主要用于铺置防焊漆。防焊漆是一种无法在上面进行焊接操作的油漆材料,一般是绿色,又称绿漆。在焊点和过孔以外的区域铺置防焊漆可以避免不必要的短路现象,是进行自动化过锡炉焊接步骤中所必须进行的处理步骤。本板层采用负片形式输出，即板层上显示的焊盘和过孔部分就是代表电路板上不铺绿漆的区域，也就是可以进行焊接的部分。

锡膏防护层也有顶层和底层两层。它和防焊层很相似，不过它们是过锡炉时用来对应SMD元件焊点的。也是采用负片形式输出，板层上显示的焊点和过孔代表电路板上不铺锡膏的区域，也就是能进行焊接的部分。

5. 丝印层(Silkscreens)

丝印层主要用于绘制元件的外形轮廓和标识元件序号等电路板上供人观看的信息。包括顶层丝印层（Top Overlay）和底层丝印层（Bottom Overlay）。Protel PCB会自动将PCB文件内的元件外形符号、序号和批注字段的设置值送入这些板层内。

6. 其他工作层(Others)

除以上工作层以外，Protel 2004还提供了以下工作层。

禁止布线层(Keep-Out Layers)：用来定义元器件放置的区域，其边界通常与机械层重合。

多层(Multi Layer)：是贯穿于每个信号层面的工作层，可以通过该层将焊盘和过孔放置到所有信号层上。

钻孔引导层(Drill Guide)：记录钻孔数据，显示钻孔图标。

钻孔图层(Drill Drawing)：记录钻孔数据，用于生成钻孔图片。

9.2 PCB设计流程

电子系统在原理部分设计完成后，就需要制作PCB板以便进行电路试验。利用Protel进行PCB设计的一般流程如下。

1. 分割系统的电路模块

一个复杂的电子系统，为便于设计，需要将其分割成多个相对独立的模块，并确定各模块之间的接口关系。然后分别设计各个单元模块，为构成一个具体而完整的电子系统做准备。当然，很多情况下，系统不太复杂，就用不着进行系统分割了。

2. 设计原理图

完成原理图的绘制，并生成网络表。对原理图的检查和校对是必不可少的工作，因为只有保证所绘制的电路原理图正确无误，后面的工作才有意义。确认无误后输出打印原理图，打印的原理图一方面可在焊接和调试电路时使用，另一方面也可作为资料保存。

对于比较简单的电路和非常熟练的PCB设计者来说，绘制原理图不是必须的。设计者完全可以在没有原理图和网络表的情况下直接绘制PCB。但这种方法对设计者有较高的要求，并且很容易出错，建议初学者不要省掉这一步。

另外，实际中，绘制原理图不一定要制作PCB板。通过绘制原理图将思想中的电路设计展示出来或作为资料保存也是经常使用的。从这种意义上说，绘制原理图比设计PCB应用更广泛。

网络表是记录电路原理电气特性的文本文件，是联系原理图设计和印制板设计之间的一座桥梁，是电路板自动布线的基础。绘制完原理图后，在Protel里可以很方便地得到网络表。

3. 规划PCB

在绘制PCB之前，首先要对PCB进行合理的规划，比如PCB的物理尺寸、板层设计、元器件的大体布局等。根据这些要求，新建或者根据向导生成生成一个空白的PCB板。当然，这些参数在PCB设计过程中是可以根据需要调整的，但调整幅度不能太大，否则可能会浪费前面的劳动成果。

4. 装入网表及元件封装

在 Protel 中，可以很方便地将原理图生成的网表导入到空白的 PCB 文件中。所有元件便以封装的形式出现在 PCB 文件中，各元件之间的电气连接关系通过预拉线连接。只有装入网表后，才可能完成对 PCB 的自动布局和布线。对于每个装入的元件必须有相应的外形封装，才能保证电路板布线的顺利进行。如果原理图中的元件封装属性跟原理图库元件不匹配，或者元件封装所在的库文件未导入到系统中，装入网表时就会出错。通过查看错误，可以进一步检查原理图特别是封装属性是否有误，将原理图修改后再重新导入。

5. 元件布局

元件布局就是确定各元器件在 PCB 上的位置，合理的布局将节省电路板面积，减小导线长度，并减小电磁干扰，便于系统散热和安装，因此布局是非常关键的一步。布局可以让 Protel 自动布局，然后对不合理之处进行手动调整，也可以完全手动进行。

6. 布线

布线就是将有电气连接的元器件的各引脚用导线连接起来。导入网表后，具有电气连接的各网络之间会有预拉线相连，通过预拉线可以直观地看出哪些引脚之间应该用导线相连，为手动布线提供了很大的方便。Protel 还提供了自动布线功能，对于一般电路完全可以使用自动布线，快速地完成布线任务。特别是对于复杂而密集的大型电路，自动布线功能将电路设计工程师从繁重的布线任务中解放出来，通过合理设置规则，可以有效地减小错误。但是，有时自动布线功能由于算法的局限，不能彻底完成布线任务，或者布置出来的线路虽然在电气上没有错误，却满足不了实际要求，这就需要在自动布线完成后，进行手动调整。

对于比较特殊的电路，比如高压电路、大功率电路或者对 EMC 要求很高的电路，自动布线功能往往满足不了要求，这就需要完全的手动布线。不管是自动布线后的自动调整还是完全的人工布线，手动方式的布线都是必不可少的，这是电路设计工程师的一项基本功。手动布线有一定的规律可循，但主要靠布线者对电路的理解和布线的经验。对于初学者，往往很难布出高水平的电路板，需要长期的实践和经验的积累。

7. 加工 PCB

PCB 的加工是电路设计师自己所无法完成的（对于特别简单的电路可以用腐蚀的方法自行制作），需要专业的厂家进行加工。布线完毕后，就要导出 PCB 文件，送到厂家加工 PCB 板了。电路设计者只需交出一份完整的 PCB 图文件，剩下的工作就由厂家来完成，设计者等着拿货就行。

9.3 PCB 设计基本规范

前面说过，PCB 设计是一门很深的学问，很大程度上要靠设计者的经验，但还是有很多规律可循的。有些 PCB 设计的基本规范，如果能遵守，将起到事半功倍的效果。

9.3.1 PCB 设计基本要求

PCB 的设计，首先要满足以下基本要求。

1. 保证电气连接准确

PCB 上元器件的电气连接关系必须完全符合原理图上的电气连接关系，否则可能会造成电路板的返修甚至报废。如果因布线的局限或者其他原因导致电路板上线路的连接与原理图有不一致之处，必须在图纸中加以说明。事实上，Protel 提供的电气检查功能可以很方便地将

PCB 的电气连接特性跟原理图进行比较，并标明不一致之处。因此保证电气连接的一致性并不是一件难事。

2. 保证电路板的可靠性

PCB 的可靠性是影响电子系统可靠性的重要因素。影响 PCB 可靠性的因素很多，包括材料、制造工艺和布线等。另外，为保证 PCB 的可靠性，在设计 PCB 时，除了保证电气连接正确以外，还要充分考虑机械强度要求、电磁兼容要求和散热要求。

PCB 的板层选择是影响可靠性的直接因素。大量实践证明，PCB 可靠性由高到低的顺序是单面板、双面板、多层板，多层板板层越多，可靠性越差。因此在选择板层时，在满足系统要求前提下，尽可能选择层数比较少的规格。

3. 尽量节省成本

PCB 设计者应该把产品的经济性纳入设计过程中，这在商品竞争激烈的今天尤为重要。

由于 PCB 加工费主要是按面积收取的，因此在能将元器件布置完的前提下，应使 PCB 面积尽可能的小。小型化是当今电子产品的发展趋势，PCB 的小型化将有助于产品的小型化。但是对于有些特殊的电路，比如高压电路或者发热量比较大的电路，在设计 PCB 时要考虑到高压绝缘和散热问题，不能一味地减小 PCB 的面积。

PCB 的板层也是决定成本的关键因素，板层越多，价格越贵。因此，从成本角度考虑，也应尽量选择层数少的电路板，这与可靠性设计要求是一致的。

加工难度也是成本的影响因素，精度要求越高，加工成本越高，因此实际设计中并不是精度要求越高越好。在满足系统设计要求的前提下，应使精度要求尽量低。

另外，PCB 材质也会影响到成本，因此在满足系统设计要求的前提下，要尽量选择成本低廉的 PCB 材质。

4. 外观上要便于电路焊接、调试和安装

在设计 PCB 过程中还要考虑到后期的元器件焊接、电路调试和 PCB 的安装问题，尽量为后面的工作提供便利。比如适当的文字说明将给后续的焊接和调试工作带来极大的方便，特别是元件编号信息要醒目，不能混淆，更不能被元器件所遮盖。元件布局要考虑到器件在空间上不能冲突，并便于安装。PCB 的外形要符合系统机箱规格，输入和输出信号线的位置要恰当。

需要说明的是，以上这些基本要求有些是相互冲突的，设计者要从全局的角度进行衡量。这些要求没有具体的章法可循，很大程度上要依靠设计者的经验。作为初学者，从一开始就要朝这些目标努力。

9.3.2 元器件布局原则

首先要考虑 PCB 尺寸大小。PCB 尺寸的选择要合适，尺寸过大，印制线变长，阻抗增加，抗噪声能力下降，成本也增加；尺寸过小，则布线困难，而且散热性能不好，临近导线之间易受干扰。在确定 PCB 尺寸后，再确定特殊元件位置，最后根据电路的功能单元，对电路的全部元件进行布局。

在确定特殊元件位置时，要遵循以下原则。

(1) 尽可能缩短高频元件之间的连线，设法减少它们的分布参数和相互间的电磁干扰。易受干扰的元件不能离得太近，输入和输出元件应尽量远离。

(2) 电位差较高的元件之间保持较大的距离，以免产生高压击穿。带强电的元件应尽量布置在手不易触及的地方。

(3) 过重的元件（超过 15g）应当用支架加以固定，然后焊接。过大过重且发热较多的元件不宜安装在印制电路板上，而应安装在整机的机箱底板上，且应考虑散热问题。热敏元件应远离发热器件。

(4) 可调元件（如电位器、可调电感、可变电容、微动开关等）的布局要考虑整机的结构要求。若是机内调节，应放在印制电路板上便于调节的地方；若是机外调节，其位置要与调节旋钮在机箱面板上的位置相适应。

(5) PCB 上应留出定位孔和固定支架所占用的位置。

对全部元件进行布局时，要符合以下原则。

(1) 按照电路流程安排各个功能电路单元的位置，使布局便于信号流通，并使信号方向尽可能一致。

(2) 以每个功能电路的核心元件为中心，围绕它来进行布局。元件应均匀、整齐、紧凑地排列在 PCB 上，尽量减少和缩短各元件之间的引线和连接。

(3) 在高频下工作的电路，要考虑元件之间的分布参数。一般电路应尽可能使元件平行排列，这样不但美观，而且容易焊接，易批量生产。

(4) 位于 PCB 边缘的元件，离电路板边缘一般不小于 2mm。电路板的最佳形状为矩形，长宽比为 3:2 或 4:3。电路板尺寸大于 200mm×150mm 时，应考虑它的机械强度。

(5) 板厚的选择要考虑 PCB 对其上的元件质量的承受能力、使用中承受的机械负荷能力和电气绝缘要求。如果只装配小功率元件，在没有较强的负荷振动条件下，使用厚度为 1.5mm、尺寸在 500mm×500mm 以内的板是没问题的；在有负荷振动条件下，根据振动条件采取缩小板的尺寸或加固和增加支撑点的办法，仍可用 1.5mm 的板；如果板面较大且无法支撑时，应选择 2mm～3mm 厚的板。实践证明，在尺寸小于 300mm×300mm 的范围内，选用 2mm 厚的敷铜箔层压板制造的印制电路板，在航天产品中较强烈的振动冲击条件下都未发生问题。对于 1.5mm 厚的敷铜箔环氧玻璃布层压板，在小于 500V 的电压下使用，其绝缘性没有问题。

9.3.3 PCB 布线原则

布线方法以及布线结果对 PCB 的性能影响很大，一般应遵循以下原则。

(1) 输入和输出端的导线应避免相邻平行，最好添加中间地线，以免发生反馈耦合。

(2) 导线宽度的选择应满足电气性能又便于生产。导线宽度的最小值由承受的电流大小而定，但最小不宜小于 0.2mm（8mil）。在高密度、高精度的印制线路中，导线宽度和间距一般可取 0.3 mm。导线宽度在大电流情况下还要考虑温升。单面板实验表明，当铜箔厚度为 50μm、导线宽度为(1～1.5)mm、通过电流为 2A 时，温升很小。印制线的公共地线应尽可能粗，以免地电位变化而导致噪声容限劣化，如果可能的话，可使用(2～3)mm 宽的导线。在 DIP 封装的 IC 引脚之间走线，当两脚间通过 2 根线时，焊盘直径可设为 50mil，线宽和线间距都为 10mil；当两脚之间通过 1 根线时，焊盘直径可设为 64mil，线宽与线距都为 12mil。线宽和流过电流之间的关系可参考表 9-2。

(3) 印制线拐弯一般取圆弧形，而直角或夹角在高频电路中会影响电气性能。尽量避免大面积铜箔，否则长时间受热易发生铜箔膨胀或脱落现象。必须用大面积铜箔时，最好用栅格状，有利于排除铜箔与基板间粘合剂受热产生挥发性气体。

(4) 导线间距的选择必须满足电气要求，为了便于操作和生产，间距应尽量宽些，只要工艺允许，可使间距为(0.5~0.8)mm 或者更小。最小间距至少能适合承受的电压，这个电压包括工作电压、附加波动电压以及其他原因引起的峰值电压。根据经验，通常情况下 1mm

表 9-2　线宽和流过电流之间的关系

电流/A	1oz 铜线宽/mil	2oz 铜线宽/mil	单位长度电阻/(mΩ/in)	电流/A	1oz 铜线宽/mil	2oz 铜线宽/mil	单位长度电阻/(mΩ/in)
1	10	5	52	6	150	75	3.4
2	30	15	17.2	7	180	90	2.9
3	50	25	10.3	8	220	110	2.3
4	80	40	6.4	9	260	130	2.0
5	110	55	4.7	10	300	150	1.7

间距承受 1000V 的电压差是比较安全的。在布线密度较低时，信号线的间距可适当加大，对高、低电平悬殊的信号线应尽可能短且加大间距。

9.3.4　焊盘设计原则

复合层焊盘和过孔在外观上很相近，其尺寸包括内孔直径和焊盘直径（外径），如图 9-5 所示。

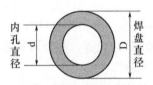

图 9-5　焊盘尺寸

焊盘内孔尺寸（d）必须考虑元件引线直径（d0）和公差（δ1），以及焊锡层厚度（Δ1）、孔径公差（δ2）、孔金属电镀层厚度（Δ2）等，可以如下进行粗略的估算：

$$d = d0 + \delta1 + \delta2 + 2\Delta1 + 2\Delta2$$

式中，有些数据不是很方便获取，对于要求不高的电路板的设计，只需遵循一些基本要求。焊盘内孔直径一般不要小于 0.6mm，因为小于 0.6mm 的孔开模冲孔时不易加工，通常以金属引脚加上 0.2mm 作为焊盘内孔直径。如金属引脚直径为 0.5mm 时，焊盘内孔可设为 0.7mm。

焊盘直径取决于内孔直径。但焊盘直径为 1.5mm 时，为了增加焊盘抗剥强度，可采用长度不小于 1.5mm，宽为 1.5mm 的长圆形焊盘。这种焊盘在集成电路中最常见。对于超出以上范围的焊盘直径，可按下列公式选取（D：焊盘直径，d：内孔直径）：

(1) 直径小于 0.4mm 的孔：D/d=0.5~3；
(2) 直径大于 2mm 的孔：D/d=1.5~2。

关于焊盘的其他注意事项如下：
(1) 焊盘内孔边缘到 PCB 边缘的距离要大于 1mm，以避免加工时导致焊盘缺损。
(2) 有些器件是在波峰焊后进行补焊的，经过波峰焊后焊盘内孔被锡封住，使器件无法插下去。解决办法是在 PCB 加工时对该焊盘开一小口，这样波峰焊时内孔就不会被封住。
(3) 当与焊盘连接的走线较细时，要将焊盘与走线之间的连接设计成水滴状，这样，焊盘不容易起皮，而且走线与焊盘不容易断开。
(4) 相邻的焊盘要避免成锐角或大面积的铜箔，成锐角会造成波峰焊困难，而且有桥接的危险，大面积铜箔会因散热过快而导致不易焊接。

9.3.5　PCB 的电磁兼容设计

PCB 设计对系统的电磁兼容性能影响很大，经常出现的电磁兼容问题往往不是在电路原理上出问题，而是因为某一部分的布线不合理造成的。PCB 的电磁兼容设计是一门很深的学问，需要电路设计者长期的经验积累。在此仅就一些基本注意事项向读者做一些说明，以便大家掌握基本的电磁兼容设计方法。

1. 电源线设计

根据电流的大小，尽量加粗电源线宽度，减少环路电阻。同时使电源线、地线的走向和数据传递的方向一致，以增强抗噪声能力。

2. 地线设计

数字地与模拟地要分开。低频电路应尽量采用单点并联接地，实际布线有困难时，可部分串联后再并联接地。高频电路宜采用多点串联接地。地线应短而粗，最好能通过 3 倍于 PCB 上的允许电流。高频元件周围尽量用栅格状的大面积铜箔，一方面便于散热，另一方面可以减小地线阻抗，并且屏蔽电路板信号的交叉干扰以提高电路系统的抗干扰能力。

3. 去耦电容设计

去耦电容是防止干扰的一种很有效的方法。由于电容具有存储能量的特性，短时间的电流毛刺能被有效地抑制住。去耦电容的一般配置原则如下。

(1) 电源输入端应跨接(10~100)μF 的电容，另外再并联一个 0.01μF 左右的小电容。这种一大一小的组合能同时应对高频干扰和低频干扰。

(2) 对抗噪能力弱、关断时电源变化大的元件如 RAM、ROM 存储元件，应在芯片的电源线和地线之间直接接入去耦电容。

(3) 去耦电容引线不能太长，尤其是高频旁路电容不能有引线。

(4) PCB 中继电器、按钮等元件在操作时会产生较大火花放电，必须采用 RC 电路来吸收放电电流，一般 R 为(1~2)kΩ，C 为(2.2~47)μF。

(5) CMOS 的输入阻抗很高，且易受干扰，因此不使用的端口要接地或电源。

第 10 章 Protel 2004 概述

10.1 Protel 的发展历史

以 PCB 设计为目标的软件是最基本的 EDA 工具,得到了十分广泛的应用。目前比较流行的此类软件主要有 Protel、OrCAD、Viewlogic、PowerPCB 等。目前在我国应用最为广泛的是 Altium 公司推出的 Protel。由于版本更新很快,致使有些用户无所适从,因此本节首先简单介绍一下 Protel 的发展历史。

1988 年美国 ACCEL Technologies 公司推出了第一个应用于电子线路设计的软件包——TANGO,开创了电子设计自动化的先河。随后 Protel Technologies 公司适时推出了 Protel for DOS 元件包作为 TANGO 的升级版本。该软件方便易学,操作简单,很快在我国流行起来。到目前为止,还有一些老的 PCB 开发设计者仍在使用 Protel for DOS。

20 世纪 90 年代,随着 Windows 系统的流行,许多应用软件也开始支持 Windows 操作系统。Protel 公司于 1991 年推出了基于 Windows 平台的 PCB 软件包,次年又推出了相应的原理图设计软件,即 Protel for Windows 1.0,随后又推出了 Protel for Windows 1.5 等版本。这些版本已经初步摆脱了繁琐的命令,给电子设计带来了很大的方便。1994 年,Protel 公司首创了 EDA Client/Server 体系结构,使各种 EDA 软件工具方便地实现无缝连接,确定了当今桌面 EDA 系统的发展方向。1996 年底,推出了 EDA Client 的第三代版本 Protel 3。

1998 年,Protel 公司推出了 EDA Client 98,成为第一个包含五个核心模块的真正 32 位 EDA 工具,它是将 Advanced SCH98(原理图设计)、PCB98(印制电路板设计)、Route98(无网格布线器)、PLD98(可编程逻辑器件设计)和 SIM98(电路图模拟仿真)集成于一体的一个无缝连接的设计平台。该版本出众的自动布线功能获得了业内人士的一致好评。

1999 年,Protel 公司在引进了 MicroCode Engineering 公司的仿真技术和 Incases Engineering Gmbh 公司的信号完整性分析技术后,正式推出了 Protel 99,它具有强大的综合设计环境。2000 年,Protel 公司在兼并了美国著名的 EDA 公司 ACCEL(PCAD)后,推出了 Protel 99SE,进一步完善了 Protel 99 的功能,使其性能进一步提高,可以对设计过程有更大的控制力。Protel 99SE 是目前应用最为广泛的版本。

2001 年 Protel 公司又进行了一系列战略性的兼并和调整,更名为 Altium 公司,并于 2002 年第一季度末推出了 Protel DXP 软件。该版本集强大的设计能力、复杂工艺的可生产性和设计过程管理于一体,可完整地实现电子产品从电学概念设计到生成物理生产数据的全过程,以及中间所有分析的仿真和验证,既满足了产品的高可靠性,又极大地缩短了设计周期,降低了设计成本。2003 年推出了 Protel 2004,对 Protel DXP 进行了进一步的完善。

2006 年,Altium 公司推出了最新最高端的 Protel 系列 EDA 设计软件版本——Altium Designer 6。该版本集成了更多的工具,使用更方便,功能更强大,特别在 PCB 设计方面性能大大提高。2008年又发布了Altium Designer Summer 08。Altium Designer 6以后该软件已经不再是Protel的常规升级版本,而是适应现代电子技术发展需求的一种全新的设计软件。Altium公司声称,Altium Designer 6以后的版本,实现了电路设计(ECAD)和机械设计(MCAD)的完美统一。

新版本的软件在功能上确实具有很大的优越性,但本书为什么还是介绍Protel 2004呢?主要原因如下。

(1) Altium Designer 6以后的版本针对大型电子系统设计的需要,提供很多智能和自动化的功能,但对于绝大多数用户来说,设计一般的电子系统,Protel 2004已经足够,杀鸡勿需用牛刀。所以Altium Designer 6在2006年发布以来,在普通的用户群中推广应用速度似乎很慢,目前应用范围不是太广泛。

(2) Altium Designer 6以后的版本对计算机配置要求非常高,推荐的配置主要包括:Windows XP SP2 Professional 或更新版本/英特尔® 酷睿™2 双核/四核 2.66 GHz 或同等或更快的处理器/2 GByte RAM/10 GB 硬盘空间(系统安装 + 用户文件)/双重显示器,屏幕分辨率至少 1680×1050(宽屏)或者 1600×1200 (4:3)。普通用户很难满足这个要求,特别是在院校的EDA实验室,以前配置的电脑通常满足不了这个要求。因此从当前的显示情况看,Altium Designer的学习比较困难。而Protel 2004的推荐配置要求是:Windows2000、NT/XP,Pentium 1.2G 以上 CPU,256MB 内存,1026×768 分辨率,32MB 显存,至少 1GB 自由硬盘空间。显然这种配置要求是绝大多数用户能支持的。

(3) Protel 2004在风格上跟Altium Designer非常相似,掌握了Protel 2004的用法,以后再学习Altium Designer就比较容易。如果初学者一上手就学习Altium Designer,其学习的困难性肯定比较大。

值得注意的是,虽然我们根据目前的现实情况,选择了Protel 2004作为EDA的学习软件,但最终Altium Designer这样的智能化的大型软件肯定是要普及的,只是一个时间的问题。特别是随着计算机配置的迅速提高,Altium Designer是大势所趋。所以以后我们还是要关注最新的软件,在时机成熟的时候,应该选择最先进的工具来使用。

10.2 Protel 2004 的系统组成

Protel 2004已不再是单纯的PCB设计工具,而是由多个模块组成的系统工具,分别是SCH(原理图)设计、SCH仿真、PCB设计、Auto Router(自动布线器)和FPGA设计等五部分,涵盖了以PCB设计为核心的整个物理设计。该软件将项目管理方式、原理图和PCB图的双向同步技术、多通道设计、拓扑自动布线以及电路仿真等技术结合在一起,为电路设计提供了强大的支持。下面分别介绍这五个系统组成模块的功能。

1. 原理图设计模块

该模块可以进行原理图设计、层次原理图设计和原理图符号的设计。当设计项目较大时,可以实现自顶向下的设计思路,可以把项目分为若干个子项,每个子项再划分为若干个功能模块。功能模块还可继续划分为直至底层的基本模块,然后分层逐级设计。最后设计者进行基本模块的设计,并依照各层次的关系将基本模块组织起来,就完成了整个电路系统的设计。相反,设计者也可以从基本模块的设计着手,实现自底向上的设计。

原理图设计模块的基本功能如下。

(1) 具有强大的编辑功能。可以实现复制、剪切、删除和粘贴等普通的编辑功能;也可通过在对象上双击弹出属性对话框，进行相关属性的编辑；设计者还可自己设定撤销、重复操作的次数。

(2) 具有电气栅格特性。可以方便地实现元器件间的自动捕获连接功能，使原理图的绘制更为方便快捷。

(3) 电气检查功能。可以迅速地对复杂电路进行检查，错误可直接在原理图中标注，便于设计者查找和修改。

(4) 提供丰富的原理图库。经常使用的大部分器件基本上都能从库文件中找到，即使有些特殊元件在库中找不到，设计者也可通过库元件编辑器自行创建。

(5) 报表生成功能。可以方便地创建各种文件格式的网络表、元件列表、交叉参考元件表等，为用户的原理图设计与管理工作提供了完善的辅助手段。

2. PCB 设计模块

Protel 2004 可进行 74 个板层的设计，包括 32 层信号层、16 层内电层、16 层机械层、2 层防旱层、2 层锡膏层、2 层丝印层、2 层钻孔层、1 层禁止布线层和 1 层多信号层。

同原理图模块一样，PCB 模块也提供强大的编辑功能，如元件封装的创建、修改和报表输出等。该模块最大程度地考虑了用户的设计要求，不仅可以放置半通孔、深埋过孔和各式各样的焊盘，而且新增加了许多先进的生产制造所需的设计法则，提高了手动设计和自动设计的融合程度。对电路元件多、连接复杂及有特殊要求的电路，可以选择自动布线与手工调整相结合的方法。在 PCB 电路板设计完成后，可以通过设计法则检查来保证电路板完全符合设计要求，从而提高 PCB 的可靠性。

3. 自动布线模块

自动布线模块是为 PCB 设计模块服务的，用来实现 PCB 布线的自动化。它作为一个程序模块内嵌于 PCB 设计模块之中，但它不属于 PCB 设计程序的一个应用程序进程。

Protel 2004 在自动布线上引入了人工智能技术，采用 SITUS 拓扑算法，用户只需进行简单、直观的布线规则设置，在布线过程中，自动布线器就会选择最佳布线策略，使 PCB 的设计尽可能完美。

4. FPGA 设计模块

Protel 2004 完全支持 FPGA 的设计，用户可采用两种方法。

(1) 在原理图设计模块中使用专用的 PLD 库 "CUPL PLD Programming.IntLib" 进行器件的设计。

(2) 采用 VHDL 语言编写 PLD 的功能描述文件。

完成可编程器件的设计之后，设计者对器件进行编译操作，生成熔丝文件，用以制作具备特定功能的元器件。

5. 电路仿真模块

在电路板设计之前，为了确定电路图设计的正确性和有效性，可事先对所设计的电路图进行仿真。用户在进行电路仿真时，可利用 Protel 2004 的仿真元件库 "Sim.ddb" 中提供的仿真元器件，在原理图设计程序模块中进行电路设计，最后使用电路仿真模块对所设计的电路进行仿真，并根据输出的信号和用户的要求对电路设计进行调整。不过，由于目前专业的电路仿真软件很多，如 PSPICE、Multisim、Saber 等，Protel 中的仿真模块应用并不十分广泛。

需要说明的是，本书重点介绍电路原理图及 PCB 的设计，即以上前 3 个模块。对于 FPGA 模块和电路仿真模块，本书涉及的内容较少。

10.3　Protel 2004 的设计环境

任何一个 Windows 系统软件的安装方法都基本相同，而且安装文件里一般都有详细的安装说明。另外，Windows 系统下程序的启动方法也基本一样。所以本章不再像大多数参考书一样首先介绍软件的安装和启动方法了。假定读者已经成功安装了该软件，并已经启动了该程序。现在就一起来认识 Protel 2004。

Protel 2004 启动之后的主窗口界面如图 10-1 所示，可以分为菜单栏、工具栏、工作区、工作区面板四个部分。电路设计工作就从这里开始，下面分别介绍。

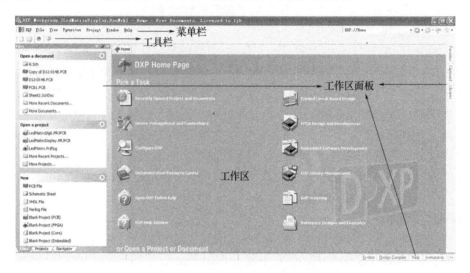

图 10-1　Protel 2004 主窗口

10.3.1　菜单栏

Protel 2004 的菜单栏包括 DXP、File、View、Favorites、Project、Window、Help 七个下拉菜单项，如图 10-2 所示。如果系统进入原理图或 PCB 设计系统，菜单栏会有所变化。下面将主要的菜单项做一下介绍。

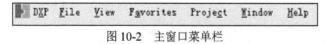

图 10-2　主窗口菜单栏

1. DXP 菜单

如图 10-3 所示，DXP 菜单项主要是针对系统的一些设置。

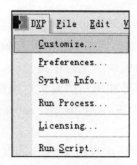

图 10-3　DXP 子菜单

Customize：用来定义各菜单项及工具。如更改菜单名称、快捷键、为菜单添加图片等。使用该功能可以个性化菜单系统，甚至可以将菜单系统转换成中文显示。但建议初学者不要随意改动系统的默认状态，以免在阅读参考书时造成困难。

Preferences：用来对系统参数进行设置。在后面的学习过程中将详细介绍。

2. File 菜单

File 菜单主要用于各种类型的文件的新建、保存、打开和关闭等，其下拉菜单如图 10-4 所示。这些菜单命令跟我们普遍使用的 Office 程序非常类似，读者基本上一看就会，所以下面仅对各菜单的功能做一下简单的说明。

图 10-4　File 子菜单

New：新建文件。可以新建各种格式的文件，如原理图文件（Schematic）、VHDL 文件（VHDL Document）、PCB 文件（PCB）、原理图库文件（Schematic Library）、PCB 库文件（PCB Library）、PCB 工程文件（PCB Project）、FPGA 工程文件（FPGA Project）、集成库文件（Integrated Library）、嵌入式工程文件（Embedded Project）、文本文件（Text Document）、CAM 文件（CAM Document）等。

Open：打开已经存在的文件。

Close：关闭当前文件。

Open Project：打开工程文件。

Open Design Workspace：打开设计工作区。

Save Project：保存当前的工程文件。

Save Project As：另存当前的工程文件。

Save Design Workspace：保存当前工作区。

Save Design Workspace As：另存当前工作区。

Save All：保存当前所有打开的文件。

Protel 99 SE Import Wizard：导入 Protel 99 SE 文件向导。

Recent Documents：打开最近的文档。

Recent Projects：打开最近的工程文件。

Recent Workspacs：打开最近的工作区。

Exit：退出程序。

3. View 菜单

View 菜单主要用于进行一些视图管理，如工具栏、状态栏和命令栏的显示和隐藏等，其下拉菜单如图 10-5 所示。

Toolbars：用来设置显示或隐藏工具条。

Workspace Panels：工作区面板控制。

Desktop Layouts：桌面布局控制。

4. Favorites 菜单

如图 10-6 所示，用来进行收藏夹的管理，便于快捷打开预设的界面。

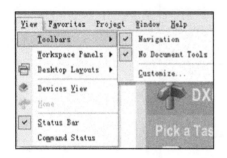

图 10-5 View 下拉菜单

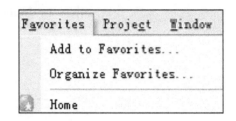

图 10-6 Favorites 下拉菜单

Add to Favorites：将当前页面加入收藏夹，可用来快速打开网页。添加收藏夹后，在 Favorites 下拉菜单中将会显示相应的收藏夹名称。

Organize Favorites：组织收藏夹。

5. Project 菜单

如图 10-7 所示，Project 菜单用于整个设计工程的编译、分析和版本控制。当尚未打开任何工程时，下拉菜单中除了 Show Differences、Add Existing Project，Add New Project，Version Control 四个命令项之外，其他都处于灰色的不可用状态。

图 10-7 Project 下拉菜单

Show Differences：用来将工程与工程，或工程与文件进行比较。
Add Existing Project：添加已有的工程文件。
Add New Project：添加新的工程文件。
Version Control：版本控制。

此外，Windows 菜单用于窗口的管理，包括窗口的大小、位置等。Help 菜单用于打开帮助文件。这些菜单跟通常的 Windows 程序非常相近，在此就不多做介绍了。

10.3.2　工具栏

菜单下面就是系统工具栏。在没有文件打开时，依次为新建、打开、设备浏览和帮助工具栏。打开不同的文件时，默认的工具栏会有所不同，也可以进行工具栏的设置（DXP|Customize 或 View|Toolbars|Customize 工具），显示自己想要的工具栏。

10.3.3　工作区

界面中间的区域为工作区。工作区主页上以快捷图标的方式列出了常用的命令，给用户带来了极大的方便。这些命令包括两部分：Pick a Task（选择一个任务）和 Or Open a Project or Document（打开一个工程或文档），如图 10-8 所示。

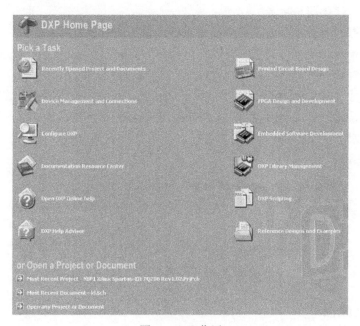

图 10-8　工作区

Recently Opened Project and Documents（近期打开的项目和文件）：选择该项后，系统会弹出一个对话框，用户可以很方便地从对话框中选择需要打开一个或多个文件。用户也可以从 File 菜单中选择近期打开的文档、项目或工作空间文件。

Device Management and Connections（器件管理和连接）：打开该项可查看系统所连接的器件（如硬件或软件设备）。

Configure DXP：选择该项后，系统会在主界面弹出系统配置选择项，用户可以选择自己需要的操作。这些操作也可以在 DXP 菜单中选择。

Documentation Resource Center（文档资源中心）：提供 PDF 格式的各种文档资源。选择该项后，可以按各种类别选择相应的 PDF 文件。这些文档是最权威的学习资料。

Open DXP Online Help（打开在线帮助）：选择该项后打开帮助文件。有些是能在主机上直接打开的，有些需要连接互联网才能打开。

DXP Help Advisor（DXP 帮助顾问）：也是提供帮助，但该选项能更为方便地为用户提供帮助功能，如关键词查找等功能。

Printed Circuit Board Design（印制电路板设计）：选择该项后弹出有关 PCB 设计的命令选项。

FPGA Design and Development（FPGA 设计与开发）：选择该项后，系统会弹出 FPGA 设计与开发的命令选项。

Embedded Software Development（嵌入式软件开发）：选择该项后，系统会弹出嵌入式软件开发的命令选项。嵌入式工具选项包括汇编器、编译器和链接器。

DXP Library Management（DXP 库管理）：选择该项后，系统会弹出库管理的命令选项，包括新建库和对已有库的操作。

DXP Scripting（DXP 脚本开发）：选择该项后，系统会弹出脚本操作的命令选项，用户可以分别选择创建脚本的相关命令。

Reference Designs and Examples（参考设计与实例）：选择该项后，系统会按类别显示可供打开的设计实例，供用户参考。

工作区下方是对打开工程或文档的操作命令，包括 Most Recent Project（最近打开的工程）、Most Recent Document（最近打开的文档）和 Open Any Project or Document（打开任意工程或文档）。前两项命令中会显示最近打开的工程或文档名称。

工作区类似于 Windows 操作系统中的资源管理器，是按层组织的文件管理系统。右上角为主页控制面板，如图 10-9 所示。通过右边的控制按钮可以实现页面的前进、后退以及直接转到主页或收藏夹的操作。另外，工作区上的各选项也可以通过旁边的"≈"及"≋"符号进行显示和隐藏的操作。

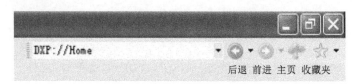

图 10-9 工作区主页控制面板

10.3.4 工作区面板

Protel 2004 大量使用了控制面板，用户可以很方便地实现各种操作。控制面板的这些操作在菜单里都可以找到，只不过放在控制面板里操作起来更加方便。根据打开文件的状态不同，控制面板也会有所差异。控制面板分为三个部分，分别是：Files（文件）、Projects（工程）和 Navigator（导航器），如图 10-10 所示。下面分别介绍各控制面板的作用。

通过 Files 面板可以打开或新建工程及各种文档，具体包括 Open a document（打开文档）、Open a project（打开工程）、New（新建）、New from existing file（从已有文件新建）、New from template（通过模板新建）。

通过 Projects 控制面板，可以显示所有当前打开的工程以及该工程所包含的文件。那些没有加入到任何工程的文件也同时可以显示出来。

Navigator 控制面板能浏览编译过的源文件（原理图文件或 VHDL 文件），也可以作为元器件、网络、焊盘等的浏览器使用。

工作区右上边缘有三个控制面板：Favorites（收藏）、Clipboard（剪切板）、Libraries（库），如图 10-11 所示。用户可以在操作界面下方便地进行各种操作。例如，在编辑原理图或 PCB 图时，通过 Libraries 面板可以方便地进行原理图库元件或元件封装的操作，而不需要关闭当前打开的原理图文件或 PCB 文件。

图 10-10　控制面板 1

图 10-11　控制面板 2

工作区右下边缘的控制面板包括：System（系统）、Design（设计）、Compiler（编译）、SCH（原理图）、Help（帮助）、Instruments（仪器），如图 10-12 所示。单击任何一个控制面板按钮，将弹出一个菜单，选择菜单可打开相应的窗口。

图 10-12　控制面板 3

10.3.5　系统参数设置

Protel 2004 允许用户自行定义设计环境。每个人的喜好各不相同，一个合适的设计环境将使用户的设计工作更加得心应手。Protel 2004 的环境设定是通过系统参数的修改来实现的，其操作界面从 DXP|Preferences 打开，如图 10-13 所示。

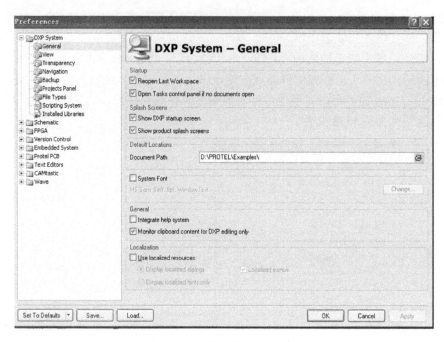

图 10-13　系统参数设置对话框

由图可知，在这个窗口除可以进行系统参数（DXP System）设置以外，还可以进行 Schematic、FPGA、PCB 等模块的参数设置。系统参数的设置包括 General、View、Transparency、Backup、Projects Panel、File Types、Ccripting System、Installed Libraries 几个选项。

1. General

如图 10-13 所示，用来设置 Protel 2004 的一般系统参数。

Startup：设置每次启动 Protel 2004 后的动作，如果选中 Reopen Last Workspace，则下次启动 Protel 2004 时，打开上一次编辑操作的最后一个工程。如果选中 Open Tasks control panel if no documents open，则在没有文档打开的情况下，打开任务控制面板。

Splash Screens：设置启动 Protel 2004 时屏幕的显示方式，有两种不同的启动画面选项。

Default Locations：设置创建、打开或保存文件的默认路径。

对于其他选项只要能认出英文的含义，基本就能明白该选项的意义了，在此不做过多介绍。

2. View

如图 10-14 所示，用来设置 Protel 2004 程序的桌面显示参数，其主要选项如下。

Desktop：设置运行的桌面显示情况。若选中 Autosave desktop 复选框，系统会在退出时自动保存桌面的显示情况，包括面板的位置、可见性、工具条的显示情况等。

Popup Panels：设置面板的显示方式。Popup delay 用来设置面板弹出的延时时间，Hide delay 用来设置面板隐藏的延时时间，Use animation 选项启动活动面板。

3. Transparency

用来设置 Protel 2004 浮动窗口的透明情况，设置浮动窗口为透明后，在交互编辑时，浮动窗口将在编辑区之上。

4. Backup

设置文件备份参数，如图 10-15 所示。

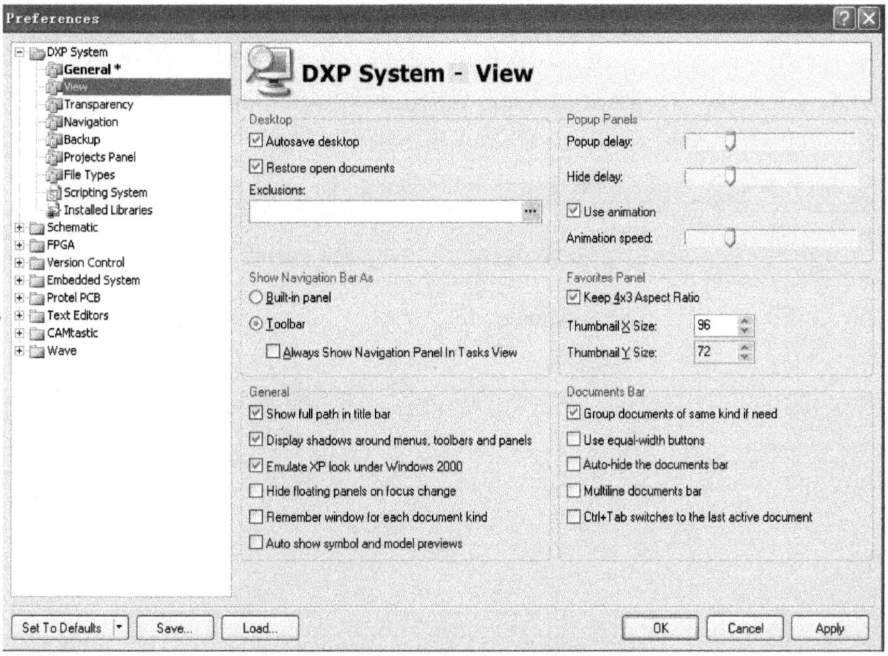

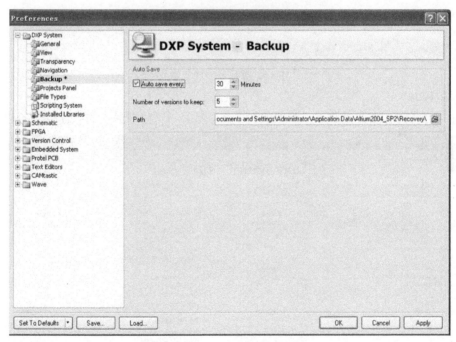

图 10-14　桌面显示参数设置

图 10-15　文件备份参数设置

Auto save every：选中该复选框，即可在一定时间内自动保存当前编辑的文档，时间间隔在后面的文本框中设置，最长时间为 120min。

Number of versions to keep：用来自动保存文档的版本数，最多可保存 10 个版本。我们在进行电路设计时，有时可能还要回到最开始的状态，这一功能避免开始状态丢失，给设计者反悔的机会。

Path：设定自动保存目录，可以直接输入路径，也可以点击右边的按钮选择路径。

5. Projects Panel

设置项目导航面板操作，如图 10-16 所示。这些设置包括好几个类别：General（一般设置）、File View（文件显示）、Structure View（结构显示）、Sorting（排序）、Grouping（分类）、Default Expansion（默认扩展）、Single Click（单击操作）。

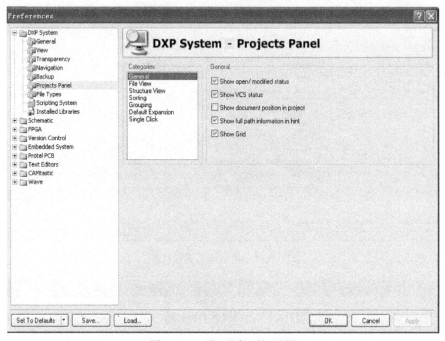

图 10-16　项目导航面板设置

6. File Types

设置系统支持的文件类型，如图 10-17 所示。在窗口中分别显示了文件扩展名和文件类

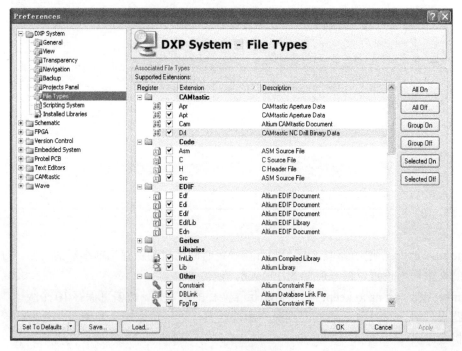

图 10-17　文件类型设置

型描述，用户可以通过左边的复选框选择系统支持的文件类型，也可以通过右边的操作按钮快速选择。

7. Scripting System

显示安装的脚本系统，也可以对脚本系统进行载入和删除操作。

8. Installed Librarys

用来显示已经载入的库文件，也可以对库文件进行载入和删除的操作。

10.4 Protel 2004 的文件管理

10.4.1 Protel 2004 的文件系统结构

Protel 2004 安装目录下，存放的是启动 DXP 可执行文件以及一些动态链接库文件。另外，在该目录下，还有五个子目录，各子目录下的文件介绍如下。

"Examples"子目录：保存 Protel 2004 提供的示例文件。

"Help"子目录：存放 Protel 2004 的帮助文件。

"Library"子目录：按生产厂商名称缩写首字母的排列顺序，存放各厂商的集成元件库、PCB 元器件库、PLD 元器件库、信号完整性库和仿真元器件库等。

"System"子目录：存放 Protel 2004 的服务器程序文件。

"Templates"子目录：存放原理图和 PCB 板等的模板文件。

10.4.2 Protel 2004 的文件类型

Protel 2004 的文件类型如表 10-1 所示。这些文件可以分为五大类，分别介绍如下。

表 10-1 Protel 2004 的文件类型

文件后缀	类型说明	文件后缀	类型说明
.DsnWrk	工作区文件	.SchLib	原理图库文件
.PrjPCB	板级设计工程文件	.PcbLib	印制板库文件
.PrjFpg	FPGA 工程文件	.PCB3Dlib	印制板三维库文件
.PrjEmb	嵌入式工程文件	.SchDoc	原理图文件
.LibPkg	集成库文件	.PcbDoc	印制板文件
.rep	报告文件	.vhd	VHDL 设计文件
.net	网表文件	.cam	辅助制造工艺文件
.drc	校验报告文件	.txt	纯文本文件

工作区文件：记录了电路设计所能激活的工程文件以及各种文档，扩展名为.DsnWrk。是工程的集合，用于管理工程文件。在 Protel DXP 中称为工程组文件（.PrjGrp）。

工程文件：其功能是将一个工程中的所有文件组织起来，根据工程类型可分为板级设计工程文件（.PrjPCB）、FPGA 工程文件（.PrjFpg）、嵌入式工程文件（.PrjEmb）和集成库文件（.LibPkg）。它是设计文件的集合，用于管理属于同一工程的文件。其中集成库文件是一类用于元件库的特殊工程文件。

源文件：也叫设计文件，包括原理图文件（.SchDoc）、印制板文件（.PcbDoc）、VHDL设计文件（.vhd）和辅助制造工艺文件（.cam）等。

库文件：包括原理图库文件（.SchLib）、印制板库文件（.PcbLib）和印制板三维库文件（.PCB3Dlib）。系统还提供一种集成库文件（.IntLib），实际上是各元器件厂商提供的一种原理图库文件，不过该原理图库中已经包含了封装名称及对应的封装库路径信息。

生成文件：是在已有文件基础上，由 Protel 生成的文件，如报告文件（.rep）、网表文件（.net）、校验报告文件（.drc）等。

另外，还有一些非 Protel 专有的文件也可以在 Protel 中创建和编辑，如纯文本文件（.txt）。Protel 2004 还兼容了 ORCAD 的文件格式（.dsn），可以导入 Protel 以前版本的文件。

如果启动了系统的自动备份功能，则在电路板设计的过程中，系统会自动将当前激活的各种服务器程序的文件存储到指定位置。一般系统默认会在当前文件夹下建立名为"History"的文件夹。备份文件的扩展名一般是在原有扩展名中添加"~"，如"*.sch"备份文件的扩展名为"*.~sch"。

需要注意的是，Protel 2004 中工作区文件和工程文件跟 Protel 99SE 中的工程文件（.ddb）完全不同。这里的工作区文件和工程文件本身并不包含具体的设计信息，只是记录了各种设计文件的名称和存储位置信息，不包含设计文件本身。同一工程下的设计文件可以存储在不同的路径上，而多个工程文件可以同时包含同一个设计文件，以满足设计资源的共享和同步修改。设计文件也可以独立存在，不属于任何一个工程，称为自由文件（Free Documents）。

10.4.3 基本的文件操作

基本的文件操作包括文件的创建、删除、修改，以及导入、导出等。

1. 文件的创建

执行菜单命令 File/New，然后选择所要创建的文件类型，并为其命名，如图 10-18 所示。

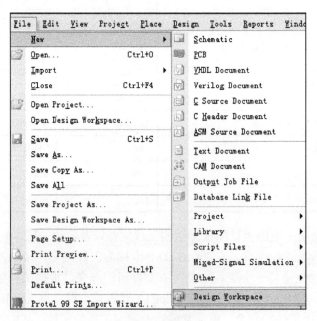

图 10-18 新建文件

在电路板的设计过程中，一般是先创建工作区文件，然后再在该工作区下新建工程文件，或者新建工程文件后添加到该工作区。最后在工程文件下新建或者添加设计文件，包括原理图文件、PCB 文件等。在工程文件下新建或添加设计文件后，系统自动生成跟设计文件类型相关联的文件夹，将各种设计文件按树形结构分门别类地组织起来，如图 10-19 所示。

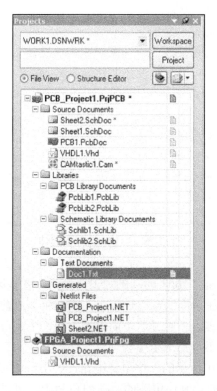

图 10-19　树形文件结构

图 10-19 中，在工作区 WORK1 下有两个工程文件：PCB_Project1 和 FPGA_Project1。工程 PCB_Project1 下自动生成了五个文件夹，新建的设计源文件在文件夹 Source Documents 下，新建的库文件在文件夹 Libraries 下，系统生成的文件则在文件夹 Genereted 下，其他文件在文件夹 Documentation 下。

新建的每一个文件都需要保存，在保存的时候可以选择路径和修改文件名。同一个工程的文件可以保存在不同的目录下。但实际中，为了设计方便，最好将同一个工程的文件保存在同一个文件夹中，以免将不同版本的文件混淆或者丢失。

2. 文件的添加和删除

当工作区中有多个工程文件时，只能有一个处于激活状态，该工程文件名成深蓝色。在文件的树状结构中，点击工程中的任意一个文件，该工程将被激活为当前工程。此时如果选择 File/New 菜单新建文件，则新建的设计文件将自动添加到当前工程中去。而新建的工程文件则自动添加到当前工作区中。在当前工程中添加新的文件还可选择菜单 Project/Add New to Project。

如果要将已经存在的设计文件添加到当前工程中去，可以选择 Project/Add Existing to Project 打开文件选择对话框，选择已经存在的文件。添加文件只是在设计工程文件中添加了文件的名称和链接信息，并不会在工作窗口中打开所添加的文件。

如果要将文件从当前工程中移除，在文件树形结构中选择所要移除的文件，然后选择

Project/Remove From Project 即可将当前文件从工程中移除，注意，此时文件只是脱离了与当前工程的联系，文件以自由文件（Free Document）的形式出现在树形结构中。

选择当前工程文件，点击鼠标右键，在快捷菜单中同样可以进行文件的添加和删除操作。右键点击设计文件，也可以将当前文件从所在的工程中删除。如果设计文件从所在的目录下移除了，则自动从所在的工程中移除。

3. 文件的更名、剪切、粘贴和复制

在 Protel 2004 中，采用工程文件的方法来组织管理设计文档，每一个设计文档都是相互独立的，并不包含于某个工程中，因此对设计文件的更名、剪切、粘贴和复制等操作与 Windows 系统的文件操作完全一样。文件删除后，自动从所在的工程中移除。

4. 文件导入和导出

由于每一个设计文件都是独立的，用户如果要使用某个设计文件（如其中的原理图文件或布置好的印制板文件），不需要像 Protel 99SE 那样将某个设计文件从设计库中导出，而只需要直接复制即可。而设计文件的导入过程实际上就是向工程中添加文件的过程，前面已经做了详细的介绍。

10.5 设 计 实 例

前面介绍了很多关于 Protel 2004 的基础知识，如果读者是第一次接触 Protel，可能会存在很多疑问。不过不要紧，在后面的学习过程中，大家将会对前面介绍的内容有更为深刻的认识。这里先介绍一个简单实例。通过这个简单的实例，大家可以比较感性地认识一下这个软件，让大家对 Protel 2004 不再那么陌生和恐惧。

本设计实例为如图 10-20 所示的一个电源电路，关于该电路的工作原理，相信学过电路基础课程的读者都能理解。要绘制该电路的原理图和 PCB，可以按以下步骤来完成。

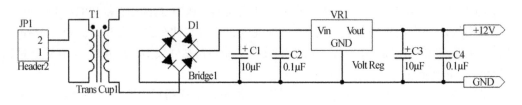

图 10-20　设计实例

1. 新建文件

首先建一个文件夹 Exam4.1，本例的所有文件均保存在该文件夹中。Protel 2004 跟 Protel 99SE 不同，所有的设计文件均是独立的，所以最好是先建一个文件夹，将所有设计文件保存在该文件夹中，以免一不小心保存到另外的位置，为该文件的查找带来不便。

选择 File/New/Design Workspace 选项，新建一个工作空间，命名为 Workspace4_1，保存在当前文件夹 Exam4.1 中。

选择 File/New/Project/PCB Project 选项，新建一个工程，命名为 Project4_1，保存到当前文件夹。

选择 File/New/Schematic 选项，新建一个原理图文件，命名为 Sheet4_1，保存到当前文件夹。打开该原理图文件，即可绘制原理图了，如图 10-21 所示。

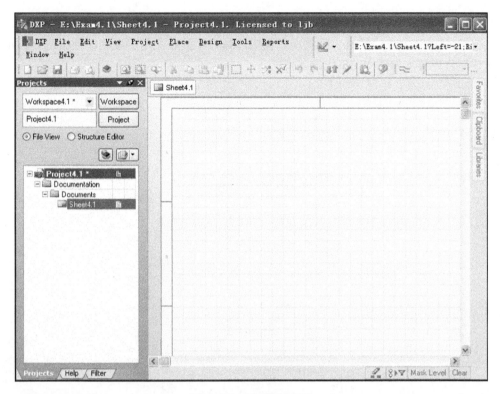

图 10-21　原理图编辑器

2. 加载元件库

在电路图中加载元件以前必须先加载元件库。选择 Design/Add Remove Library 选项，打开如图 10-22 所示的对话框。系统默认安装的库文件是 Miscellaneous Devices 和 Miscellaneous Connectors。点击窗口中的"Install…"按钮可以安装新的元件库，选择列表中的库文件，可以实现上移（Move Up）、下移（Move Down）和移除（Remove）操作。本例中的元件在 Miscellaneous Devices 中均可以找到，所以无须安装新的元件库。

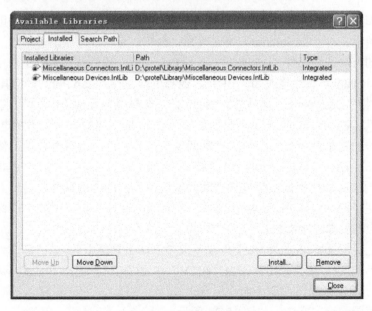

图 10-22　元件库对话框

3. 绘制电路图

选择 Design/Browse Library 菜单或者直接选择工作区右上角的控制面板按钮 Libraries，打开元件库管理器，如图 10-23 所示。

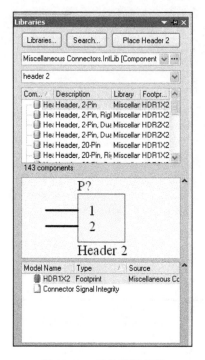

图 10-23　元件库管理器

首先选择元件库 Miscellaneous Connectors.IntLib，从中找到原理图元件 Header 2，在列表中双击该元件，或者单击右上角的按钮 Place Header 2，将其添加到原理图中。在原理图中双击该元件，或者单击右键选择"Properties"，修改元件属性。本例中只修改"Designator"属性，将其改为"JP1"。

然后选择库文件 Miscellaneous Devices.IntLib，从中找到元件 trans cupl，用同样的方法将其添加到原理图中。将"Designator"属性改为"T1"。

使用同样的方法选择元件"Bridge1"，将"Designator"属性修改为"D1"。选择元件"Volt Reg"，将"Designator"属性修改为"VR1"。选择电容元件"Cap Pol2"，将其"Value"属性改为"10μF"，将"Designator"属性修改为"C1"。选择电容元件"Cap2"，将其"Value"属性改为"0.1μF"，将"Designator"属性修改为"C2"。按同样的方法再添加电容 C3 和 C4。

以上元件添加完毕后，按图所示的位置摆放。点击元件拖动可以移动元件位置，左键按住元件，通过 SPACE 键可以对元件进行翻转。实际上，以上元件还有一个非常重要的属性"Footprint"（封装）需要根据实际进行修改，本例中我们均使用默认的封装。

元件摆放完毕后，选择 Place/Wire 菜单，或者直接选择工具栏中的 图标，选择导线工具，将元件相应的引脚连接起来。

元件连接之后，选择 Place/Port 菜单或者直接选择工具栏中的 图标，为原理图添加两个端口，将其"Name"属性分别修改为"+12V"和"GND"。选择 Place/Power Port 菜单或选择工具栏中 图标，为原理图添加地信号。

至此，原理图便绘制完毕，如图 10-24 所示。

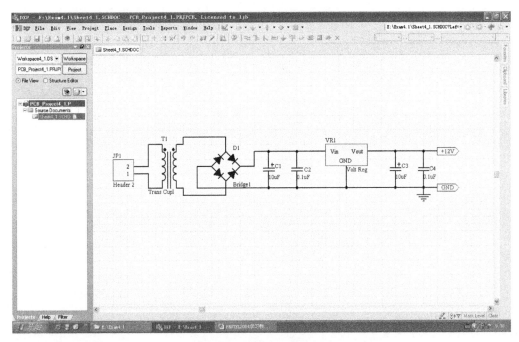

图 10-24　绘制好的原理图

4．生成网络表

选择 Design/Netlist/Protel 选项，系统自动生成了网络表文件 PCB_Project4_1.Net。网络表文件是记录原理图信息的文本文件，可以用文本编辑器直接编辑。本例生成的网络表文件内容如下。

PCB_Project4_1.Net

[

C1

POLAR0.8

Cap Pol2

]

[

C2

RAD-0.3

Cap

]

……

(

NetC1_1

C1-1

C2-2

D1-3

VR1-1

)
(
NetC3_1
C3-1
C4-2
VR1-3
)
……
(
GND
C1-2
C2-1
C3-2
C4-1
D1-1
VR1-2
)

由上面可以看出，网表文件包括两部分：元件信息和网络信息。文件前面部分用"[ ]"括起来的是元件描述部分，包括元件名称、封装和Comment属性。后面用"（）"括起来的是网络描述部分，描述的是各个网络（即电路中的电气节点）名称及与其相连的器件的引脚。

5. 生成 PCB 文件

选择File/New/PCB选项，新建一个PCB文件，保存为PCB4_1.PcbDoc。打开该文件，出现带网格的黑色PCB设计工作区。在底下的图层选项中点击"KeepOutLayer"，激活禁止布线层。选择工具栏中的 按钮，绘制一个矩形框，作为PCB的电气边界，如图10-25所示。

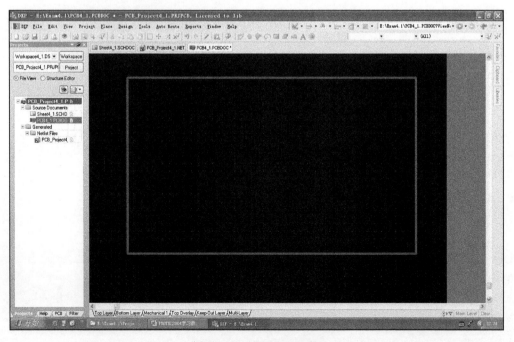

图 10-25　新建 PCB 文件

选择Design/Import Changes From菜单选项，出现如图10-26所示的对话框，选择Execute Changes命令按钮，然后单击Close按钮返回PCB编辑器，显示如图10-27所示的PCB预布线图形。元件处于一个红色背景的区域，可能跟设定的布线区不一致，可以拖动和拉伸使其一致起来。所有元件均处于预拉线状态，尚未布局。

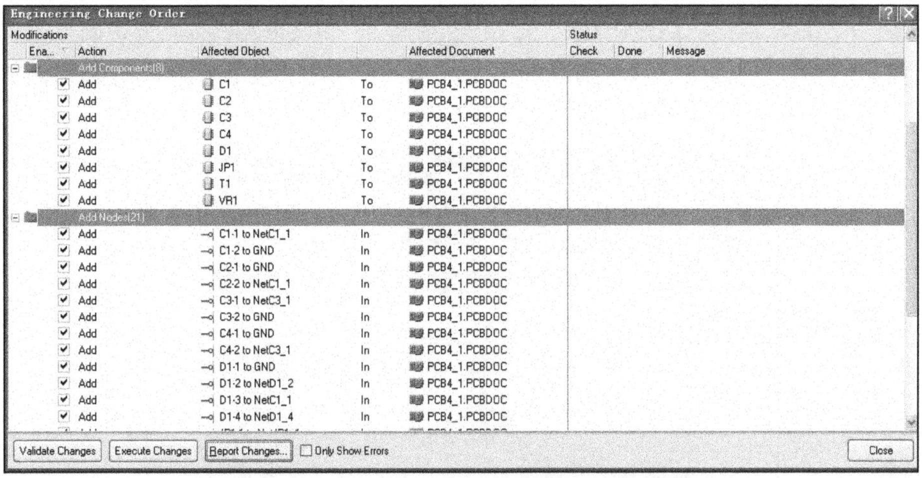

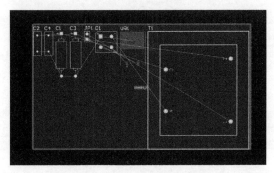

图 10-26　Engineering Change Order 对话框

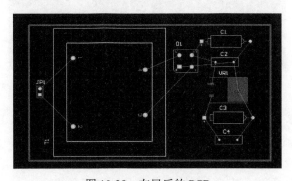

图 10-27　PCB 预布线图形

6．元件布局

鼠标单击拖动元件可以实现手动布局，也可以使用自动布局。选择 Tools/Component Placement/Auto Placer 选项，可以实现自动布局。通常自动布局结果不太令人满意，需要进行手动调整。本例经过手动布局后结果如图 10-28 所示。

图 10-28　布局后的 PCB

7. 布线

布线可以用手动布线，也可用自动布线。手动布线就是选择工具，将预拉线相连的元件引脚用印制线相连。注意在工作区下面的面板上选择布线所在的层。如果布线在顶层，应该将当前层设为"Top Layer"。

要实现自动布线，选择 Auto Route/All 菜单选项，出现如图 10-29 所示的对话框，可以对布线规则进行设置。本例我们使用默认设置，然后单击"Route All"。此例电路比较简单，所以很快布线成功。然后在输出端手动添加两个焊盘，便于信号输出，并选择按钮添加文字说明"GND"和"+12V"。设计完成的 PCB 如图 10-30 所示。

图 10-29 自动布线设置对话框

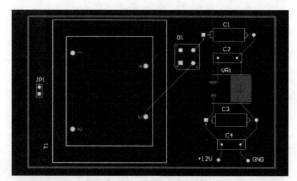

图 10-30 布线后的 PCB

8. 后处理

布线完成后根据需要进行一些后处理，如检查 PCB 布线，将 PCB 与原理图进行对比分析以检查是否有错误。确认无误后，在当前文件夹将 PCB 文件复制出来，发送到制板厂家即可。

以上实例虽然比较简单，但基本概括了通常 PCB 设计的一般过程。对于复杂的电路设计，其设计过程也往往比较复杂，将在后面的章节中分别详细介绍。

第 11 章 原理图设计基础

11.1 原理图设计步骤

原理图设计可以分为三大步：新建原理图、绘制原理图和原理图后处理，如图 11-1 所示。其中每一大步又包含若干种操作。

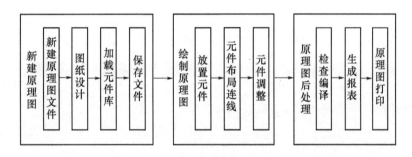

图 11-1 原理图绘制步骤

新建原理图包括新建原理图文件、图纸设置、加载元件库和保存文件等操作。

绘制原理图即从所加载的元件库中，取出所需的元件，放置到设计图中，并定义元件的各种属性（如序号、封装等）。然后利用 Protel 提供的各种工具（如导线、网络标号、端口标号和电气连接点等）按设计要求连接设计图中的各种元件，从而构成一个完整的原理图。最后，对原理图进行适当调整和修改，使其更加美观。

原理图后处理包括原理图的检查和编译、生成原理图报表文件以及原理图的打印等。

11.2 新建原理图文件

首先执行菜单 File/New/Design WorkSpace 先建立一个工作区文件。选择 File/Save Design WorkSpace 或 File/Save Design WorkSpace As 保存工作区文件，新建的默认的工作区文件名为 Workspace1.DsnWrk，在保存的时候也可以重新命名。本例将新建的工作区文件命名为 Example.DsnWrk，保存在 E:\EDA 文件夹下。

建立工作区并不是必须的，如果不建立工作区文件，将使用上次打开的默认的工作区。为了编辑操作方便，应将相关的工程文件建在同一工作区，便于相互之间的参考和查看。而不相关的工程文件，不要放在同一工作区，有利于编辑界面的简洁。

执行菜单 File/New/Project/PCBProject，建立一个空白的工程文件。默认的文件名是 PCB_Project1.PrjPCB。选择 File/Save Project 或 File/Save Project As，将工程文件以文件名 SPMS.PrjPCB 保存在 E:\EDA 文件夹下。

下面建立原理图文件。建立原理图文件的方法很多，选择 File/New/Schematic 菜单，或选择 Project/Add New to Project/Schematic，或鼠标右键单击左边面板中的工程文件名，选择 Add New to Project/Schematic。

新建立的原理图文件默认名称为 Sheet1.SchDoc，并自动添加到当前工程文件中。选择 File/Save，或 File/Save As 菜单，或选择工具栏中的保存按钮，将原理图文件以 Flyback.SchDoc 为文件名保存到 E:\EDA 文件夹下。

现有的原理图文件也可以添加到工程文件中。执行 Project/Add Existing to Project 菜单，或鼠标右键单击左边面板中的工程文件名，选择 Add Existing to Projectc，即可选择文件将其加入到当前工程文件中。

注意，文件添加到当前工程文件后，其保存位置并没有发生变化，为了避免出错，最好将同一工程文件存放在同一个文件夹中。如果要添加的文件以自由文件的形式被打开了，可以用鼠标直接拖曳到工程中。

建立了原理图文件以后，工作区发生了变化，菜单栏增加了新的菜单项，工具栏增加了新的工具按钮，如图 11-2 所示。现在就可以进行原理图的绘制了。但为了实际工作的方便，最好先进行一些必要的设置，再进行原理图的绘制和编辑。下面详细介绍。

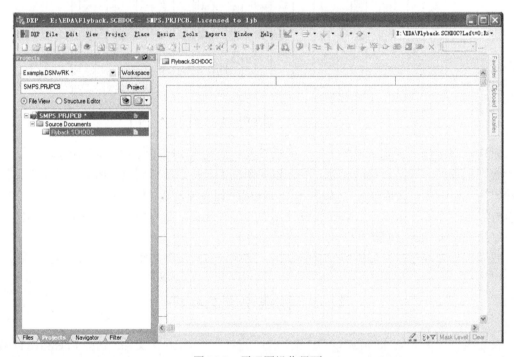

图 11-2 原理图操作界面

11.3 文档参数设置

针对具体的电路设计，需要在绘制原理图之前对当前原理图文件进行参数设置，也可以在原理图绘制编辑过程中根据实际需要随时修改这些设置。选择 Design/Document Options 菜单，或者在当前文件空白处点击右键选择 Options 中相关选项，可以打开文档参数设置对话框，如图 11-3 所示。

该对话框有三个表单，分别为 Sheet Options、Parameters、Units。其中 Sheet Options 为图纸选项设置，Parameters 为文档参数设置，Units 为单位制式选择。下面分别说明。

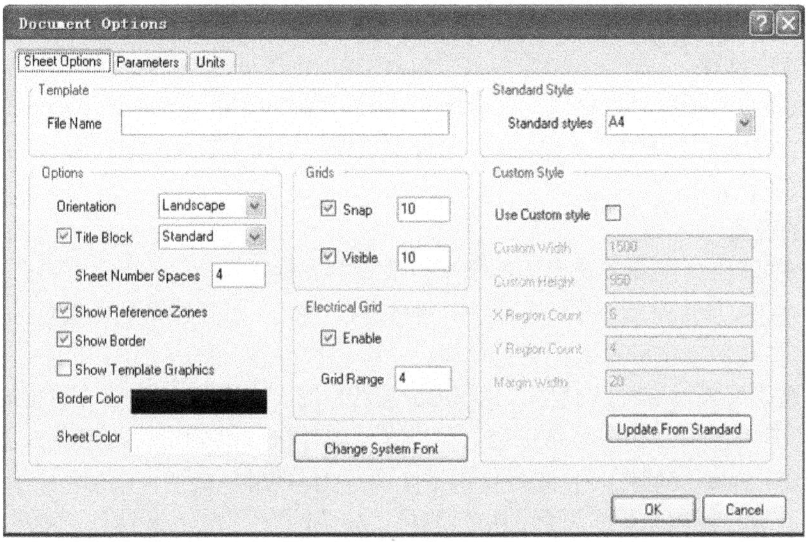

图 11-3 图纸设置对话框

11.3.1 图纸选项设置

图纸选项包括图纸大小设置、图纸方向和标题设置、图纸颜色设置、图纸字体设置以及网格和光标设置。

1. 图纸大小设置

图纸大小可以选择标准图纸，也可自定义图纸。在图 11-3 中的 Standard styles 下拉列表中提供了 18 种标准图纸供选择，如下所示。

公制：A0，A1，A2，A3，A4

英制：A，B，C，D，E

Orcad 图纸：Orcad A，OrcadB，Orcad C，Orcad D，Orcad E

其他类型：Letter，Legal，Tabloid

如果要自定义图纸大小，选择 Use Custom style 复选按钮，则下面的图纸定义栏被激活。它们分别是自定义图纸宽度（Custom Width）、自定义图纸高度（Custom Height）、X 轴参考坐标分格（X Region Count）、Y 轴参考坐标分格（Y Region Count）、边框宽度（Margin Width）。通过设置这些参数可以得到任意大小的图纸。

2. 图纸方向选择

在 Orientation 下拉菜单中选择 Landscape，则图纸在显示和打印时为横向格式，如果选择 Portrait，则为纵向格式。

3. 选项(Options)设置

单击选中 Title Block 前的复选框，则在图纸中显示标题栏，否则，图纸中不显示标题栏。

标题栏有两种定义好的类型，分别是 Standard（标准型）和 ANSI（美国国家标准协会模式），可以在 Title Block 右边的下拉列表中选取。

Show Reference Zones 复选框用来设置边框中的参考坐标，如果选择该复选框，则显示参考坐标，否则不显示参考坐标。在不显示参考坐标的情况下，图纸的可用面积较大。

Show Border 复选框用来设置是否显示图纸边框，如果选择，则显示边框，否则不显示。

Show Template Graphics 复选框主要设置是否显示画在样板内的图形、文字以及专用字符串等。通常为了显示自定义的标题或公司商标之类才选中该复选框。

4. 图纸颜色设置

图纸颜色设置包括图纸边框色（Border Color）和图纸底色（Sheet Color）的设置。默认状态下，边框色为黑色，底色为白色。在颜色框上用鼠标单击，将弹出颜色选择（Choose Color）对话框，可以进行颜色的选择。

5. 网格的设置

原理图上的网格为准确放置元器件带来了极大的方便。

在 Grids 栏中，Visible 复选框是对显示网格进行设置。如果选择该复选框，则网格可见，否则不可见。右边的文本框设置网格的间距。

Snap 复选框用来设置跳跃网格，当 Snap 被选中时，光标将以右边文本框内的数值为单位移动。当所有的定位点都在网格上时，可以对元器件进行准确定位，避免人工误差引起的错误。当不选择 Snap 复选框时，光标将以 1 个像素为单位移动。

Electrical Grids 栏用来设置图纸的电气网格。如果选取了 Enable 选项，则电气网格有效。Grid Range 右边的文本框中的数字用来定义电气节点的搜索半径。此时，在图纸中放置元器件或其他对象时，光标以所在的位置为圆心，以 Grid Range 中定义的距离为半径，自动向四周搜索电气节点。如果搜索到了电气节点，光标会自动移动到该节点上，并显示一个圆点。

以上三种网格是独立的，可以定义不同的距离。只有 Visible 定义的网格是可见的，而 Snap 和 Electrical Grids 定义的网格不可见。Snap 和 Electrical Grids 网格距离要合适，过小，起不到辅助定位的作用；过大，则给光标的精确定位带来不便。初学者在绘制原理图时，往往会因为 Snap 或 Electrical Grids 的网格距离过大，使鼠标总是到不了预想的位置。

更详细的网格设置见系统参数设置部分。

6. 字体设置

在绘制原理图时，常常需要插入很多文字，如果在插入文字时不单独修改字体，则系统使用默认字体。单击 Change System Font 按钮，系统将打开"字体设置"对话框，此时就可以设置系统默认的字体格式。

11.3.2 文档参数设置

文档参数是图纸设计的一些相关信息，比如设计公司名称、地址、图样编号、标题等。这些信息可以在标题栏中显示出来，因此文档参数的设置实际就是标题栏的设置。系统提供的文档参数如下。

Address1，Address2，Address3：设计公司或设计单位地址。

ApprovedBy：批准者或单位名称。

Author：设计者的姓名。

CheckedBy：审核者的姓名。

CompanyName：设计公司或设计单位的名称。

CurrentDate：当前的日期。

CurrentTime：当前的时间。

Date：日期。

DocumentFullPathAndName：文件名和完整的保存路径。

DocumentName：文件名。

DocumentNumber：文件数量。

DrawnBy：绘图人的姓名。
Engineer：工程师姓名。
ModifiedDate：修改日期。
Organization：设计机构名称。
Revision：版本号。
Rule：规则信息。
SheetNumber：本图编号。
SheetTotal：原理图总数。
Time：时间。
Title：原理图的标题。

Document Options 对话框中选择 Parameters 选项，则可以分别设置文档各个参数的属性，如图 11-4 所示。每一个文档参数包含名称（Name）、值（Value）和类型（Type）三部分，相当于编程语言中的变量。文档参数的类型包括字符型（String）、布尔型（Boolean）、整型（Integer）和浮点型（Float）。

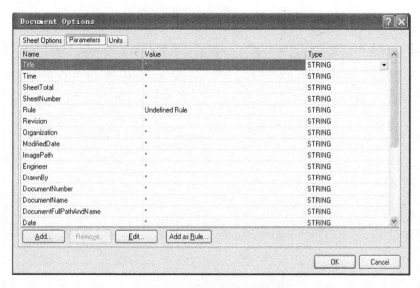

图 11-4　文档选项对话框

使用 Add（增加）按钮可以向列表中添加新的参数属性。使用 Remove 按钮可以从列表中移去一个参数属性，使用 Edit 按钮可以编辑一个已经存在的属性。在编辑属性时，除了可以修改 Value 值以外，还可以修改位置信息、颜色、字体等属性，如图 11-5 所示。系统中的文档参数在编辑时是不能修改名称的，而自定义的参数则可以。

11.3.3　单位设置

选择 Document Options 对话框中的 Units 选项，可以进行单位的选择，如图 11-6 所示。Protel 中可以使用两种单位制：英制（Imperial Unit System）和米制（Metric Unit System）。通过选择前面的单选框可以决定使用英制还是米制。选择完单位制后，通过下面的下拉列表可以选择使用的具体单位。在英制（Imperial Unit）中可以选择 Mils（密尔）、Inches（英寸）、DXP Default（DXP 默认）或 Auto-Imperial（自动英制单位）。在米制单位制中可选择 Millimeters（毫米）、Centimeters（厘米）、Meters（米）、Auto-Metric（自动米制单位）。

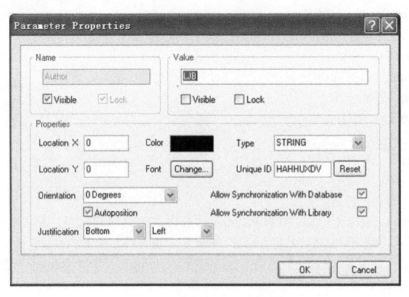

图 11-5　参数属性设置对话框

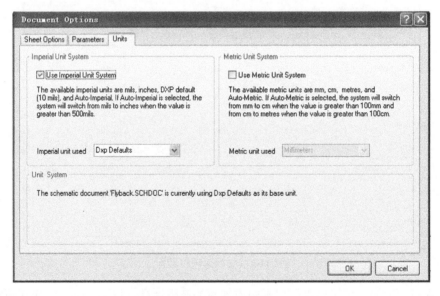

图 11-6　单位设置

11.4　原理图设计环境介绍

11.4.1　菜单介绍

原理图设计环境如图 11-2 所示。10.3 节已经较为详细地介绍过 Protel 2004 的设计环境，原理图设计界面基本类似，就是多了几项菜单和工具。下面重点介绍这些新增加的菜单和工具栏。

1．Place 菜单

Place 菜单在原理图设计中主要用来向图纸中放置原理图的组成元素，如元器件、导线、字符等，如图 11-7 所示。

Bus：用于放置总线元素，包括地址总线、数据总线和控制总线等。
Bus Entry：用于放置总线入口，层次化图纸之间的总线连接。
Part：放置元器件，如电阻、电容、芯片等。
Manual Junction：手动放置交叉连接点。
Power Port：用于放置各种电源和地线。
Wire：用于放置导线，连接各元器件。
Net Label：用于放置网络标号。网络标号是用来标识连接在一起的元器件和导线。
Port：用于放置端口。端口是原理图模块化或层次化设计时各图纸间的电气连接的入口。
Off Sheet Connector：放置母图和子图之间的连接。
Sheet Symbol：用于放置电路方块图。方块图是设计者定义的一个复杂元件，该元件在图纸上用简单的方块图来表示，但其内部的组成和连接由另外一张原理图来描述。
Add Sheet Entry：放置方块图端口。
Directives：用于放置探针、信号源和电气检查节点等。
Text String：用于在原理图中放置文字。
Text Frame：用于放置文本框。
Drawing Tools：用于放置画图工具。这些画图工具所绘制的图形并不具备电气特性。
Notes：用于放置说明性的符号，包括文字和图形。

2. Design 菜单

进行一些特有的操作，如图 11-8 所示。

图 11-7　Place 菜单

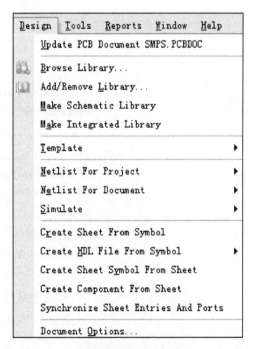

图 11-8　Design 菜单

Browse Library：浏览原理图元件库。
Add/Remove Library：添加删除元件库。
Make Schematic Library：将当前工程中的元件制作成一个原理图元器件库，供在后面的设计中使用。

　　Make Integrated Library：将当前工程中的元件制作成一个集成元器件库。集成元器件库既包含元器件的原理图库，也包含封装库。

　　Template：进行模板操作。

　　Netlist For Document：生成当前文档的网表。

　　Simulate：仿真操作。

　　Create Sheet From Symbol：用于从符号生成图纸信息。

　　Create HDL File From Symbol：用于从符号生成 HDL 文件。

　　Create Sheet Symbol From Sheet：用于从图纸生成符号文件。

　　Create Component From Sheet：用于从图纸生成元器件。

　　Synchronize Sheet Entries And Ports：同步图纸入口和端口。

　　Document Options：对当前原理图文件进行参数设置。

3. Tools 菜单

　　Tools 菜单用于在原理图设计中加入一些特殊的功能操作，如图 11-9 所示。

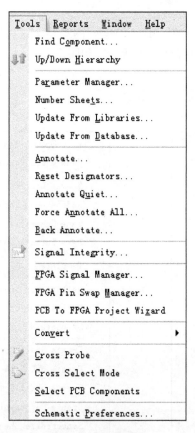

图 11-9　Tools 菜单

　　Find Component：用于查找元器件，其功能类似于 Design/Browse Library 子菜单。

　　Up/Down Hierarchy：用于上下移动当前的原理图图纸的叠放位置。

　　Paramter Manager：用于对当前文件的元器件的参数的管理。

　　Number Sheets：给当前工程文件中的原理图文件进行编号。

　　Update From Library：根据库更新当前文件。

Update From Database：根据数据库更新当前文件。
Annotate：对当前文件的元器件编号进行标识。
Reset Designators：对当前文件中元器件标号进行复位。
Annotate Quiet：对当前文件的元器件编号进行静态标识，所谓静态标识就是无须打开对话框，系统即可执行该操作。
Force Annotate All：对元器件进行强制标号。
Back Annotate：备份元器件编号。
Signal Integrity：信号集成设置，用于系统仿真。
FPGA Signal Manager：FPGA 信号管理。
FPGA Pin Swap Manager: FPGA 引脚定义管理。
PCB To FPGA Project Wizard：创建 FPGA 工程向导。
Convert：进行相关的转换操作，包括元器件和原理图的转换，FPGA 和 VHDL 文件之间的转换。
Cross Probe：在原理图中放置交叉探针。
Cross Select Mode：交叉选择模式。
Select PCB Componets：选择 PCB 元件。
Schematic Preferences：对原理图的设计环境进行设置。

4. Reports 菜单

Reports 菜单用于输出原理图中的各种信息，如图 11-10 所示。

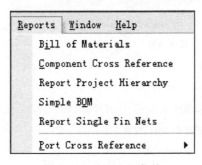

图 11-10 Reports 菜单

Bill of Materials：输出原理图中的元器件清单。
Component Cross Reference：输出原理图中器件连接情况清单。
Report Project Hierarchy：输出工程中图纸的层次信息。
Simple BOM：输出简单的元件清单信息。
Report Single Pin Nets：输出简单的引脚网络连接信息。
Port Cross Reference：输出原理图中端口连接信息。

11.4.2 工具栏介绍

原理图绘制界面下的工具栏主要有 Formatting(格式工具栏)、混合信号 Mixed Sim（仿真工具栏）、Navigation（导航工具栏）、Schematic Standard（原理图标准工具栏）、Utilities（实用工具栏）和 Wiring（布线工具栏）。通过 View/Toolbars 菜单可以打开或关闭这些工具栏，如图 11-11 所示。工具栏中每一个工具按钮的功能一般都有菜单功能与其对应，但工具栏使用更加方便快捷，能有效地提高工作效率。

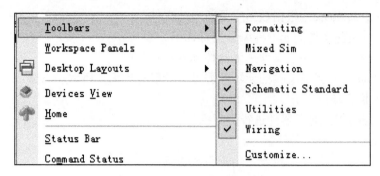

图 11-11 工具栏的打开和关闭

标准工具栏如图 11-12 所示，主要用于对文件的操作，以及主要的编辑操作。

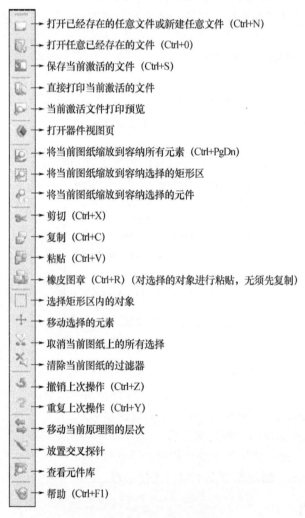

图 11-12 标准工具栏

布线工具栏用于原理图连接相关的操作，如图 11-13 所示。

实用工具栏与其他工具栏不同，如图 11-14 所示。每一个工具按钮有多个子菜单选项，包括绘图子菜单、元件位置排列子菜单、电源及接地子菜单、常用元件子菜单、信号仿真源子菜单、网格设置子菜单。绘图子菜单为各种绘图工具，包括绘制直线、多边形、椭圆圆弧、贝塞尔曲线、文字标注、文本框、矩形、圆角矩形、椭圆、饼图，另外还有从文件中打开图片、阵列粘贴图片工具。

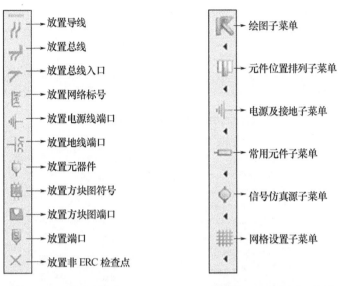

图 11-13　布线工具栏　　　　　　图 11-14　实用工具栏

混合信号仿真工具栏如图 11-15 所示，从左到右分别为运行混合信号仿真、建立混合信号仿真和生成 XSPICE 网表。

格式工具栏如图 11-16 所示，从左到右分别为对象的线条颜色、填充颜色、字体和字号。点击右边的黑色小三角形可以进行选项的选择，点击右边的"…"符号可以打开颜色选择对话框。通常情况下，该工具栏处于灰白的无效状态。当选择到不同的对象时，该工具栏的激活状态也不相同。比如，如果选择了导线，则线条颜色工具被激活，而填充颜色处于无效状态。当选择对象为矩形时，则二者都被激活。如果选择对象为文字时，则字体和字号工具被激活。

 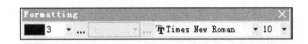

图 11-15　混合信号仿真工具栏　　　　图 11-16　格式工具栏

导航工具栏如图 11-17 所示。左边地址栏为当前打开文件的保存地址、文件名以及相关的文件信息。右边的左右箭头可以前后选择曾经打开过的文件。最右边分别为网站主页地址和收藏夹。该工具栏给不同文件之间的切换提供了快速方法。

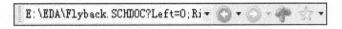

图 11-17　导航工具栏

以上简单地介绍了在原理图编辑环境下的工具栏，其具体使用方法将在后面介绍原理图绘制时详细具体讲解，此节只需要用户掌握每个工具栏的意义即可。熟练使用工具栏可以大大提高工作效率。菜单操作需要几步才能完成的任务，利用工具栏只需一步即可。很多菜单操作都有相应的工具按钮，在该菜单前面显示了对应的工具栏按钮，如图 11-7 所示。

11.5 环境参数设置

通过菜单 Tools/Schematic Preferences 命令可以打开原理图的环境参数设置，如图 11-18 所示。选项比较多，下面将其中常用的一些选项进行介绍。有些要到后面才能理解，在此也一并介绍。

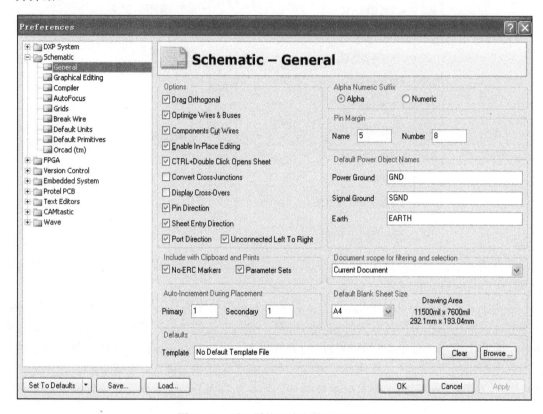

图 11-18 原理图的环境参数设置界面

1. Genaral 选项

本选项用于设置诸如器件引脚外观、走线转角样式、是否允许自动放置电气连接点，以及定义默认电源对象名称和在创建新原理图文件时可用的默认模板等。

(1) Options 选项组。设置绘图的某些自动操作项，其主要选项如下。

直角拖动（Drag Orthogonal）：选中该选项后，在绘图过程中拖动元器件或其他对象时，与之连接的导线将始终保持与屏幕坐标的正交（与拖动方向平行或垂直）关系。若取消，拖动时，导线将以任意角度保持原有的连接关系。

优化导线或总线连接（Optimize Wires and Buses）：选中此选项后，两根独立的导线或总线连接在一起时，自动地结合为一根导线。

元器件自动切割导线（Component Cuts Wires）：当选择了 Optimize Wires and Buses 选项时，此选择才可用。若选择此选项，当将一个元器件的两个管脚放置到一根导线上时，导线被切割成两段，并分别与元器件的两个管脚相连接。

允许直接编辑（Enable In-Place Editing）：当选中此复选框时，用户可以对插入的连接对象实现现场编辑。

按下 Ctrl 键的同时双击鼠标打开页面（CTRL+Double-Click to Open Sheet）：选择此选项时，在绘制层次电路原理图的过程中，在按下 Ctrl 键的同时双击原理图中的方框图即可打开相应的电路模块原理图。

转换交叉点（Convert Cross-Junction）：选择此选项后，向三根导线的交叉处再添加一根导线时，系统自动将四条导线的连接形式转换成两个三线的连接，以保证四条导线之间在电气上是连通的。如果没有选择此选项，则会形成两条交叉的导线，并且没有电气连接，但可以通过放置手动节点将其连通。

显示交叉点（Display Cross-Overs）：选择此选项，则在无连接的十字相交处显示一个圆弧，以明确指出两条导线之间不具有电气上的连接。

显示管脚方向（Pin Direction）：选择该选项，系统在元器件的管脚处用三角箭头指出管脚的输入输出方向。

显示方框图入口方向（Sheet Entry Direction）：选择该选项后，层次原理图入口的方向特性会显示出来，否则只显示入口的基本形状，即双向显示。

显示端口方向（Port Direction）：选择该选项后，端口的输入、输出属性被显示出来；否则为双向显示。同 Sheet Entry Direction 选项类似。

未连接端口显示为从左到右的方向（Unconnected Left to Right）：在 Port Direction 选项选中的条件下，本选项可用。选中本选项时，未连接的端口一律显示为从左到右的方向（相当于"Right"风格）。

(2) 字母数字后缀设置（Alpha Numeric Suffix）。用于设置当一个器件包含多个部分时，定义每个部分序号的形式。

Alpha：字母后缀，如图 11-19（a）所示。

Numeric：数字后缀，如图 11-19（b）所示。

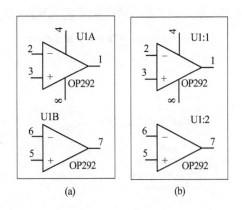

图 11-19 字母数字后缀

(3) 引脚标注边界设置（Pin Margin）。用来设置电路中元器件的引脚名称和引脚序号离边界（元件主图形）的距离。

Name：在该文本框中输入值，可以设置引脚名称离元件边界的距离。

Number：在该文本框中输入值，可以设置引脚序号离元件边界的距离。

(4) 默认电源对象名称设置（Default Power Object Names）。用来为不同类型电源端口设置默认的网络名。对于这些特定的电源端口，在绘制的原理图中不显示它们的网络名。

Power Gound：用来设置电源地的名称。

Signal Gound：用来设置信号地的名称。

Earth：用来设置参考大地的名称。

(5) 剪贴板和打印包含设置（Include with Clipboard and Prints）。用来设置粘贴和打印时，是否将红色标出的 NO ERC 和设置对象的参数包含在打印输出对象中或是复制到剪贴板中。

No ERC Markers：当选中该选项时，则复制设置对象到剪贴板或打印时，会包含非 ERC 标记。

Parameter Sets：当选中该选项时，则复制设置对象到剪贴板或打印时，会包含参数集。

(6) 过滤与选择范围设置（Document scope for filtering and selection）。通常过滤与选择操作的范围是当前文档（Current Document），用户可以选择使这个范围扩到当前所有打开的文档（Open Documents）。

(7) 放置元件时的自动增量设置（Auto-Increment During Placement）。用来设置放置元件时，元件编号、元件引脚号或所有与网络有关的标号（网络标号、端口标号、电源端口等）自动增量大小。

Primary：设置该项数值后，则在放置元件时，元件号按设置的值自动增加。

Secondary：该选项在编辑元件库时有效，设置该项数值后，在编辑元件库时，放置的引脚号会按照设定的值自动增加。

(8) 默认空白原理图纸大小设置（Default Blank Sheet Size）。用户可以在其下拉列表中选择，在下一次新建原理图时，就会取所选择默认图纸大小。

(9) 默认模板文件设置（Default Template Name）。当设置了该文件后，下次进行新的原理图设计时，就会调用该模板文件来设置新文件的环境变量。单击 Browse 按钮可以从一个对话框中选择模板文件，单击 Clear 按钮则清除模板文件。

2. 图形编辑环境设置(Graphical Editing)

设置与图形编辑有关的参数，如图 11-20 所示。

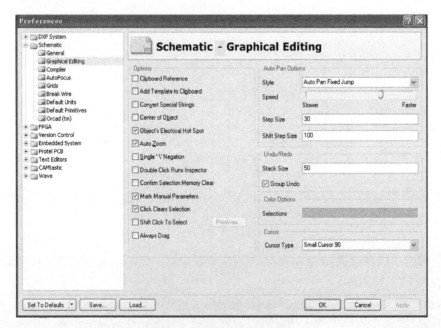

图 11-20　图形编辑参数设置

(1) Options：设置图形编辑环境的基本参数。

剪贴板参考点（Clipboard Reference）：当选中此复选框时，在用户执行复制（Copy）或剪贴（Cut）命令时，系统提示确定一个参考点。这对于一个将要粘贴回原来位置的原理图部分时很重要，该参考点将是粘贴时被保留的点。

添加模板到剪贴板（Add Template to Clipboard）：当选中此选项时，包含图形边界、标题栏和任何附加图形的当前页面模板在使用复制或剪贴命令时，将被复制到剪贴板，以保持环境的一致性。

转换特殊字符串（Convert Special Strings）：如选中此选项，在工作区中放置特定字符串时，将会转换成显示它们实际表示的意义。如放置字符串"Date"时，将会显示系统当前的日期。

对象中心（Center of Object）：如选中此选项，可以使对象通过它的参考点（对象具有参考点时）或图形中心进行移动或拖动。即移动或拖动对象时，鼠标光标跳转到对象的参考点或中心点。

对象电气热点（Object's Electrical Hot Spot）：如选中此选项，在移动或拖动对象时，将使对象通过与对象最近的电气节点进行移动或拖动。即鼠标光标将跳到该对象最近的电气节点，例如引脚的端点；否则光标停留在对象的左键点击处。

自动缩放（Auto Zoom）：选中该选项，在插入元件时可以自动实现缩放。

字符串非（Single'\'Negation）：选中该选项时，可以以"\"表示某字符为非或负。

双击激活检查器（Double Click Runs Inspector）：选中该选项时，则在一个设计对象上双击鼠标时，将会激活一个 Inspector（检查器）对话框，而不是"对象属性"对话框。

保存对象选择状态（Confirm Selection Memory Clear）：选中该选项时，选择集存储空间可以用于保存一组对象的选择状态。

显示点参数（Mark Manual Parameters）：当用一个点来显示的参数时，这个点表示自动定位已经被关闭，并且这些参数被移动或旋转。选择该选项，显示这种点。

单击清除选中（Click Clears Selection）：选中该选项，用鼠标单击原理图中的任何位置就可以取消设计对象的选中状态。

Shift 键选择（Shift Click To Select）：选中该选项，必须使用 Shift 键，同时使用鼠标才能选中对象。

一直拖曳（Always Drag）：选中该选项，总是使用拖曳方式。

(2) 自动平移选项（Auto Pan Options）。用于设置平移图形的参数，具体有自动平移方式选择（Style）、自动平移速度设置（Speed）、自动平移步长（Step Size）和加速平移步长（Shift Step Size）等参数。当移动对象超出当前显示范围时，屏幕会自动滚动，即发生了自动平移。

自动平移方式（Style）：在下拉列表框中有三种选择。Auto Pan Off：关闭自动平移，此时屏幕不能自动滚动。Auto Pan Fixed Jump：当光标指向窗口边缘时，平移固定的距离。Auto Pan ReCenter：当光标指向窗口边缘时，光标位置变为屏幕中心。

自动平移速度（Speed）：可以通过标尺设置平移时图纸移动的速度。

自动平移步长（Step Size）：设置固定平移时，图纸一次移动的步长。

加速平移步长（Shift Step Size）：设置固定平移时，图纸加速移动的步长。当按住 Shift 键的同时自动平移时，图纸将以加速步长快速移动。

(3) 撤销/恢复次数参数设置（ Undo/Redo）。允许操作者设置撤销/恢复操作的次数。默认值为 50，即允许操作者按顺序恢复 50 次以前的操作。用户可以改变这个数值，数值越大，意味为保存撤销操作使用的内存空间越大。

(4) 颜色选项（Color Options）参数设置。用于设置所选择对象的颜色。通过单击颜色框，可以打开颜色选择对话框来选择颜色。

（5）光标设置（Cursor）。用于设置光标形式的类型。通过下拉列表可以设置四种光标：90°大光标（Large Cusor 90）、90°小光标（Small Cusor 90）、45°小光标（Small Cusor 45）和45°微小光标（Tiny Cusor 45）。

3. 组件默认参数设置(Default Primitive)

用于设置原理图对象默认状态的属性参数值，如走线宽度和圆的默认半径等，如图 11-21 所示。当对象放置在原理图中时，默认使用在此选项中设置的属性。当然，也可在放置对象时按 Tab 键修改这些已经设置的对象属性。但是，如果选中了 Permanent 选项的复选框，则默认属性在放置对象时不能修改。有以下几项设置。

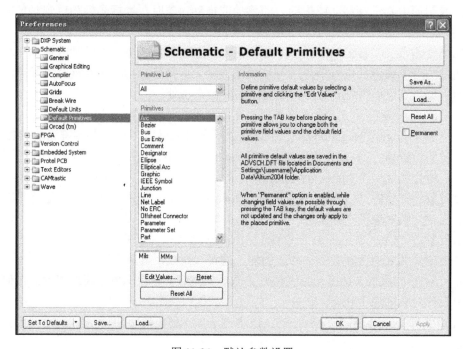

图 11-21 默认参数设置

Primitive List：选择默认值类别，包括 All（所有对象）、Wiring（电气连接线）、Drawing（非电气图形）、Sheet Symbol Fields（电路模块元件）、Library Part（元件库相关对象）和 Other（其他对象）共六个选择。

Primitive：选择默认值对象。在 Primitive List 列表中选择默认值类别后，在 Primitive 列表框中显示该类别的所有对象。在 Primitive 列表中选择所需设置的对象后双击鼠标，或者单击 Edit Values 按钮，则显示 Propertites 对话框，在其中可设置相关选项。单击 Reset 按钮，则将选择对象的属性恢复为默认值。

Save As：保存设置到某个配置文件.dft 中。

Load：从某个配置文件中加载以前的设置。

Reset All：恢复所有设置为系统默认值。

Permanent：使所有默认设置值保持固定。

例如，如果我们想设置导线的默认颜色，可以在 Primitive List 列表中选择 Wiring Objects，在 Primitive 列表中将显示所有跟绘图相关对象。我们选择其中的 Wire 选项进行设置，弹出的对话框如图 11-22 所示。在这个对话框中，我们可以对导线的颜色和线宽进行设置。

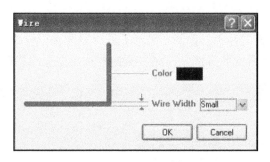

图 11-22　Wire 参数设置

11.6　元件库操作

11.6.1　元件库概述

Protel 2004 引入了集成库的概念，即一个元件同时包含了原理图库元件和 PCB 中使用的元件封装。因此在原理图中选择元器件就已经有了所需要的封装。Protel 2004 附带了 68000 多个元件的设计库。在设计绘制原理图时，需要在放置元件之前，添加包含这些元器件的元件库。但如果一次载入过多的元件库，将会占用较多的系统资源，降低应用程序的执行效率。所以，最好的做法是只载入必要而常用的元件库，其他特殊元件库在需要时再载入。

系统自带的库文件放置在 Protel 安装目录下的 Library 文件夹下。该文件夹下有很多以厂家命名的子文件夹，不同生产厂家的元器件被保存在相应的子文件夹中，如图 11-23 所示。而每个厂家的器件又以器件类别分类放置在不同库文件中。如在 Library 文件夹，IR 公司的器件放置在"International Rectifier"子文件夹中，打开该文件夹，有一个名为"IR Interface Bridge

图 11-23　系统元器件库

Driver"的库文件,该库文件包含有该公司桥式整流驱动芯片。在开关电源驱动电路中广泛使用的芯片 IR2110 就在该库文件中,如图 11-24 所示。根据这一规律,我们在查找库元件时,可以先根据厂商分类找到所在的文件夹,然后根据器件类型查找相应的库文件。

图 11-24 "IR Interface Bridge Driver"的库文件

在 Library 文件夹下,还有两个库文件 Miscellaneous Devices 和 Miscellaneous Connectors。其中,在库文件 Miscellaneous Devices 中包含了电阻、电容、电感等常用的元器件。而在库文件 Miscellaneous Connectors.IntLib 中包含了一些常用的接口元器件。这两个库文件不隶属任何公司,为系统的默认库文件。在不给系统添加任何库文件的条件下,这两个库文件作为默认库已经加载到系统中了。

单击操作界面右边的 Library 面板,将显示如图 11-25 所示的元件库浏览界面。上面的三个按钮功能分别为:

Library…:单击该按钮,打开对库文件的操作,如导入或者移除库文件。

Search…:单击该按钮,执行元器件的查找操作。

Place*:单击该按钮,可将当前选择的元器件放置到绘图区。"*"表示当前元器件名称。

第一个下拉列表框显示了当前导入的库文件列表,可以手动选择。下面的列表框供查询时输入通配符使用。默认情况下,只有一个"*",也就是显示当前库中的所有元件。

第三个文本框显示的是当前元件库中可供选择的元件列表,包括元件名称(Component Name)、描述(Description)、所在的库文件(Library)以及封装形式(Footprint)等信息。通过鼠标单击可以选择列表中的元器件。

第四个框显示的是当前选择的元器件的外观。

第五个列表框显示的是当前元件的模型列表,包括模型名称(Model Name)、模型类别(Type)和模型的来源(Source)等信息。

最下面显示的是当前元件的封装外观。

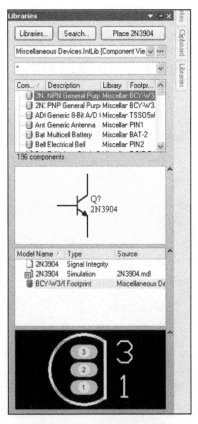

图 11-25　元件库浏览器

11.6.2　装载元件库

单击图 11-25 所示的元件浏览器上的 Library 按钮,或者选择菜单 Design/Add/Remove Library,出现如图 11-26 所示的对话框。在放置元件的过程中也可启动该对话框。有两个元件库已经加载到系统中了。该对话框有三个选项卡。

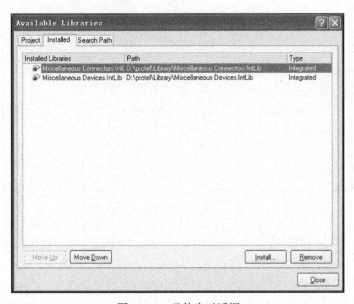

图 11-26　元件库对话框

Project：显示当前项目的 SCH 元件库。系统元件库在打开 Protel 后就自动装载了，可供所有的项目使用，在文件列表中没有显示。而项目元件库只供当前项目使用，在左边的文件列表中能显示。

Install：显示已经安装的 SCH 元件库，一般情况下，如果要装载或卸除外部的元件库，在该选项中实现。

Search Path：显示搜索路径，即如果在当前安装的元件库中没有需要的封装元件，则可以按照搜索的路径进行搜索。设定一个路径后，在该路径下的所有元件库都会显示在 Search Path 下的列表框中。

装载、卸载元件库的方法如下。

使用 Move Up 或 Move Down 按钮，可以将列表中选中的元件库上移或下移，以便在元件库管理器中显示在顶端还是在底端。

选中列表中某一个元件库后，单击 Remove 按钮，可将该元件库移去。

如果要添加一个新的元件库，则可以单击 Install 按钮，系统将弹出一个对话框，用户可以在该对话框中选取要装载的元件库。

单击 Close 按钮，完成该元件库的装载和卸载操作。元件库的详细列表将按以上顺序显示在元件库浏览器中。

11.6.3 查找元件

如果不知道所需的元件在哪个元件库中，则可执行查找元件的操作。单击元件库管理器中的 Search 按钮，系统将弹出如图 11-27 所示的元件查找对话框。或者执行菜单 Tools/Find Component 命令，也可弹出该对话框。在该对话框中，可以设定查找对象和查找范围。该对话框的使用操作方法如下。

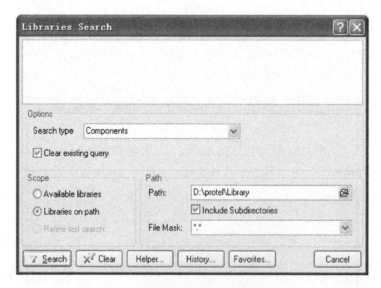

图 11-27 查找元件对话框

(1) Scope：用来设置查找范围。当选中 Available Libraries 时，则在已经装载的元件库中查找。当选中 Libraries on Path 时，则在指定的目录中查找。

(2) Path：用来设定查找对象的路径。该操作框的设置只在选中 Libraries on Path 时才有效。Path 文本框中设置查找的目录，可以直接输入路径，也可以单击右边的图标选择路径。

若选中 Include Subdirectories 复选框，则指定目录中的子目录也进行搜索。File Mask 可以设定查找对象的文件匹配域，"*"表示匹配任何字符串。

(3) Options：设定需要查找对象的类型。在 Search Type 下拉列表可以选择查找对象的模型类别，如元件库（Components）、封装库（Protel Footprints）或 3D 模型库（3D Models）。Clear existing query 复选框表示是否清除当前存在的查询。

(4) 空白文本框：最上面的空白文本框中可以输入需要查询的元件或封装名称。可以使用通配符。如"*2110*"，表示查找包含"2110"字符的元件名称。

单击 Search 按钮，Protel 就会在指定的目录中进行搜索。在所搜过程中，图 11-27 所示的对话框暂时隐藏，而图 11-25 中的 Search 按钮会变成 Stop 按钮。如果需要停止搜索，则可以按 Stop 按钮。

找到元件后，系统会在如图 11-28 所示的对话框中显示结果。在元件库列表中显示的是 Query Results（查询结果），在元件列表中显示查找到的所有元件列表。本例中查找到"IR2110"、"IR2110-1"、"IR2110-2"和"IR2110S"四个元件，它们的名称都包含字符"2110"。此时，单击右上角的 Place 按钮，可直接将所查找到的元件放置到图纸中。如果该元件库还没有加载，系统会显示是否将该元件库载入的对话框，执行"是"即可将该元件库加载到系统中。

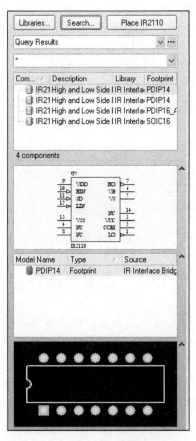

图 11-28　查找结果

至此，绘制原理图的准备性工作已经完成了，下面就可以开始绘制原理图了。这方面内容将在下一章详细介绍。其实读者也可跳过本章，直接学习下一章，在遇到困难时，再回过头来查看相关的内容即可。

第 12 章 绘制原理图

在前面的章节中介绍了绘制原理图的基础知识，已经为原理图的绘制做好准备工作了，本章就要正式绘制原理图了。本章以图 12-1 所示的电路图为例介绍原理图的绘制方法。

绘制原理图，首先要将元器件放置到图纸上，然后进行必要的排列，使整张原理图布局合理、美观；还要对原理图中的元器件的参数进行一些必要的设置；最后将各元器件按电气特性用导线连接起来，并增添一些说明性的文字和图形，以增强图纸的可阅读性。因此绘制原理图可分为放置元件、元件位置的调整、元件的编辑、原理图的连线以及绘制图形等操作。下面分别介绍。

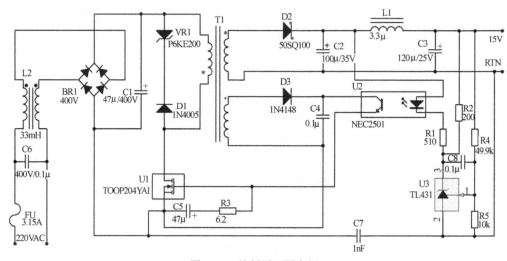

图 12-1　绘制原理图实例

12.1　放置元器件

绘制原理图，首先就是进行元器件的放置。在放置元件时，设计者必须知道元件所在的库，并将其所在的库加载到当前的设计管理器中。下面的介绍均假设所需的元件库均已导入到系统中。如果现有的元件库中没有所需的元件，或者无法找到该元件在哪个元件库，就需要自己设计库元件。设计库元件的方法将在后面的章节中介绍。

放置元器件就是将原理图中所涉及到的元器件，从元件库中找到，并放置到原理图图纸上。放置元器件有三种方法：通过放置元件对话框、通过元件库浏览器和通过工具栏。在绘制原理图时，可以先将元器件找到，放置到图纸上，此时先不用管元件编号属性和位置，待所有元件均放置完毕后，再分别调整。

12.1.1　通过放置元件对话框放置元件

通过菜单 Place/Part 命令，或者在原理图空白处单击鼠标右键选择 Place/Part 命令，或者直接单击布线工具栏上的 按钮，打开如图 12-2 所示的放置元件对话框。

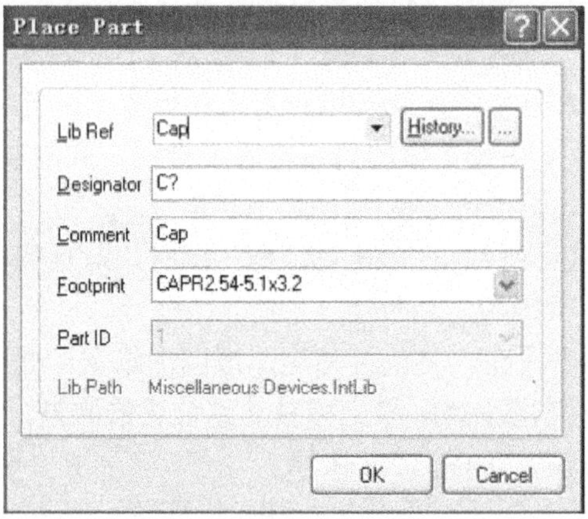

图 12-2 放置元件对话框

该对话框下端显示了当前的元件库名称，可以通过该对话框直接选择该元件库中的元件。如果知道元件的确切名称，就可直接在图 12-2 的对话框中选择元器件。在 Lib Ref 栏中填写元器件所在元件库的名称，在 Designator 栏中填写即将放置的元器件在原理图中的标号，在 Comment 栏中填写元器件的注释信息，在 Footprint 栏中填写将放置元器件的封装代号。如果元件由多个子模块集成，可以在 Part ID 下拉列表中选择需要放置的模块。

Lib Ref 下拉列表中保存了曾经放置元器件的历史记录，如果重复放置同一种元件，也可在下拉列表中选择，或者单击 History 按钮选择，而不用重复输入元件名。

但是，通常情况下我们所需的元件不一定在默认元件库中，我们也不一定知道元件的确切信息，这就需要选择元件库和查看元件。

如果元件所在的元件库不是默认的元件库，就需要选择元件库。单击图 12-2 右上角的 按钮可以打开如图 12-3 所示的浏览元件库对话框。对话框中的 Libraries 下拉列表中有已经导

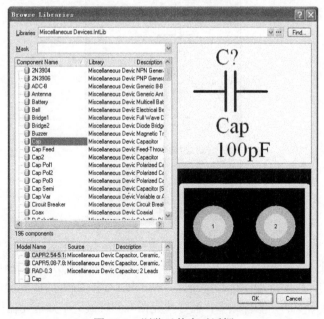

图 12-3 浏览元件库对话框

165

入的所有元件库，用户可以通过下拉列表选择。或者单击浏览按钮加载新的元器件库。同时用户也可以单击 Find 按钮打开查找对话框查找元件。加载元件库和查找元件的具体操作参见前面章节的相关内容。

选择了元件库后，在图 12-3 中，就可以查看该元件库中的元器件。在 Component Name 列表中选择自己需要的元件，在预览框中可以查看元件图形和封装。

这里我们选择库文件 Miscellaneous Devices.IntLib 中的 Cap（电容）元件，单击 OK 按钮，回到 Place Part 对话框。此时，对话框中包含了元器件的相关信息，如图 12-2 所示。

单击 Place Part 中的 OK 按钮，将鼠标移至原理图图纸上，此时就会出现元器件的虚影跟随光标移动，将光标移动到合适的地方，单击鼠标左键，完成元件的放置，如图 12-4 所示。

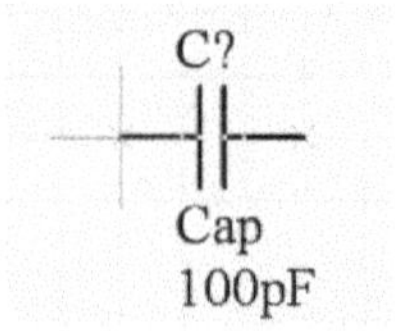

图 12-4 放置元器件

放置一个元件之后，系统会再次弹出 Place Part 对话框，等待输入新的元件。如果还要继续放置相同形式的元件，就直接单击 OK 按钮，新出现的元件符号会依照元件封装自动地增加流水序号。如果不再放置新的元件，可直接单击 Cancel 按钮关闭对话框。

12.1.2 通过元件管理器放置元件

在原理图编辑界面下，单击工作面板标签中的 Libraries 项，或者将鼠标在该面板标签上放置片刻，就可以打开如图 12-5 所示的元件管理器。

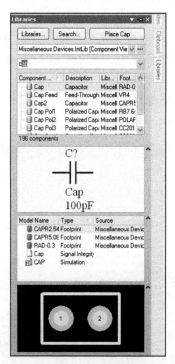

图 12-5 元件管理器

在单击库文件下拉列表中的下三角按钮，在下拉列表中选择 Miscellaneous Devices.IntLib 元件库，找到要放置的元件，单击鼠标左键选定，则可以看到元器件的原理图符号预览和 PCB 封装预览。如果元器件库中的元器件太多，而寻找元器件的时候又不知道元器件的确切名称，可以在关键字过滤栏中输入要找元件的关键字，则在列表中只会显示与关键字相关的元器件，从而缩小查找范围。如图 12-5 所示，当输入关键字 C 后，列表框中只显示名称首字母为 C 的元件。

如果我们只知道要放置元器件的大概名称，但却不知道元器件在哪个元器件库中，就应该使用 Libraries 工作面板的查找功能，详细方法见前面相关章节。

找到元件以后，单击右上角的 Place 按钮，将光标移到原理图图纸上，此时就会出现元器件的虚影跟随光标移动，将光标移动到合适的地方，单击鼠标左键，完成元件的放置。当光标离开元件管理器面板时，面板会自动隐藏，为原理图的绘制提供了方便。需要再次放置元件时，可单击 Libraries 标签，或者将鼠标在该面板标签上放置片刻，就可以再次打开如图 12-5 所示的元件管理器。

12.1.3 通过工具栏放置元件

通过 Utilities 工具栏的常用元件子菜单也可以实现元件的放置。常用元件子菜单为用户提供了常用规格的电阻、电容、与非门和寄存器等元件，可以方便用户绘制这些元器件，如图 12-6 所示。放置这些元器件的操作与前面介绍的元件放置操作类似，只要选中了某元件后，可以使用鼠标进行放置操作。其操作过程比以上两种方法更加方便快捷。

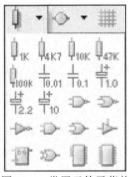

图 12-6 常用元件子菜单

通过以上方法，我们执行绘制图 12-1 的第一步，将元器件放置到图纸上如图 12-7 所示。需要注意的是，该原理图中大部分元器件均可在元件库 Miscellaneous Devices.IntLib 中找到，

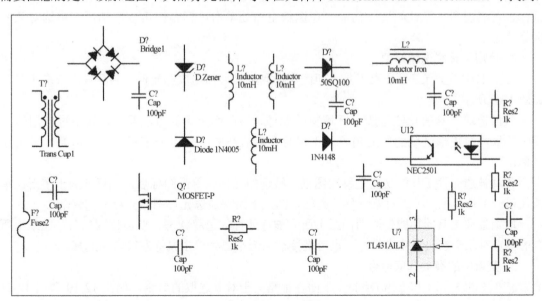

图 12-7 放置元器件

但有部分元器件不在该元件库中，需要执行元件查找操作。其中，图 12-1 中的变压器由于元件库中没有现成的元件，故使用三个电感来代替。而元件 U1 在库中也没有，暂时用一个场效应管模型来代替。在后面的章节中将介绍如何制作元件库。

另外，请大家记住几个常用的快捷键。在放置元件时单击鼠标左键之前，或者左键按住器件不放的条件下，单击 Space 键可以旋转器件，单击 X 键使器件左右翻转，单击 Y 键使器件上下翻转。通过这些快捷键，可以方便地调整器件的状态。

12.2 元件位置的调整

元件位置的调整就是利用各种命令将元件移动到工作平面上所需要的位置，并将元件旋转为所需要的方向。一般在放置元件时，每个元件的位置只是估计的，在进行元件连线前，还需要对元件的位置进行调整。元件位置对图纸的可读性影响非常关键。调整好元件的位置就是要使图纸排列紧凑、美观，便于连线和阅读。元件位置调整包括单个元件的位置调整和多个元件的调整。

12.2.1 元件的选取

在对元件进行调整前，首先需要进行对象的选取。对象选取的方法很多，最常用的有以下几种。

1. 直接选取对象

如果选取单个元件，直接用鼠标左键点击该元件即可，此时该元件出现绿色的虚线边框，表示已经被选中。

选择多个元件最简单、最常用的选取方法是直接在图纸上拖出一个矩形框，框内的元件全部被选中。具体方法是在图纸的合适位置按住鼠标左键，光标变成十字形，拖动光标至合适的位置，松开鼠标，即可将矩形区域内所有的元件选中。被选中的元件有一个蓝色或绿色的矩形框标志，表明该元件被选中，如图 12-8 所示。另外，按住 Shift 键，连续单击鼠标也可实现多个元件的选取功能。在图纸空白处单击鼠标左键可以取消所有被选对象的选择状态。

2. 使用工具栏选取对象

在主工具栏里有三个选取工具，即区域选取工具、移动被选元件工具和取消选取工具，如图 12-9 所示。

区域选取工具的功能是选中区域里的元件，与前面介绍的方法类似，只不过使用该工具时，只需在矩形区域的左上角点一下鼠标，然后在右下角点一下鼠标，不需要一直按住鼠标。

移动被选元件工具的功能是移动图纸上被选的元件。单击图标后，光标变成十字形，单击任何一个带虚框的被选对象，移动光标，图纸上所有被选元件都随光标一起移动。

取消选取工具的功能是取消图纸上所有被选元件的选取状态。单击该图标后，图纸上所有的被选对象全部取消被选状态。也可直接在图纸空白处单击鼠标左键取消选择。

3. 菜单中的有关选取命令

菜单 Edit/Select 和 Edit/Dselect 下面，都是关于对象选取的命令，如图 12-10 和图 12-11 所示。

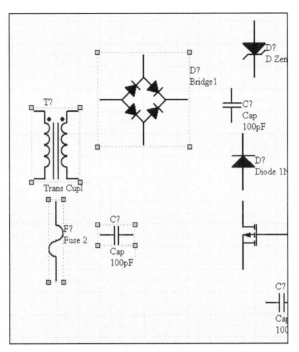

图 12-8　元件的选取

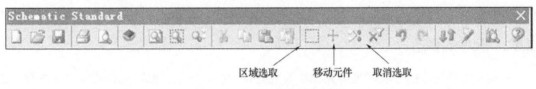

图 12-9　主工具栏的选取工具

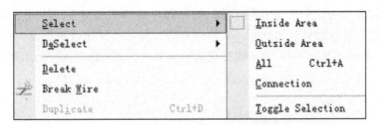

图 12-10　Edit/Select 菜单

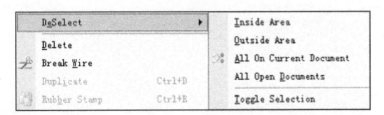

图 12-11　Edit/Dselect 菜单

在 Edit/Select 菜单下，有如下关于选择对象的子菜单。

Inside Area：用于选取区域内的元件。

Outside Area：用于选取区域外的元件。

All：用于选取当前图纸内的所有元件。

169

Connection：用于选取指定连接导线。执行该命令后，光标变成十字状，在某导线上单击鼠标，将该导线以及与该导线有连接关系的所有导线选中。此时，图纸自动放大到刚好显示完所选取的导线，而与该导线相连的元件出现白色边框，如图 12-12 所示。要取消选择状态，可以单击工具栏中的取消当前滤波器工具 。

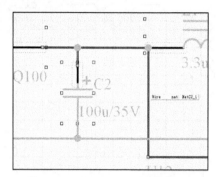

图 12-12　Connection 菜单的使用

Toggle Selection：切换选取。执行该命令后，光标变成十字状。在某一元件上单击鼠标，如果该元件以前被选中，则元件的选中状态被取消；如果该元件以前没有被选中，则该元件被选中。

在 Edit/Dselect 菜单下，是相应的取消选择的子菜单，基本上是以上菜单的逆操作，因此不再详细介绍。

12.2.2　元件的移动

移动元件最直接的方法就是将光标移动到元件中央，按住鼠标，元件周围出现虚框，拖动元件到合适的位置即可。也可先选择对象，然后用鼠标拖动对象到合适的位置。要同时移动多个元件，就必须先选中这些元件，然后拖动其中任何一个元件，就可将所选对象整体移动到合适的位置。其他对象，如线条、文字标注等，其移动操作方法类似。

菜单 Edit/Move 下有一些关于元件移动的子菜单命令，如图 12-13 所示，其功能介绍如下。

图 12-13　Move 菜单

Drag：用于拖动元件。用此命令移动元件时，元件上的所有连线也会跟着移动，不会断线。执行该命令前，不需要选取元件。执行该命令后，光标变成十字状，在需要拖动的元件上单击一下鼠标，元件就会跟着光标一起移动，将元件移动到合适的位置。再单击一下鼠标即可完成此元件的重新定位。

Move：用于移动元件。但它只移动元件，与元件相连接的导线不会随着一起移动，操作方法同 Drag 命令。

Move Selection 和 Drag Selection：与 Move 和 Drag 命令相似，只是它们移动的是选定元件，通常用于多个元件的移动操作。

Move To Front：在最上层移动元件，它的功能是移动元件，并且将它放在重叠零件的最上层，操作方法同 Drag 命令。

Rotate Selection：将选中的元件进行逆时针旋转。

Rotate Selection Clockwise:将选中的元件进行顺时针旋转。

Bring To Front：将元件移动到重叠元件的最上层。执行该命令后，光标变成十字状，单击需要层移的元件，该元件立即被移动到重叠元件的最上层。

Send To Back：将元件移动到重叠元件的最下层。

Bring To Front Of：将元件移动到某元件的上层。执行该命令后，光标变成十字状，单击要层移的元件，该元件暂时消失，光标还是十字状，选择参考元件，单击鼠标，原先暂时消失的元件重新出现，并被置于参考元件的上面。

Bring To Back Of：将元件移动到某元件的下层，操作方法同 Bring To Front Of。

其他命令主要用于方块电路图的移动操作，将在后面层次原理图的绘制中介绍。

12.2.3 元件的排列和对齐

元件位置的调整操作一般使用 12.2.2 节所介绍的方法。在菜单 Edit/Align 下，有一系列的元件排列和对齐命令，如图 12-14 所示。这些菜单命令为多个元件的位置调整提供了更加高效的方法。这些菜单的使用方法都类似，即先选择要操作的对象，然后执行这些菜单命令，即可完成操作。

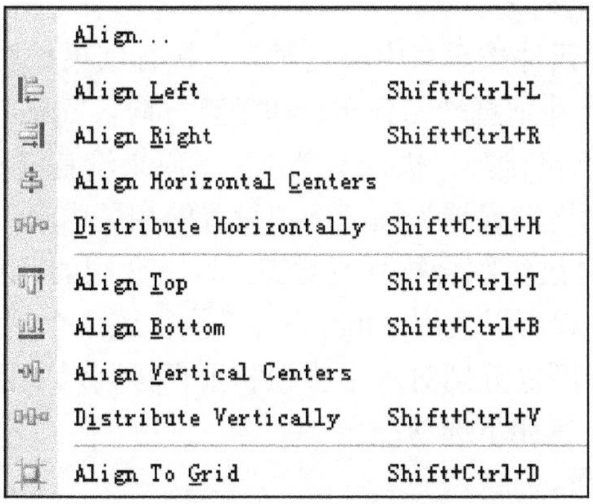

图 12-14　Align 菜单

Align Left：元件左对齐。图 12-8 中所选元件执行本菜单操作后，结果如图 12-15 所示。

Align Right：元件右对齐。

Align Horizontal Centers：元件按水平中心线对齐，执行结果如图 12-16 所示。

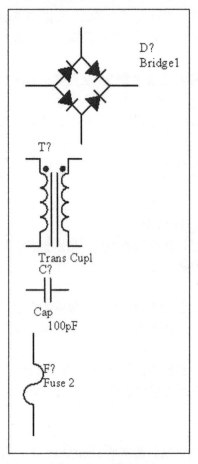

图 12-15 元件左对齐　　　　　　　　图 12-16 元件居中对齐

Distribute Horizontally：元件水平平铺，即水平方向等间距排列。

Align Top：元件顶端对齐。

Align Bottom：元件底端对齐。

Align Vertical Centers：元件按垂直中心线对齐，执行结果如图 12-17 所示。

Distribute Vertically：元件垂直均匀分布，即垂直方向等间距排列。

Align to Grid：元件沿网格排列，执行本操作后，原来没有沿网格放置的元件自动调整到沿最近的网格排列。关于网格的设置见图纸选项设置的相关内容。

Align：对所选元件同时进行综合排列或对齐。以上介绍的几种方法只能执行一种操作，如果要同时执行多种操作，就可以使用 Align 命令。执行该命令后，系统打开如图 12-18 所示的 Align Objects 对话框，可以分别对水平排列和垂直排列以及沿网格操作进行选择。对于 Horizontal Alignment 设置，有如下选项：

No Change：不改变位置。

Left：全部靠左边对齐。

Centre：全部靠中间对齐。

Right：全部靠右边对齐。

Distribute equally：均匀分布。

对于 Vetical Alignment 各选项，所表示的相似，只不过都是相对垂直方向来说的。

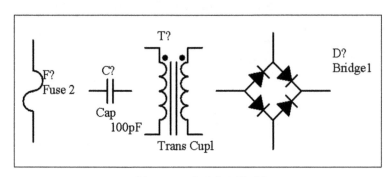
图 12-17 水平中心线对齐

图 12-18 元件对齐设置对话框

设计实例：图 12-7 所示的原理图经过合理调整位置后，如图 12-19 所示。实际上，元件的位置调整是贯穿于原理图的整个绘制过程的。在元件的连线操作中，还要根据连线的方便性做进一步的位置调整。在原理图绘制完毕后，还可能要做小部分的调整。

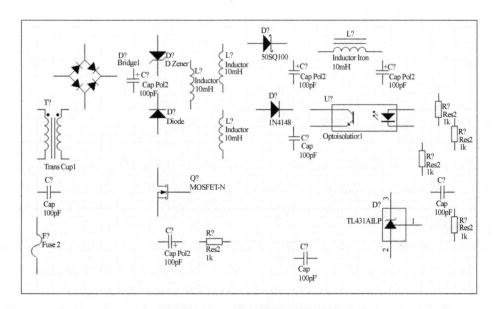

图 12-19 执行位置调整后的原理图

12.3 元件的编辑

12.3.1 编辑元件属性

所有元件对象都具有自身的特定属性，在设计原理图时常常需要设置元件的属性。元件属性对话框如图 12-20 所示，为图 12-19 中最左边电容元件的属性。打开元件属性对话框有三种方法。放置元件时，在真正将元件放置在图纸之前，按下 Tab 键即可打开属性对话框。如果元件已经放置在图纸上，要改变元件的属性，可以执行 Edit/Change 命令来实现，执行该菜单后，单击待编辑元件，即可打开该元件的属性编辑对话框。也可以在元件中心处双击鼠标打开属性对话框，或者右键单击元件，在弹出的快捷菜单中选择 Properties 打开属性对话框。

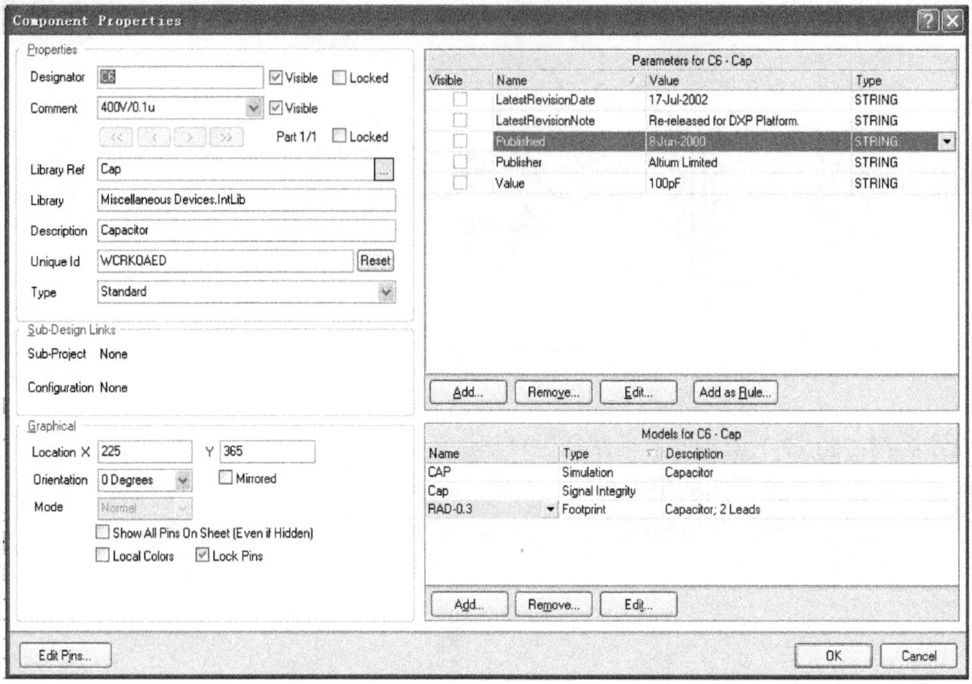

图 12-20　元件属性对话框

元件属性对话框的设置包括五个部分，下面分别介绍。

1. Properties

Designator：元件在原理图中的流水序号。选中其后的 Visible 复选框，则可以在图纸中显示流水号，否则不显示。如选中其后的 Lock 复选框，则该属性不可更改。请记住，在同一张原理图中，不允许出现流水序号相同的两个元件。本例中在该文本框中输入 C6，即将该电容的流水序号设为 C6。

Comment：设置元件的注释，用以补充说明元件的相关信息。选中其后的 Visible 复选框，则可以在图纸中显示元件的注释，否则不显示。如选中其后的 Lock 复选框，则该属性不可更改。一般在该文本框中输入元件的型号或数值。本例中输入 400V/0.1μ。

Part：只对具有多个子模块组成的元件起作用，可以通过单击左右箭头来选择子模块，一般用 A、B、C 来表示。

Library Ref：在元件库中定义的元件名称，此项不能修改。

Library：显示元件所属的元件库名称，若该栏内显示"*"，说明是项目库文件。

Description：该文本框为元件属性的描述，一般用来说明元件的功能，允许用户修改。

Unique Id：由系统产生的当前元件的特殊识别码，是唯一的，由系统随机给定。允许用户输入一个新值或单击右边的 Reset 按钮产生一个新值，但一般情况下不用修改。

Type：选择元件类型。Standard 表示元件具有标准的电气属性；Mechanical 表示元件没有电气属性，但会出现在 BOM（材料表）表中；Graphical 表示元件不会用于电气错误的检查或同步；Tie Net in BOM 表示元件短接了两个或多个不同的网络，并且该元件会出现在 BOM 表中；Tie Net 表示元件短接了两个或多个不同的网络，并且该元件不会出现在 BOM 表中；Standard（No BOM）表示该元件具有标准的电气属性，但不会包括在 BOM 表中。

2. Sub-Design Links

用于定位或说明可编程逻辑器件的子设计文件位置和名称。子设计文件可以是一个可编程的逻辑元件，或者是一张子原理图。本例不存在该选项。

3. Graphical

该操作框显示了当前元件的图形信息。

Location X/Y：用户可以在 Location X 和 Y 文本框中修改 X、Y 位置坐标，进行元件的精确定位。

Orientation：在下拉列表框可以设定元件的旋转角度，可以在 0°、90°、180°或 270°中选择一种。

Mirrored：选中该复选框，将元件镜像处理，即相对于 X 轴翻转。

Show All Pins on Sheet：选择该复选框可以显示元件隐藏引脚。

Mode：在该下拉列表框中可以选择元件的替代视图，如果该元件无替代视图，则该下拉列表框无效。

Local Colors：选中该复选框，则会显示颜色操作设置项，包括填充色（Fills）、线条颜色（Lines）和引脚颜色（Pins）设置。

Lock Pins：选中该复选框，可以锁定元件的引脚，防止引脚属性被意外修改。

4. Parameters for

对话框的右上侧为元件参数列表，其中包括一些与元件特性相关的参数，用户也可以添加新的参数和规则。Add 按钮可以增加一个新变量，Remove 按钮用来删除变量，而 Edit 按钮用来对所选变量进行编辑，如图 12-20 所示。Add as rule 按钮为添加规则。每一个变量包括变量名（Name）、变量的数值（Value）和变量的类型（Type）。如果选择前面的 Visible 属性，则该变量将显示在图纸上。

图 12-21 中显示的为该电容元件的参数列表。其中 LatestRevisionDate 表示该模型最后的修改日期，LatestRevisionNote 表示该模型最后的修改说明，Published 表示模型发行日期，Publisher 表示模型发行组织，Value 表示模型的参数值。

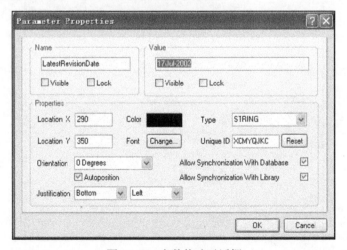

图 12-21　参数修改对话框

5. Models for

对话框右下侧为元件的模型列表，其中包括与元件相关的封装类型、仿真模型、信号完整性模型和三维模型等。为了设计 PCB 板的需要，每个元件都应该具有封装模型。如果要进行电路仿真，还需要具有仿真模型。生成 PCB 图以后，如果要进行信号完整性分析，还应该有信号完整性模型。如果要生成三维图形，还需要 3D 模型。用户可以对这些模型进行修改，也可以添加新的模型。

12.3.2　设置元件的封装

本小节详细介绍元件封装属性的设置。集成库中的元件可能会有多个封装，但一旦该元件添加到原理图中之后，每个元件只能有一个确定的封装属性。我们可以选择所需的封装，同时还可以给元件添加新的封装属性。

点击图 12-20 所示封装模型选项中 Footprint 左边的小三角形，可以打开该元件的封装属性列表。如果列表中有多个封装，则可以选择所需的封装形式。如果列表中没有所需的封装，则可以给该元件添加新的封装。添加新的封装方法如下。

单击 Add 按钮，系统会弹出如图 12-22 所示的添加新模型对话框，在该对话框中的下拉列表中，选择 Footprint 模式。

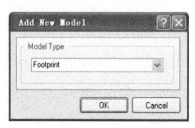

图 12-22　添加新模型对话框

单击图 12-22 所示的 OK 按钮，系统弹出如图 12-23 所示的对话框。在 Name 文本框中可以输入封装名称，在 Description 文本框中可以输入封装的描述性文字。需要注意的是，所设

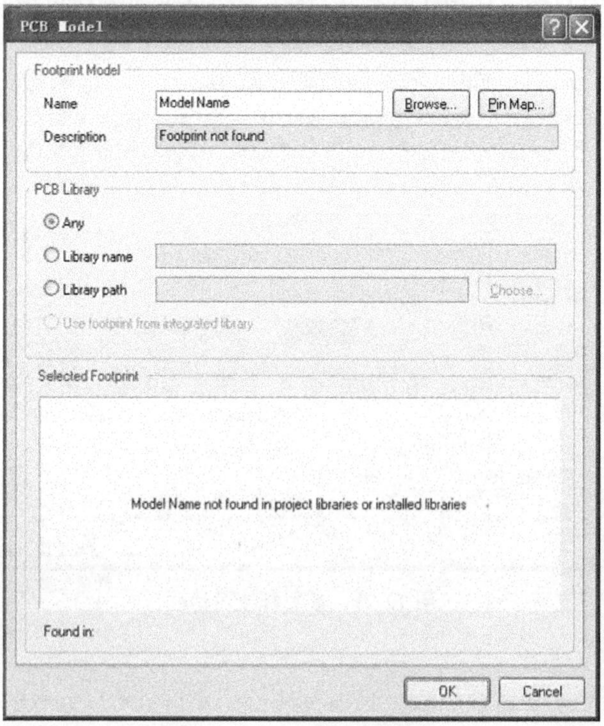

图 12-23　PCB Model 对话框

置的封装所在的库，一定要已经被导入到系统中，或者是当前工程文件中的封装库。而且，封装模型的引脚和原理图模型的引脚一定要一致。否则，在生成 PCB 文件时将出错。

如果用户不知道确切的封装名称，可以单击 Browse 按钮选择封装类型，系统将弹出如图 12-24 所示的对话框。用户可以在 Libraries 下拉列表中选择封装库，在下面的列表中选择封装，右边是当前封装的预览。如果 Libraries 下拉列表中没有所需的封装库，可以单击右边的按钮装载一个元件库，或者单击 Find 按钮进行查找，具体操作可参考 11.6 节。

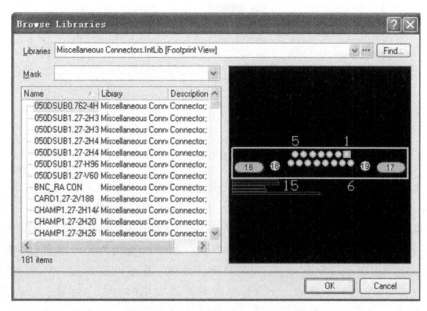

图 12-24　Browse Libraries 对话框

12.3.3　编辑元件参数属性

在图 12-20 所示的元件属性对话框中可以设置元件的属性参数，如 Designator、Comment 属性等，这里只能对这些参数的数值进行设置。此外，还可以单独对元件显示在图纸上的参数进行设置。

在元件的某一参数上双击鼠标，则会打开一个针对该参数属性的对话框。例如，我们双击图 12-19 左下角保险丝元件的文字"F?"，则打开如图 12-25 所示的对话框。在该对话框中可以对元件的参数进行各种属性的设置，包括坐标、旋转角度、颜色、字体等。这里将该元件的 Value 属性改为"F1"。

除通过参数属性对话框对元件的属性进行设置以外，还可直接修改元件显示在图纸上的参数。如本例中将元件 F1 的 Comment 属性改为"2A"，具体方法是在图纸上单击默认的属性"Fuse 2"，间隔几秒后，再次单击，该文本变成可编辑状态。将 Fuse 2 改为 2A，然后在图纸的任意空白处单击鼠标左键就完成了修改。

12.3.4　元件的其他编辑操作

1. 元件的翻转

为了连线的方便，元件通常需要进行翻转操作。元件的翻转包括旋转、水平翻转和垂直翻转。

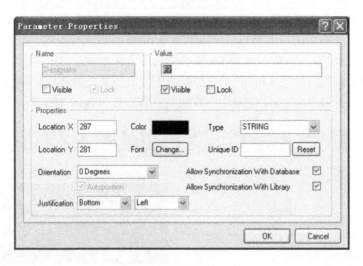

图 12-25　参数属性对话框

　　元件只能以 90°的整数倍的角度旋转。旋转最直接的方法就是鼠标左键点击元件，然后按住鼠标不放，同时按 Space 键，每按一次 Space 键，元件逆时针旋转 90°。另外 Edit/Move 菜单下的 Rotate Selection 命令和 Rotate Selection Clockwise 也可对已选取的元件执行旋转操作，前者执行逆时针旋转，后者执行顺时针旋转。也可以在元件属性对话框中，通过修改 Orientation 属性，设定元件的旋转角度。需要注意的是，对单个元件执行旋转操作时，元件外观发生了旋转，但元件的位置并不发生改变；当对多个已经选取的元件执行旋转操作时，不但元件本身要旋转，而且所选元件作为一个整体也要旋转，即元件的位置发生了改变。

　　要执行元件的水平翻转，可通过改变元件属性中的 Mirrored 属性来执行。鼠标左键点击元件，然后按住鼠标不放，按 X 键也可执行水平方向的翻转。鼠标左键点击元件，然后按住鼠标不放，按 Y 键可对元件执行垂直方向的翻转。

　　2. 元件的剪切、复制和粘贴

　　元件的剪切、复制和粘贴操作类似于 Word 中对文字的操作方法。可以通过菜单、工具或者快捷键等方式执行。在执行剪切和粘贴操作之前，需要先选取元件。菜单 Edit/Copy 执行复制命令，快捷键为 Ctrl+C；菜单 Edit/Cut 执行剪切命令，快捷键为 Ctrl+X；菜单 Edit/Paste 执行粘贴命令，快捷键为 Ctrl+V。

　　3. 元件的删除

　　要删除元件，最直接的方法就是选中要删除的元件后，按 Delete 键。另外，也可以使用 Edit 菜单中的两个删除命令，即 Clear 和 Delete。两个命令的使用方法不同。Clear 的功能是删除已选取的元件，在执行该命令以前需要选取元件，执行 Clear 命令后，已选取的元件立即被删除。Delete 命令的功能也是删除元件，但执行 Delete 命令之前不需要选取元件，执行命令后，光标变成十字状，将光标移到所要删除的元件上单击鼠标，即可删除元件。

　　设计实例：对图 12-19 中的元件按照图进行编辑，修改元件流水线号，在 Comment 属性中标注元件型号或参数，并将 Designator 和 Comment 属性设置为可见，封装使用系统默认的封装属性。最后得到的原理图如图 12-26 所示。

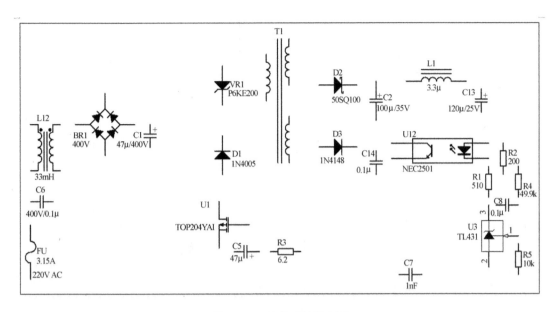

图 12-26　编辑后的原理图

12.4　原理图连线

放置和编辑完元件后，就可以进行原理图的连线了，即按照设计要求将放置在原理图图纸上的各个独立元器件连接起来，使之建立电气连接关系。原理图的连线既可以通过绘制导线来实现，也可以通过添加具有网络属性的元素（如网络标号、各种端口等）来实现。下面分别介绍这些方法。

12.4.1　绘制导线

1. 绘制导线的方法

绘制导线可以使用菜单 Place/Wire 命令，或者选择绘图工具栏中的 ≋ 按钮，此时光标变成十字形。将光标移到所画导线的起点，单击鼠标左键，再将光标移动到下一电气节点，单击一下鼠标，即可绘制第一条导线。导线的端点一般在元件的引脚上，当鼠标光标靠近元件的引脚时，会出现一个红色的米字标志，这就是系统自动捕捉的电气节点，如图 12-27 所示。捕捉距离可以在文档参数设置选项中设置。

绘制完一条导线后，系统仍处于导线放置状态，可以继续绘制第二条导线，而无须再次选择绘制导线工具。如果想停止导线绘制，可以单击鼠标右键或按 Esc 键取消导线放置状态。

如果要绘制转折的导线，可以在需要转折的位置单击鼠标左键放置转折点，导线每转折一次，都需要单击一次左键。如图 12-28 所示，图中导线连接两个元件的引脚时，除首尾端点外，中间增加了 3 个转折点，需要单击鼠标三次。

2. 绘制导线的模式

如果不通过点击鼠标左键增加转折点，当鼠标以倾斜的角度移动时，系统会自动增加一个转折点。此时通过单击 Space 键可以切换导线的转折模式，选择导线为顺时针转折还是逆时针转折。如图 12-29 所示，（a）图为顺时针转折方法，而（b）图为逆时针转折模式，通过单击 Space 键进行模式的切换。

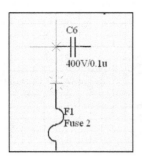
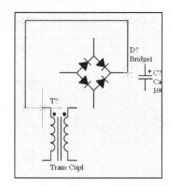

图 12-27　绘制导线时的光标　　　　图 12-28　绘制转折导线

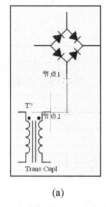
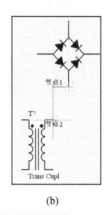

(a)　　　　　　　　　　(b)

图 12-29　Space 键切换导线绘制模式

(a) 顺时针转折；(b) 逆时针转折。

默认状态下，导线只能以直角走线。在绘制导线状态下，按下 Shift+Space 组合键，可以切换导线的走线方式。有三种方式选择：直角走线、45°走线和任意角度走线。图 12-30 所示为三种走线方式示意图，其中（a）为直角方式，（b）为 45°方式，（c）为任意角方式。

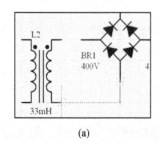
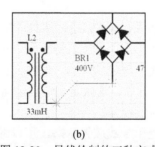
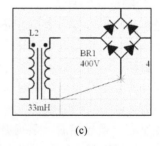

(a)　　　　　　　　　　(b)　　　　　　　　　　(c)

图 12-30　导线绘制的三种方式

(a) 直角；(b) 45°；(c) 任意角。

3. 导线属性设置

在绘制导线的过程按 Tab 键，或者双击已经绘制好的导线可以打开导线属性对话框，进行导线设置，如图 12-31 所示。

Color 项用于设置导线的颜色，单击右边的色块后，屏幕会出现"颜色设置"对话框，可以进行颜色的设置。

Wire Width 项用于设置导线的宽度，单击右边的下拉箭头，可打开一个下拉列表，共有 4 项选择：Smallest、Small、Medium 和 Large，分别对应最细、细、中和粗导线。

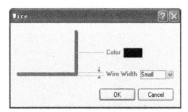

图 12-31　导线属性设置

单击绘制好的导线可使其进入选中状态,此时导线的转折点会出现绿色的矩形控制点。用鼠标拖动控制点或某一段导线可以调整导线的位置和形状。在非选中状态下直接用鼠标拖动,可以移动导线的位置而不改变其形状。

12.4.2　放置电路节点

在原理图中有许多导线交叉的情况,交叉的导线是否有电气连接,是由交叉点处有没有电路节点(Junction)来决定的。电路节点可以在绘制导线的时候自动生成,也可以在需要的时候自行添加。对于丁字形的交叉点,系统会自动在交叉点加上节点,如图 12-32(a)所示。但对于十字交叉的情形,默认情况下在交叉点处是不会自动加上节点,如图 12-32(b)所示,因此这两条线是没有电气连接的。如果要让交叉的两条线有电气相连,就得手动添加电气节点,如图 12-32(c)所示。

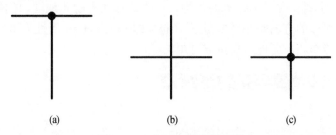

图 12-32　交叉线的连接类型

放置电路节点可以选择 Place/Manual Junction 菜单命令(注意:工具栏中没有这一工具),此时鼠标会变成中间有红色节点的大十字,在需要添加节点的位置上单击鼠标左键,即可完成节点的添加。此时鼠标仍处于放置节点状态,可以继续添加节点。所有节点放置完毕后,单击鼠标右键或按 Esc 键结束放置节点操作。

同其他对象一样,在节点放置到图纸前按 Tab 键,或者直接双击节点,可打开 Junction 对话框,进行相关参数的编辑和修改,如图 12-33 所示。Junction 对话框包括以下几项。

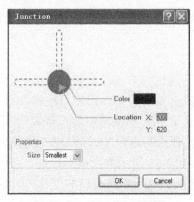

图 12-33　Junction 对话框

Location X/Y：节点中心的 X 轴和 Y 轴坐标。

Size：选择节点显示尺寸，用户可以分别选择节点的尺寸为 Large（大）、Medium（中）、Small（小）和 Smallest（最小）。

Color：选择节点的显示颜色。

12.4.3 放置电源端口

在原理图中为使图纸清晰，一般将具有电源属性的网络（包括接地元件）使用统一的符号表示。放置电源可以通过菜单或工具两种方法来实现。

1. 通过菜单放置电源端口

选择菜单 Place/Power Port 命令，这时编辑窗口中会有一个随鼠标指针移动的电源符号，在需要放置电源端口的位置单击鼠标左键，就放置了一个电源端口。默认的电源端口符号如图 12-34 所示。

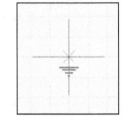

图 12-34　电源端口的放置

在放置电源端口前按 Tab 键或者在放置完毕后双击电源符号，即可打开如图 12-35 所示的电源端口属性对话框，可以编辑电源属性。单击 Color 旁边的色块可以选择对象的颜色；在 Net 文本框中可修改电源符号的网络名称；Orientation 文本框中可修改旋转角度；在 Location 文本框中可以设置电源的精确位置；在 Style 栏的下拉列表中可选择电源类型，可供选择的电源和地端口的类型如图 12-36 所示。注意图中电源端口的方向是系统的默认方向（即 Orientation 属性为 0°），实际使用时，通常将电源对象旋转 90°，而地对象旋转 270°。

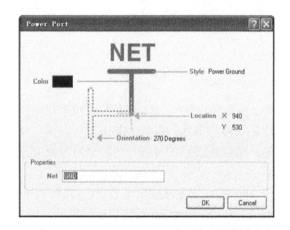

图 12-35　电源端口属性对话框

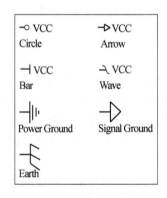

图 12-36　电源的类型

2. 通过工具栏放置电源端口

电源端口也可以通过实用工具栏中的电源工具按钮添加电源端口，如图 12-37 所示。系统常用的电源符号以工具的形式提供给用户，用户可根据需要直接选择相应的工具即可添加电源端口。由图 12-37 可知，工具栏中提供电源端口形式比菜单更丰富，而且符号的方向已经与通常的习惯用法一致了。选择这些电源端口后，在放置以前按 Tab 键，或者放置在图纸上以后双击符号，也可打开如图 12-35 所示的属性对话框，可以对电源端口的属性进行修改。

绘图工具栏（Wiring）也提供了电源和地端口的工具，如图 12-38 所示，其使用方法与实用工具栏中的电源工具相同。

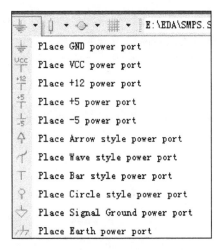

图 12-37　实用工具栏中的电源工具

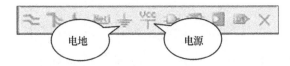

图 12-38　布线工具栏中的电源工具

12.4.4　放置网络标号

元件管脚间的电气连接除了可以通过导线完成以外，还可以通过设置网络标号（Net Label）来完成。在电路原理图的设计中，如果元件的管脚、导线、电源和地符号等具有电气特性的对象上被定义了网络标号，拥有相同网络标号的元素就处于相同的网络中，相当于用导线将其连接。网络标号的作用主要有两个方面：在单张原理图中，网络标号可以简化电路的连线；在层次原理图中，可以通过设置网络标号建立层次原理图间的电气连接。

选择菜单 Place/Net Label 命令或者布线工具栏中的 图标，此时光标变为十字状，同时放置的网络标号粘贴在光标处。将鼠标移动到网络标号的放置位置，当光标上出现红色大米字形符号时，表示光标捕捉到该位置的电气连接点，如图 12-39 所示。此时单击鼠标即可正确放置网络标号。

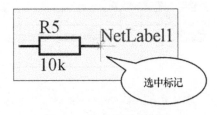

图 12-39　放置网络标号

需要注意的是，在给具有电气属性的元素放置网络标号时，为准确定义该元素，放置时一定要使网络标号正确附加在该元素上，即要在出现电气捕捉标记时再单击鼠标左键。

在放置网络标号时，网络标号的名称一般是系统默认的名称，或者是上次放置的网络标号名称，这些名称一般不符合用户要求，可以对网络标号属性进行修改。在网络标号处于放置状态时按 Tab 键或者在完成放置后双击该网络标号即可打开网络标号的属性编辑对话框，如图 12-40 所示。在该对话框中可以对网络标号的颜色、位置、旋转角度、网络标号名称及字体等参数进行设置。修改网络标号的名称时，可以在 Net 的下拉列表中选择已有的网络标号名称，也可以在该文本框中输入新名称。

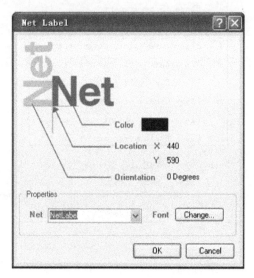

图 12-40　网络标号的属性编辑对话框

需要注意的是，相同的网络标号表示相同的网络，指的是在一个原理图文件中。如果一个工程是由多个电路原理图构成的，为能保证在不同的电路原理图中相同的网络标号表示同一个网络，则需要对电路原理图的设计环境进行设置。设置方法为选择 Project/Project Option 菜单，打开工程选项设置对话框。打开 Option 标签，在 Net Identifier Scope 下拉框中选择 Global(Netlabels and ports global)选项即可，如图 12-41 所示。

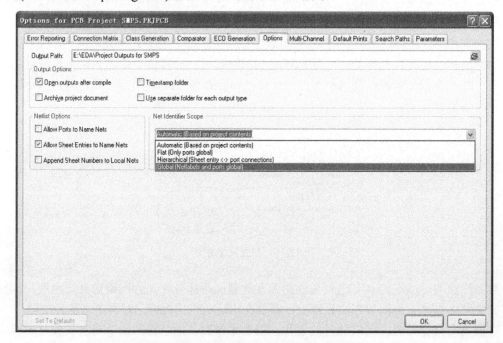

图 12-41　Net Identifier Scope 设置对话框

12.4.5 放置输入输出端口

前面介绍了两种将不同电路连接在一起的方法,一种是用网络标号,一种是用导线。这里介绍第三种方法,即通过放置输入输出端口(Port)的方法,同样可以实现不同电路的连接。相同名称的输入输出端口在电气意义上是连接在一起的。与网络标号的区别在于,网络标号主要用于同一原理图内的电气连接,而输入输出端口主要用于定义同一工程文件中不同原理图之间的电气连接。因此,输入输出端口是绘制层次原理图设计不可缺少的组件(层次原理图将在后面章节详细介绍)。

执行菜单 Place/Port 或单击布线工具栏中的图标 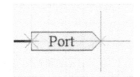 后,出现一个带输入输出端口图标的光标。将光标移动到合适的位置,单击鼠标左键确定端口一端的位置,然后按住鼠标左键,拖动到合适的长度后再次单击鼠标左键,就完成了端口的放置,如图 12-42 所示。此时仍处于放置输入输出端口状态,可以继续放置输入输出端口,或者单击鼠标右键取消。

图 12-42　放置输入输出端口

在输入输出端口处于放置状态时按 Tab 键或者在完成放置后双击该输入输出端口图标即可打开属性编辑对话框,如图 12-43 所示,主要选项如下。

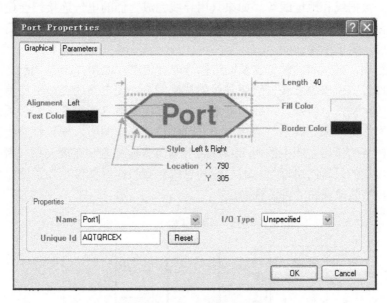

图 12-43　端口属性设置对话框

Name:定义 I/O 端口的名称,具有相同名称的 I/O 端口在电气上是连接在一起的,图中默认值为 Port。

Style:端口外形的设定,也就是箭头方向的设定,可以在 Style 右边的下拉列表中选取(只有将鼠标移近时才会显示下拉列表的三角形)。I/O 端口的外形共有八种可供选择,如图 12-44 所示。

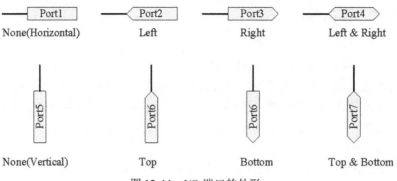

图 12-44 I/O 端口的外形

I/O Type：设置端口的电气特性，它为电气法则的测试提供依据。例如，当两个同属 Input 类型的端口连在一起的时候，电气法则检查时，会产生错误报告。端口的类型设置可以在 I/O Type 右边的下拉列表中选择，共有四种类型：Unspecified（不明确）、Output（输出端口）、Input（输入端口）、Bidirectional（双向端口）。

Alignment：设置端口名称在端口符号中的位置，有三种形式：Center、Left、Right。

其他项目包括 I/O 端口的宽度、位置、边线颜色、填充颜色、文字颜色等，用户可以根据自己的要求来设置。

12.4.6 绘制总线

在大规模的电路原理图设计过程中，尤其是数字电路的设计过程中，通常会有一组特征相似的导线，如数据线和地址线等。如果只用导线完成它们的电气连接，会使电路原理图中出现大量的相似导线，使原理图显得密集和复杂。如果应用总线，则可大大简化电路原理图的连线，而且可以简化绘图过程。

使用总线绘图，必须和总线分支及网络标号配合使用，如图 12-45 所示。总线分支用于连接总线与元件管脚引出的导线，表明导线的从属关系，使电路的连接更加美观。但总线和导线有着本质的区别，总线及其总线分支本身并没有任何电气连接意义，必须由总线接出的各条导线上的网络标号来完成电气连接。大家可以想象，在图中，如果将总线和总线分支删除，由于网络标号的作用，图中的两个芯片的引脚仍然具有电气连接关系。因此，总线中真正起电气连接作用的只有网络标号，而总线和总线分支的作用仅仅是为了使原理图看上去更具有专业水平，增强原理图的可读性而已。

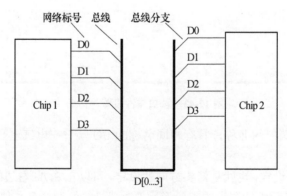

图 12-45 总线示意图

放置总线可以使用 Place/Bus 命令或者单击布线工具栏中的总线工具 。总线的绘制方法与导线的绘制方法相同。所不同的是，总线的端点不必像导线那样与元件的引脚相连。

放置总线分支可以使用 Place/Bus Entry 命令或者单击布线工具栏中的总线分支工具 。光标变成十字状，并且有一段 45°或 135°的线，表示系统处于绘制总线分支状态。将光标移动到总线上需要放置总线分支的位置，单击鼠标左键可完成一个总线分支的放置。此时鼠标仍处于放置总线分支状态，可以继续放置其他的总线分支。完成后单击鼠标右键结束总线分支放置状态。

在总线分支的绘制过程中，可根据需要按 Space 键，旋转总线分支的方向，按 X 键实现左右翻转，Y 键实现上下翻转。同时也可按 Tab 键进行相关属性的编辑和修改。

12.5 绘制图形

在原理图的绘制过程中，为了使图纸能反映更多的信息，需要一些与电气连接关系无关的修饰和注释性信息。这些无电气关系的图形元素都是使用绘图工具来绘制的。系统提供的绘图工具包括绘制圆弧和椭圆弧、椭圆、饼形图、直线、矩形、圆角矩形、多边形、贝塞尔曲线等，还可以放置图片和文字等。另外，在制作原理图库元件时，也需要使用绘图工具绘制元件库的外形。

选择 Place/Drawing Tools 子菜单，或者选择实用工具栏中 Utility Tools，可以打开相应的绘图工具，如图 12-46 所示。各图标对应的功能如表 12-1 所示。关于图形的详细绘制，可以参考前面导线的绘制，以及 Windows 绘图工具的使用方法。

图 12-46　绘图工具栏

表 12-1　绘图工具按钮及其功能

按钮	功能	按钮	功能
/	绘制直线	□	绘制矩形
⋈	绘制多边形	▢	绘制圆角矩形
⌒	绘制椭圆弧线	○	绘制椭圆
∿	绘制贝塞尔曲线	⊂	绘制饼形
A	插入文字	🖼	插入图片
▣	插入文本框	▦	阵列粘贴

12.5.1　绘制线条

绘图命令中的线条绘制包括直线、椭圆弧、圆弧和贝塞尔曲线，下面分别介绍。

1. 绘制直线

直线（Line）在功能上完全不同于导线（Wiring），导线具有电气连接属性，而直线不具备任何电气意义。但直线的绘制方法和导线非常相似。

选择菜单 Place/Drawing Tools/Line 命令，或者单击绘图工具中的 / 图标，将编辑模式切换到绘制直线模式。此时光标出现一个大十字，在直线的起点单击鼠标左键，移动鼠标即可绘制出直线。和绘制导线一样，可以绘制水平垂直、45°倾斜和任意角度倾斜三种直线。通过 Shift+Space 键可以切换直线绘制方式，通过 Space 键可以改变直线转折的方向。每单击一次鼠标左键，能确定一个转折点。单击鼠标右键完成一条直线的绘制，此时仍处于绘制直线模式，可以继续绘制其他直线。如果想结束直线绘制，再次按鼠标右键，回到原理图编辑状态。

与绘制导线不同的是，直线绘制过程中，鼠标不会出现米字图标，即不会捕捉电气节点，因为直线不具有电气属性。其他图形元素也有类似的特点。

在绘制直线的过程中，按 Tab 键或者在已经绘制好的直线上双击，可以打开如图 12-47 所示的直线属性设置对话框。Line Width 为线宽设置，可以在 Smallest（最细）、Small（细）、Medium（中）和 Large（宽）之间选择。Line Style 为线型的设置，有 Solid（实线）、Dashed（虚线）、Dotted（点线）三种。Color 为颜色设置，双击右边的颜色区域，可在弹出的调色板中选择颜色。

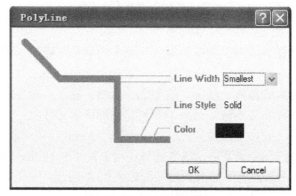

图 12-47　导线属性设置

2. 绘制椭圆弧

通过菜单 Place/Drawing Tools/Elliptical Arc 命令或者选择绘图工具栏中的 图标，将编辑模式切换到绘制椭圆弧模式。椭圆弧的绘制过程如下。

首先在待绘制图形的圆弧中心处单击鼠标左键，然后移动鼠标，调整好椭圆弧 X 轴半径，单击鼠标左键，然后移动鼠标，调整好椭圆弧的 Y 轴半径，单击鼠标左键。此时指针会自动移动到椭圆弧缺口的一端，单击鼠标左键，指针会自动移动到椭圆弧缺口的另一端，调整好其位置后单击鼠标左键，就完成了该椭圆弧的绘制。绘制一个椭圆弧，需要单击 5 次鼠标左键。此时可以开始绘制下一椭圆弧，如果要结束绘制操作，单击鼠标右键即可。

在绘制过程中按下 Tab 键或者单击已绘制好的椭圆弧线，可打开其属性对话框，如图 12-48 所示。在该对话框中可以设置如下参数：X-Radius（X 轴半径）、Y-Radius（Y 轴半径）、Location X（中心点 X 坐标）、Location Y（中心点 Y 坐标）、Line Width（线宽）、Start Angle（起始角度）、End Angle（结束角度）、Color（线条颜色）。在所要修改的选项上单击鼠标，即可进行参数的修改。

3. 绘制圆弧

通过菜单 Place/Drawing Tools/Arc 命令可将编辑模式切换到绘制圆弧模式。圆弧的绘制过程跟椭圆弧绘制方法基本一样，先确定中心点，然后确定半径，最后确定缺口的位置。所不同的是在绘制圆弧时不用分别设置 X 轴半径和 Y 轴半径，而只需设置圆弧半径即可，因此绘制一个圆弧只需单击 4 次鼠标左键。圆弧的属性设置也跟椭圆弧基本相同，在此不再作过多介绍。

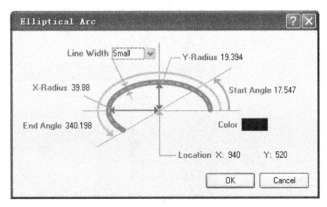

图 12-48　椭圆弧属性对话框

4. 绘制贝塞尔曲线

通过菜单 Place/Drawing Tools/Bezier 命令或者选择绘图工具栏中的 图标，将编辑模式切换到绘制贝塞尔曲线模式。贝塞尔曲线的绘制过程如下。

将十字光标移动到合适的位置，确定曲线的起点（图 12-49 中的 P1 点）。然后移动鼠标，拖出一条直线，在此单击鼠标左键，确定第 2 个点（P2 点）。如果只有两个点，就生成了一条直线。确定了第 2 个点后，可以继续确定第 3 个点（P3 点），一直延续下去，直到用户单击鼠标右键结束。

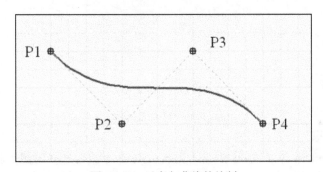

图 12-49　贝塞尔曲线的绘制

选中已经绘制好的贝塞尔曲线，则会显示该曲线的控制点，通过调整这些控制点，可以调整曲线的形状。如果在绘制曲线过程中按 Tab 键或者双击绘制好的曲线，则可以打开贝塞尔曲线属性对话框，在该对话框中设置曲线的线宽和颜色。

12.5.2　绘制多边形

这里的多边形指的是各种规则和不规则边框形成的封闭区域，包括矩形、圆角矩形、椭圆或圆、饼形和多边形，下面分别介绍。

1. 绘制矩形

通过菜单 Place/Drawing Tools/Rectangle 命令或者选择绘图工具栏中的 图标，将编辑模式切换到绘制矩形状态。在待绘制矩形的一个角上单击鼠标左键，然后移动鼠标到矩形的对角，再次单击鼠标左键，即完成了这个矩形的绘制，同时进入下一个矩形的绘制过程。绘制完毕后，单击鼠标右键或者按 Esc 键回到编辑状态。

使用与前述绘制对象相同的方法可以打开如图 12-50 所示的矩形属性对话框。可设置的属性包括：Location X1 和 Location Y1（矩形左下角坐标）、Location X2 和 Location Y2（矩形右上角坐标)、Border Width（边框宽度）、Border Color（边框颜色）、Fill Color（填充颜色）、Draw Solid（设置为实心）、Transparent（设置为透明)。

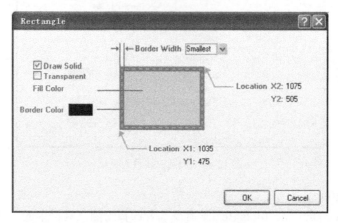

图 12-50　矩形属性设置对话框

在选取状态下，矩形四个角和各边的中点都会出现控制点，可以拖动这些控制点来调整矩形的形状，如图 12-51（a）所示。

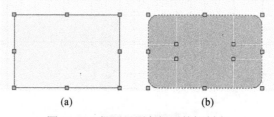

图 12-51　矩形及圆角矩形的控制点

(a) 矩形；(b) 圆角矩形。

2．绘制圆角矩形

通过菜单 Place/Drawing Tools/Round Rectangle 命令或者选择绘图工具栏中的 ▢ 图标，将编辑模式切换到绘制圆角矩形状态。圆角矩形与矩形的差别在于它的四个角是由椭圆弧线构成的。它们的绘制方法和属性设置方法十分相似，在此不作过多介绍。

圆角矩形的属性对话框如图 12-52 所示。与矩形属性对话框的区别在于它多了两个属性：X-Radius 和 Y-Radius，即圆角矩形四个椭圆角的 X 轴和 Y 轴半径。其余选项跟矩形属性对话框完全一样。

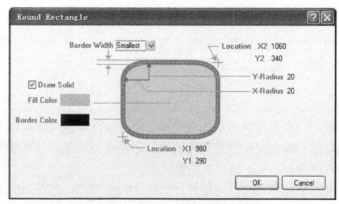

图 12-52　圆角矩形属性设置对话框

圆角矩形也可通过其控制点来调整形状,除了四个角和各边中点的控制点以外,圆角矩形的四个角内侧还会各出现一个控制点,用来调整椭圆半径,如图 12-51(b)所示。

3．绘制椭圆或圆

圆是椭圆的特例,当椭圆的宽与高相同时,就成为了圆,因此绘制圆与椭圆的工具是一样的。通过菜单 Place/Drawing Tools/Ellipse 命令或者选择绘图工具栏中的 图标,将编辑模式切换到绘制椭圆模式。在待绘制图形的中心点处单击鼠标左键,调整好椭圆 X 轴半径,单击鼠标左键,然后移动鼠标,调整好椭圆弧的 Y 轴半径,单击鼠标左键,即完成椭圆的绘制,同时进入下一次绘制过程。如果设置 X 轴半径与 Y 轴半径相等,则可以绘制圆形。绘制完毕后,单击鼠标右键或者按 Esc 键回到编辑状态。

椭圆属性对话框如图 12-53 所示。用户可以设置如下属性:X-Radius(X 轴半径)、Y-Radius(Y 轴半径)、Location X(中心点 X 坐标)、Location Y(中心点 Y 坐标)、Border Width(边框宽度)、Border Color(边框颜色)、Fill Color(填充颜色)、Draw Solid(设置为实心)、Transparent(设置为透明)。

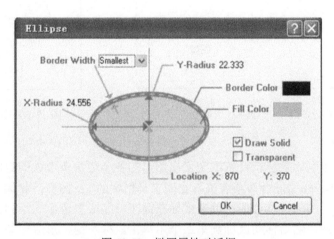

图 12-53 椭圆属性对话框

当椭圆被选取时,出现如图 12-54 所示的两个控制点,拖动这两个控制点可以分别控制椭圆 X 轴半径和 Y 轴半径,从而调整椭圆的形状。

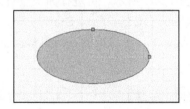

图 12-54 椭圆的控制点

4．绘制饼形

所谓饼形,就是有缺口的圆形。通过菜单 Place/Drawing Tools/Pie Charts 命令或者选择绘图工具栏中的 图标,将编辑模式切换到绘制饼形模式。首先在待绘制图形的中心处单击鼠标左键,然后移动鼠标,调整好饼形半径后单击鼠标左键,鼠标指针会自动移动到饼形缺口的一端,调整好位置后单击鼠标左键,鼠标指针会自动移动到饼形缺口的另一端,调整好其位置后再单击鼠标左键,就完成了该饼形的绘制,并进入下一个饼形的绘制过程。绘制完毕后，单击鼠标右键或者按 Esc 键回到编辑状态。

饼形的属性对话框如图 12-55 所示，可进行如下设置：Location X（中心点 X 坐标）、Location Y（中心点 Y 坐标）、Radius（半径）、Border Width（边框宽度）、Start Angle（起始角度）、End Angle（结束角度）、Border Color（边框颜色）、Color（填充颜色）、Draw Solid（设置为实心）。

当饼形被选取时，出现如图 12-56 所示的三个控制点，拖动这三个控制点可以分别控制饼形的半径、缺口的起始位置和缺口结束位置，从而调整椭圆的形状。

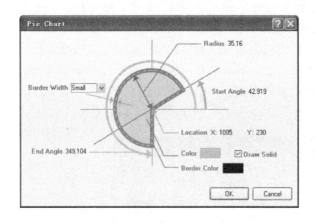
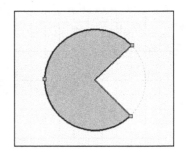

图 12-55 饼形属性对话框　　　　　　　　图 12-56 饼形的控制点

5. 绘制多边形

所谓多边形是指利用鼠标指针依次定义出图形的各个边角所形成的封闭区域。通过菜单 Place/Drawing Tools/Polygon 命令或者选择绘图工具栏中的 图标，将编辑模式切换到绘制多边形模式。在不同的顶点位置依次单击鼠标左键即可完成多边形的绘制。首先在多边形的一个角单击鼠标左键，然后移动鼠标到第二个角单击鼠标左键，形成一条直线，然后再移动鼠标至第三个点，这时移动光标可形成一个封闭的区域。依次移动鼠标到待绘制图形的其他角单击左键。如果单击鼠标右键或按 Esc 键可结束当前多边形的绘制，进入下一个多边形的绘制过程。再次单击鼠标右键或按 Esc 键可结束多边形的绘制。

多边形属性设置对话框如图 12-57 所示。可进行如下设置： Border Width（边框宽度）、Border Color（边框颜色）、Fill Color（填充颜色）、Draw Solid（设置为实心）、Transparent（设置为透明）。当多边形进入选取状态时，多边形的各个角都会出现控制点，用户可以拖动这些控制点来调整多边形的形状。

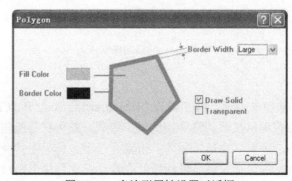

图 12-57 多边形属性设置对话框

12.5.3 放置文字

在绘制电路时，有时会感觉仅仅靠图形符号不足以充分表达设计意图，出于解释说明的需要，设计者会在原理图适当位置添加文字说明。添加少量的文字可以直接放置字符串，而对于字数较多的文字，可以添加文本框来实现。

1. 放置字符串

通过菜单 Place/Text String 命令或者选择绘图工具栏中的 A 图标，可以放置字符串。执行此命令后，鼠标指针旁边出现大十字和一个虚框，虚框内显示的是默认的字符串"Text"或者上次放置过的字符串。在想放置字符串的位置上单击鼠标，页面中就会出现默认的字符串，并进入下一字符串的操作。所有字符串放置完成后，单击鼠标右键或按 Esc 键结束操作。

在完成放置动作之前按下 Tab 键，或者直接在放置的字符串上双击鼠标左键，可打开 Annotation 对话框，进行字符串的属性设置，如图 12-58 所示。此对话框最重要的属性是 Text 栏，负责保存显示在绘图页中的字符串，并且可以修改文字。注意，这里的字符串只能是一行。其他属性有：Location X（字符串的 X 坐标）、Location Y（字符串的 Y 坐标）、Orientation（字符串放置角度）、Color（字符串颜色）和 Font（字体）等。单击 Change 按钮可以打开一个字体设置对话框，对字体属性进行设置。

2. 放置文本框

字符串只能放置一行文字，如果需要放置的文字较多，可以使用文本框的方法来实现。通过菜单 Place/Text Frame 命令或者选择绘图工具栏中的 图标，可以放置文本框。执行此命令后，鼠标光标变成十字形，将其移动到要放置文本框的位置，单击鼠标左键，确定文本框的一个顶点位置，然后拖动鼠标，绘制出一个框，再次单击鼠标左键，确定文本框对角线上的另一个顶点，这样就完成了一个文本框的放置。系统仍处于放置文本框的状态，可以继续放下一个文本框，或者单击鼠标右键退出命令状态。

文本框的属性编辑对话框如图 12-59 所示。其中最重要的是 Text 选项，它负责保存显示在绘图页面中的文字，但此处并不局限于一行。单击 Text 栏右边的 Change 按钮可以打开一个文字编辑窗口，进行文字的编辑。

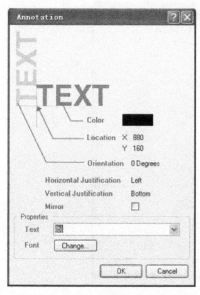

图 12-58　字符串属性设置对话框

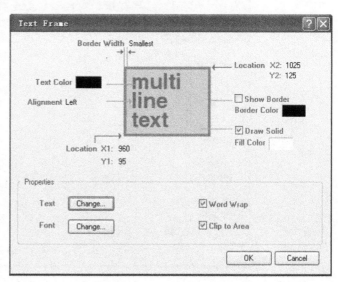

图 12-59　文本框属性对话框

其他选项包括：Location X1 和 Y1（文本框左下角坐标）、Location X2 和 Y2（文本框右上角坐标）、Border Width（边框宽度）、Border Color（边框颜色）、Fill Color（填充颜色）、Text Color（文本颜色）、Font（字体）、Draw Solid（设置为实心）、Show Border（设置是否显示文本框）、Alignment（设置文本对齐方式）、Word Wrap（文字超过文本框宽度时自动换行）、Clip To Area（文字超过文本框宽度时自动截去超出部分）。

处于选取状态的文本框如图 12-60 所示，在文本框的四个角和四条边上均有控制点。通过拖动这些控制点可以调整矩形框的形状。

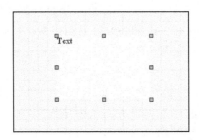

图 12-60　文本框的控制点

12.5.4　添加图像

原理图中还可以添加图像素材，如元器件外观、设计机构标志等，图像可以是位图，也可以是矢量图。

选择菜单 Place/Drawing Tools/Graphic 命令或者选择绘图工具栏中的 图标，可以添加图像。执行此命令后，鼠标光标变成十字形，将其移动到要放置图像的位置，单击鼠标左键，确定图像左上角顶点位置，然后拖动鼠标，绘制出一个区域，再次单击鼠标左键，确定该区域右下顶点。此时系统会自动弹出如图 12-61 所示的图像选择对话框，选择路径，选定所要放置的图像，最后单击打开按钮。可以看到所选图像已经放置到了指定的区域，并被调整到了和指定区域一样的大小，如图 12-62 所示。

图 12-61　选择图像对话框

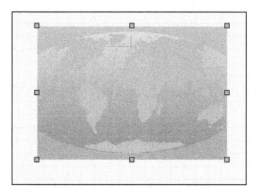

图 12-62　图像被放置到原理图中

双击图像对象，可以打开如图 12-63 所示的图像属性设置对话框。可以设置的属性有：Location X1 和 Y1（图像左下角坐标）、Location X2 和 Y2（图像右上角坐标）、Border Width（边框宽度）、Border Color（边框颜色），File Name 是放置图片文件的路径，单击 Browse 按钮可以选择所需的图片。选中 Embedded 复选框，表示图片被嵌入到原理图中。选中 Border On 复选框，给图片加上边框，边框颜色采用设定的颜色。选中 X:Y Ratio 1:1 复选框，表示图片长宽比为 1:1。

同文本框一样，被选取的图像对象也有八个控制点，如图 12-62 所示。通过拖动这些控制点可以对图像的外形进行调整。

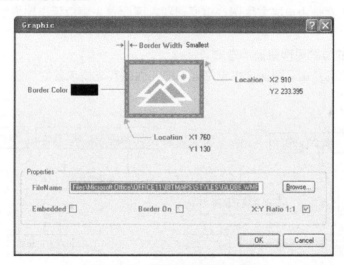

图 12-63　图像属性设置对话框

设计实例：本例中将图 12-26 所示的元器件用导线连接，并在变压器增加字符串"*"以标明同名端，给 U1 增加一个边框，在输入输出端增加网络标号，最后图形如图 12-1 所示。

第 13 章　层次原理图设计

层次原理图设计是在实践基础上提出来的。对于一个非常庞大的原理图，不可能将它一次完成，也不可能将这个原理图画在一张图纸上，更不可能由一个人单独完成。层次原理图的设计方法和软件工程中模块化软件的设计方法十分类似，将一张大规模的原理图划分为若干张子图，每个子图还可以继续向下划分。整个项目可以分层次并行设计，使得设计进程大大加快。

13.1　层次原理图的设计方法

层次化原理图的设计可以从系统开始，逐级向下进行，也可以从最基本的模块开始，逐级向上进行，还可以调用相同的原理图重复使用。

1. 自上而下的层次原理图设计方法

所谓自上而下就是由电路方块图产生原理图，因此首先要放置电路方块图，其流程如图 13-1 所示。

2. 自下而上的层次原理图设计方法

所谓自下而上就是由原理图产生电路方块图，因此首先要放置原理图，其流程如图 13-2 所示。

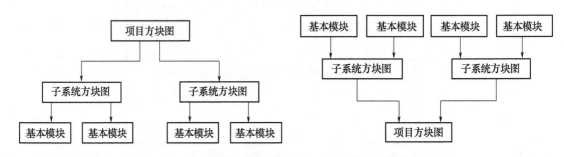

图 13-1　自上而下的层次原理图设计流程　　图 13-2　自下而上的层次原理图设计流程

3. 重复性层次原理图设计

在一块电路板中可能会多次重复使用同一个模块。尽管复制和粘贴原理图相当容易，但是修改和更新这些原理图就会比较麻烦。用户可以在一个项目中重复引用一个原理图。如果需要改变这个被引用的原理图，只需修改一次即可。这类似于程序设计中的子函数的概念。

在图 13-3 中，主原理图 Main.SchDoc 具有四个子模块，每个子模块均调用了原理图 A.SchDoc 和 B.SchDoc 各一次，因此可采用重复调用原理图的方法来设计，将 A.SchDoc 和 B.SchDoc 分别设计为一个基本模块，对这两个模块进行重复多次调用。

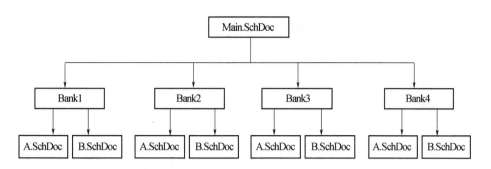

图 13-3　重复性层次原理图设计

下面分别以实例介绍层次原理图的三种设计方法。该实例将图 12-64 所示的电路原理图人为地分为两部分，前面的整流电路作为一部分，220V 交流电压输入，经变压整流后成 270V 直流电压输出。后面的反激开关电源电路作为一部分，直流 270V 电压输入，15V 直流电压输出。然后用层次原理图的结构来绘制该电路。因此本例有三张原理图：一张层次原理图母图和两张层次原理图子图，如图 13-4（a）～（c）所示。在层次原理图母图中，使用方块图（图中绿色方块符号）来表示一个电路原理图，母图和子图之间通过方块图端口（方块图上的黄色端口符号）产生电气连接关系。

需要注意的是，本例电路比较简单，实际中并不需要使用层次原理图，这里是为了大家学习方便，选择一个比较简单的电路作为实例。

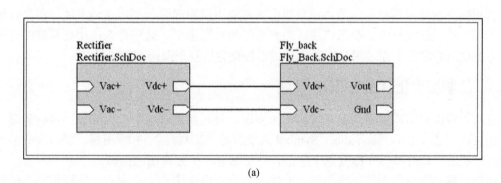

(a)

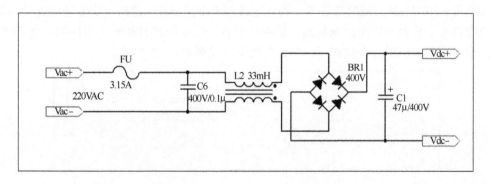

(b)

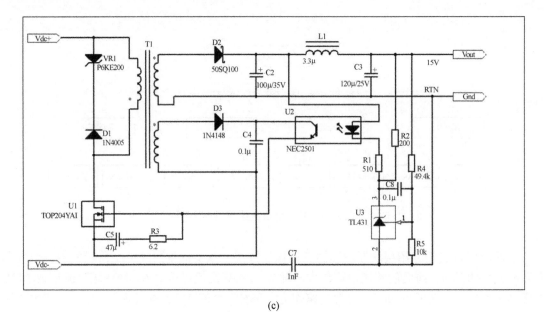

(c)

图 13-4　层次原理图

(a) 层次原理图母图 Mother.SchDoc；(b) 层次原理图子图：Rectifier.SchDoc；
(c) 层次原理图子图：Fly_Back.SchDoc。

13.2　自顶向下的层次原理图设计

自顶向下的原理图设计就是由原理母图来产生下层原理图。采用这种方法，首先要根据功能的不同将电路划分成一些子模块。先将系统的母图画出，然后再将层次化原理图母图的各个方块电路对应的子原理图分别画出，逐步细化完成整个原理图的设计。

13.2.1　绘制层次化原理图母图

层次原理图母图需要用到电路方块图来实现。首先新建立一个工程文件，然后新建一个原理图文件。选择菜单 Place/Sheet Symbol 或单击布线工具栏中的 图标，进入到放置方块图的命令状态，此时鼠标光标变成十字形，并粘贴有一个方块图的虚影。

移动光标到原理图上的适当位置，左键单击确定方块图左上角顶点，然后拖动光标绘制出一个适当大小的方块，再次左键单击确定方块图右下角顶点，这样一个方块图就被确定了。此时系统仍处于放置方块图命令状态，用同样的方法可以绘制另外一个方块图。然后单击鼠标右键退出绘制方块图命令状态。绘制好的两个方块图如图 13-5 所示。

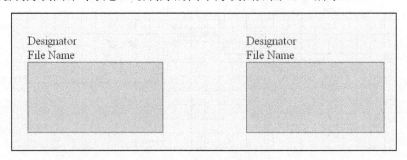

图 13-5　绘制好的方块图

双击已经绘制好的方块图，打开如图 13-6 所示的 Sheet Symbol 对话框。在方块图参数对话框中，可以设置以下内容。

X-Size 和 Y-Size：用来设置方块图 X 和 Y 坐标方向上的长度，也就是设置方块图的大小。

Border Color：设置方块图边框颜色。

Draw Solid：选取该复选框表示应用所选取的颜色，如果不选取，方块图为透明色。

Fill Color：设置方块图的填充颜色。

Location X，Y：设置方块图左下角顶点的位置。

Border Width：设置方块图边框的宽度。

Designator：设置方块电路的名称。选中 Show Hidden Text Fields 复选框就表示显示隐藏的文件区域。

File Name：设置此方块图所代表的下层原理图的名称。

Unique ID：系统自动产生的 ID 号。

其中，Designator 和 File Name 属性也可直接对其进行属性操作，在方块图母图上单击两次（中间要有时间间隔）可直接修改 Designator 和 File Name 的文字属性，也可双击该对象在打开的对话框中进行属性设置。

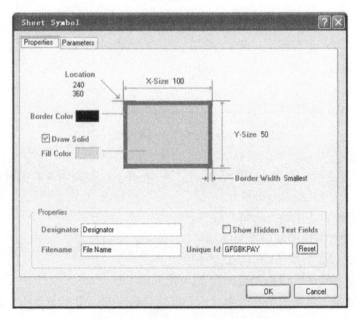

图 13-6 方块图参数设置对话框

本例中，将两个方块图的 Designator 属性分别设置为：Rectifier 和 Fly_back，而其代表的原理图文件名称分别为 Rectifier.SchDoc 和 Fly_back.SchDoc。其他属性均使用默认设置。

绘制完方块图后，接下来绘制方块图端口，它是方块图之间以及方块图和所属的子图之间进行电气连接的桥梁。选择菜单 Place/Sheet Entry 命令或单击布线工具栏中的 图标，进入到放置方块图端口的命令状态，此时光标变为十字形。

在需要放置端口的方块图上单击鼠标左键，光标处就出现方块图端口符号，此时光标只能在该方块图内部移动。将光标移动到合适位置，在此单击鼠标左键，完成一个方块图端口的放置。此时光标上仍会有一个方块图端口符号，可以继续放置。放置完毕后，单击右键结束放置方块图端口的命令。

双击已经放置的方块图端口符号,可以打开如图 13-7 所示的属性设置对话框。能够设置的各项参数如下:

Name:设置方块图端口的名称。

I/O Type:设置方块图端口的 I/O 类型,同 I/O 端口属性一样,在其后的下拉列表中共有四种类型供选择:Unspecified(不明确)、Output(输出端口)、Input(输入端口)、Bidirectional(双向端口)。

Style:设置方块图端口的箭头方向。同 I/O 端口属性一样,在其下拉框中一共有八种选项供选择,如图 13-7 所示。

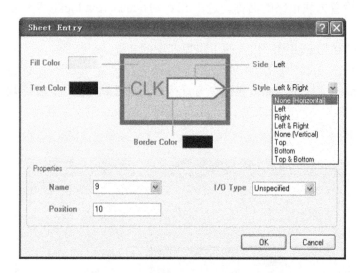

图 13-7　方块图端口属性设置对话框

Side:设置方块图端口在方块图中放置的位置,在其下拉列表中共有四种选择:Left(左)、Right(右)、Top(上)、Bottom(下)。

Fill Color:设置方块图端口的填充颜色。

Text Color:设置方块图端口文字的颜色。

Border Color:设置方块图端口边框的颜色。

本例中将所有方块图端口添加后如图 13-8 所示。

将具有电气连接的方块图的各个端口用导线连接在一起,最后原理图如图 13-9 所示。

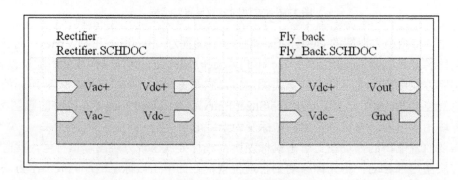

图 13-8　放置好方块图端口后的层次原理图母图

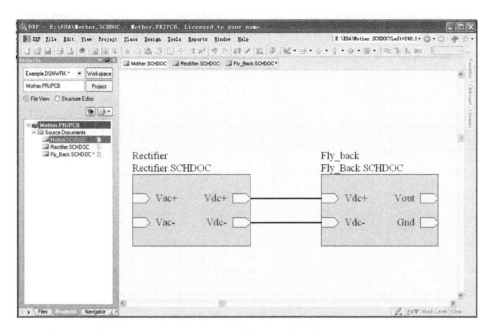

图 13-9　连接好导线的层次原理图母图

13.2.2　绘制层次化原理图子图

完成了层次原理图母图的绘制后，我们要把每个方块图所对应的子图绘制出来。子图仍可以包含方块图，这样就成了二级母图，否则就是一张普通的原理图。

选择菜单 Design/Create Sheet From Symbol 命令，此时光标会变成十字，将光标移动到方块图上的空白处，然后单击就会弹出如图 13-10 所示的 Confirm 对话框。该对话框询问在生成与方块图对应的原理图子图的时候，相对应的输入输出端口是否要将信号进行反向处理。选择 Yes 表示新产生的原理图中的 I/O 端口的输入输出方向与方块图中相应的端口反向，选择 No 则为同向。本例中选择 No。

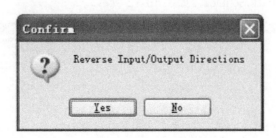

图 13-10　转换 I/O 方向对话框

这是系统会自动生成一个原理图文件，且文件名为方块图的 File Name 属性相同。本例中两个方块图生成的原理图文件名分别为：Rectifier.SchDoc 和 Fly_back.SchDoc。原理图中已经自动布置好了方块图电路对应的 I/O 端口，且这些端口的输入输出方向与方块图中的相同，如图 13-11 所示。

在自动生成的原理图子图中添加需要的元器件，再连接导线等，直到整张原理图绘制完成。具体方法与前面介绍过的一般原理图的绘制方法相同。最后生成的原理图如图 13-4（c）所示。

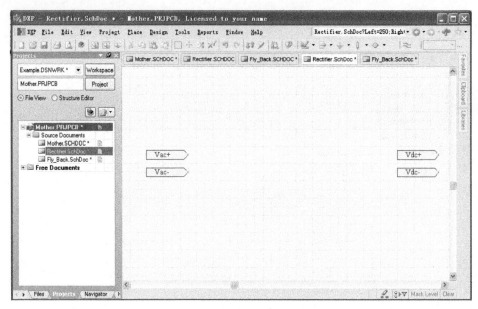

图 13-11　自动生成的原理图子图

13.3　自底向上的层次原理图设计

在具体的电路设计过程中，在原理图绘制出来之前可能不能确定端口情况，也就无法将整个工程的母图绘制出来。此时，自顶向下的层次原理图设计方法就不能胜任了，而需要使用自底向上的层次原理图设计方法。所谓自底向上的设计方法，就是先画好原理图子图，然后由子图生成方块图，最后组织成层次化原理图的母图来表达整个工程。这种方法是目前在实际工程设计中广泛使用的方法。这里，我们仍然采用上一节相同的实例来介绍自底向上的层次原理图设计方法。

首先建立一个新的工程，然后绘制出底层各个原理图子图。这里要绘制出子图 Rectifier.SchDoc 和 Fly_back.SchDoc，如图 13-12 所示。

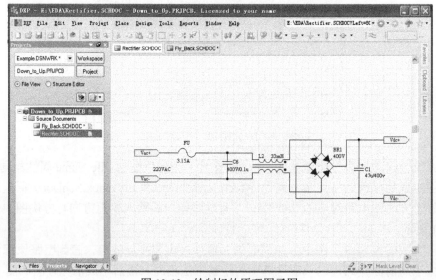

图 13-12　绘制好的原理图子图

然后，在设计工程中新建一个原理图文件，并选择 Design/Create Sheet Symbol From Sheet 命令系统弹出如图 13-13 所示的 Choose Document to Place 对话框，该对话框列出了所有原理图子图，单击原理图子图 Fly_back.SchDoc，然后单击 OK 按钮。

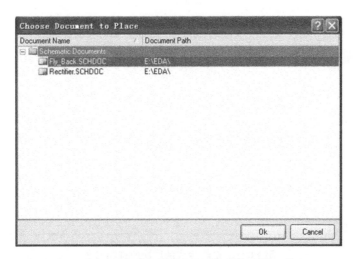

图 13-13　选择生成方块图的原理图子图对话框

这时会出现和图 13-10 一样的 Confirm 对话框，单击 No 按钮继续。此时可以看到鼠标光标上粘贴着一个方块图的虚影。将光标移动到适当的位置，然后单击鼠标左键，将方块图放置在原理图上，如图 13-14 所示。参照前述方法，对方块图的大小、名称、端口位置等参数进行调整。

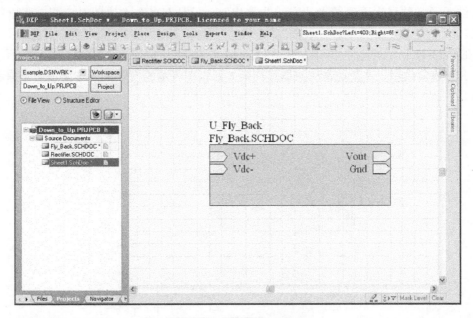

图 13-14　放置好的方块图

用同样的方法将另一个子原理图 Rectifier.SchDoc 所对应的方块图都放置到原理图图纸上，然后将它们的属性一一设置好。最后将两方块图之间有电气连接关系的端口用导线连接起来，生成完整的层次化原理图母图，如图 13-15 所示。

203

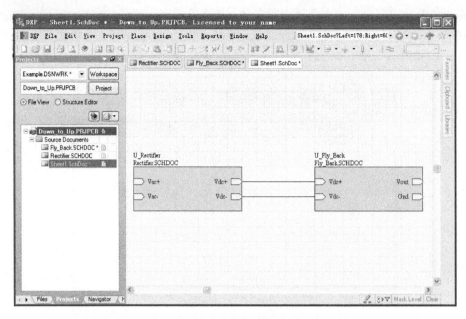

图 13-15 最终生成的层次原理图母图

13.4 重复性层次原理图设计

通常在层次原理图中,电路方块图和内层电路图的关系是一对一的,即一张方块图对应一张原理图。但是也有多个电路方块图对应一张原理图的,这就是重复性层次原理图。其设计方法跟通常的层次原理图设计方法非常相似,只是有多个方块图对应同一张原理图子图而已。

在图 13-16 所示的电路中,将整流电路模块以方块图的形式绘制在如图 13-17 所示的子图中,并被重复调用三次。通常层次原理图需要四张图表示的内容,在这里用两张原理图就表达清楚了。

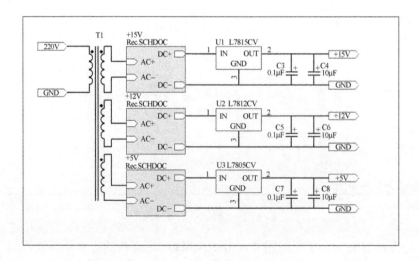

图 13-16 层次原理图母图(Multi.SchDoc)

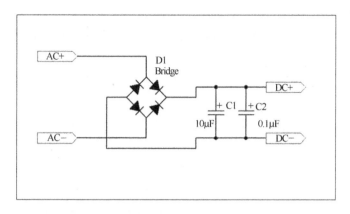

图 13-17　层次原理图子图（Rec.SchDoc）

子图中的元件被母图多次调用，每调用一次称为一个通道，上例中子图被调用三次，有三个通道。因此，重复性原理图设计又称为多通道原理图设计。执行 Project/View Channels 命令，系统弹出如图 13-18 所示的项目元件对话框，在该对话框中，可以看出原理图有多少通道，元件被调用多少次。在项目元件列表中，被重复调用的元件名称自动以其对应的方块图的名称为后缀。

Logical Designator	Comment	Channel 1	Channel 2	Channel 3
Multi.SCHDO				
C3	Cap Pol2	C3		
C4	Cap Pol2	C4		
C5	Cap Pol2	C5		
C6	Cap Pol2	C6		
C7	Cap Pol2	C7		
C8	Cap Pol2	C8		
T1		T1		
U1	L7815CV	U1		
U2	L7812CV	U2		
U3	L7805CV	U3		
Rec.SCHDOC				
C1	Cap Pol2	C1_+5V	C1_+12V	C1_+15V
C2	Cap Pol2	C2_+5V	C2_+12V	C2_+15V
D1	Bridge	D1_+5V	D1_+12V	D1_+15V

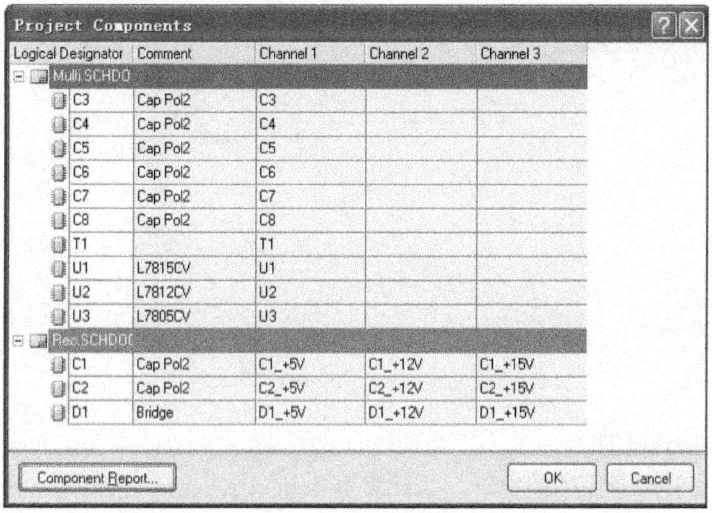

图 13-18　项目元件对话框

13.5　层次原理图的切换

在进行层次原理图的绘制和编辑时，通常会根据需要在不同层次原理图之间切换。最直接的切换方法就是通过工作区上的标签，或者通过 Projects 工作面板，只要单击标签或者面板中相应的原理图文件名，原理图编辑器就会自动显示相应层次的原理图。但对于较复杂的层次原理图，这种方法使用起来不太方便。对于复杂的层次原理图的切换，无论是从上层文件切换到下层文件，还是从下层文件切换到上层文件，都可以采用命令方式来实现。

1. 从母图切换到子图

在当前编辑文件为母图的情况下，执行菜单 Tools/Up/Down Hierarchy 命令，或者单击标

准工具栏内的 按钮，此时光标变成十字状，如图 13-19 所示。移动光标到某个子图模块中央位置，按下左键即可切换到子图的显示状态。而且，此时显示状态是以最大模式显示的，如图 13-20 所示。

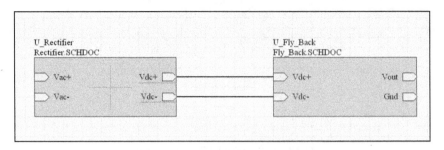

图 13-19　光标移动到方块图中央

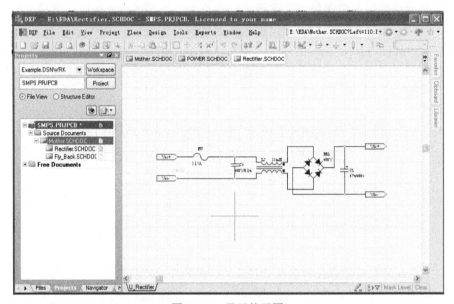

图 13-20　显示的子图

2. 从子图切换到母图

在当前编辑文件为子图的情况下，执行菜单 Tools/Up/Down Hierarchy 命令，或者单击标准工具栏内的 按钮，此时光标变成十字状。移动光标到子图的某个 I/O 端口上，如图 13-21 所示，单击左键，原理图编辑器就会自动切换到母图上。而且，屏幕以最大模式显示输入输出端口所对应的子图入口，如图 13-22 所示。

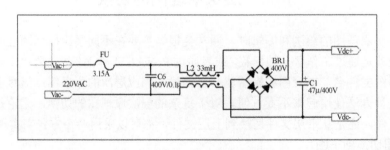

图 13-21　单击子图中的 I/O 端口

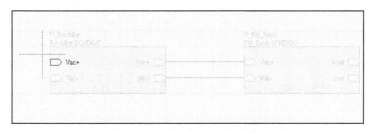

图 13-22　由子图切换到母图

3. 生成层次表

层次原理图经过编译后，会自动在母图和子图之间生成层次结构。层次表记录了层次原理图的层次结构，其输出的结果为 ASCII 文件，文件扩展名为.Rep。生成层次表的操作如下。

(1) 打开已经绘制好的层次原理图。

(2) 执行 Project/Compile Project 命令。

(3) 执行 Reports/Design of Hierarchy 命令，系统将生成该原理图的层次关系，如下面的文本所示。

Design Hierarchy Report for SMPS.PRJPCB

-- 2009.01.04

-- 23:35:28

Mother   SCH   (Mother.SCHDOC)
　U_Fly_Back   SCH   (Fly_Back.SCHDOC)
　　U_Rectifier   SCH   (Rectifier.SCHDOC)

第 14 章 原理图设计后处理

原理图设计完成后，还有一系列的后续工作，如原理图的编译、各种原理图报表输出和原理图的打印等，这些工作在实际工程中具有非常重要的意义。

14.1 原理图的编译

原理图不是元件的简单拼凑连接，而是具有实际意义的电气元件之间按照一定规则进行组织连接。原理图的编译就是根据用户设置的规则，对整个工程进行电气规则测试（Electrical Rules Checking，ERC），查找出电气连接的错误，生成错误报表，并在原理图中以各种特殊的符号标注，以引起用户注意和便于用户修改，从而避免在下一步的 PCB 设计中出错。

原理图的编译需要先设置电气检查规则，然后进行编译操作。

14.1.1 电气检查规则的设置

通过菜单 Project/Project Options 命令，打开如图 14-1 所示的工程选项对话框，可以进行电气检查规则的设置。该对话框包括许多设置选项卡，其中与原理图检查有关的主要有三项。

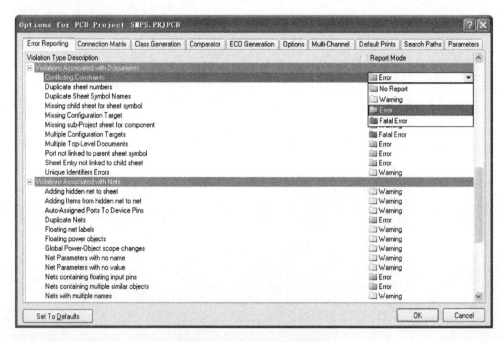

图 14-1 工程选项设置对话框

1. Error Reporting(错误报告)选项

Error Reporting 选项卡用于设置各种电气检测法则的错误报告类型。错误报告的等级可分为致命性错误（Fata Error）、错误（Error）、警告（Warning）和不输出错误报告（No Report）四种，分别用不同颜色表示错误报告的严重程度。单击每一项后面的错误报告等级，出现一个下拉列表框，在该下拉列表框中可以改变错误报告的等级，如图 14-1 所示。

该选项卡设置的内容分为六大类，单击每个类别前面的小框可以显示和隐藏各类选项设置。分类如下：

Violations Associated with Buses：与总线相关的错误。

Violations Associated with Components：与元件相关的错误。

Violations Associated with Documents：与文档相关的错误。

Violations Associated with Nets：与网络连接相关的错误。

Violations Associated with Others：与其他相关的错误。

Violations Associated with Parameters：与参数相关的错误。

2. Connection Matrix（连接矩阵）选项

Connection Matrix 选项卡用于设置电气连接矩阵，给出了一个原理图中不同类型的连接点以及是否被允许的图表描述，如图 14-2 所示。该矩阵的横向和纵向分别为各种连接点的类型，在两种类型连接点的交汇处，以不同颜色的小方块表示这两种电气连接的错误等级。其中，红、橙、黄、绿四种颜色分别代表致命性错误（Fata Error）、错误（Error）、警告（Warning）和不输出错误报告（No Report）四种错误等级。要改变错误等级，只需单击对应的颜色块即可，每单击一次，设置改变一次。在空白区域单击鼠标右键将弹出一个快捷菜单，可以键入各种特殊形式的设置，如图 14-2 所示。

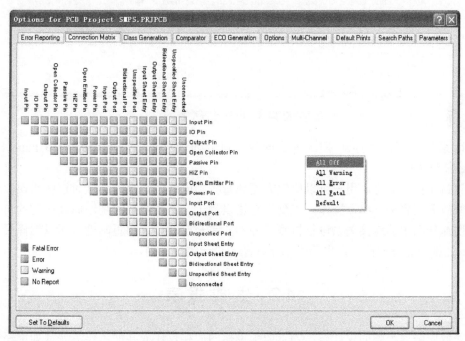

图 14-2　Connection Matrix 选项卡

举例说明如何设置连接矩阵选项卡，这里我们要对输出引脚（Output Pin）和无连接的引脚（Unconnected）连接给出警告的错误报告。可以先在横向上找到 Unconnected，再在纵向上找到 Output Pin，发现在交汇处的颜色为绿色，即不给出错误报告。单击该色块，使其变为黄色，即警告等级。那么在电路中如果出现输出引脚和无连接的引脚相连，经编译检查后，系统将给出警告的错误。

当对项目进行编译时，Error Reporting 选项卡和 Connection Matrix 选项卡中的设置将共同对原理图进行电气特性检测。所有违反规则的错误将以不同的错误等级在 Messages 面板中显示出来。单击 Set To Defaults 按钮即可恢复系统的默认设置。

对于大多数的原理图设计，保持默认的设置即可。但针对一些特殊的设计，可以在对以上各项的含义有一个清楚认识的基础上进行设置。由于系统出现错误时，不能导入网络表，因此，用户在设置时应尽量忽略一些检测规则。

另外，如果用户想忽略某点的电气检查，可以在该点放置忽略电气检查点（No ERC）。方法为选择菜单 Place/Directives/No ERC，或者点击布线工具栏中的 ✕ 图标。

14.1.2 原理图的编译

对原理图各种电气错误等级设置完毕后，就可以对原理图进行编译操作。选择 Project/Compile PCB Project 菜单命令可以对当前工程的原理图进行编译，选择 Project/Compile Document 将对当前打开的原理图文件进行编译。当项目被编译时，错误信息将显示在 Message 面板中，如图 14-3 所示。如果电路绘制正确，则 Message 面板为空。

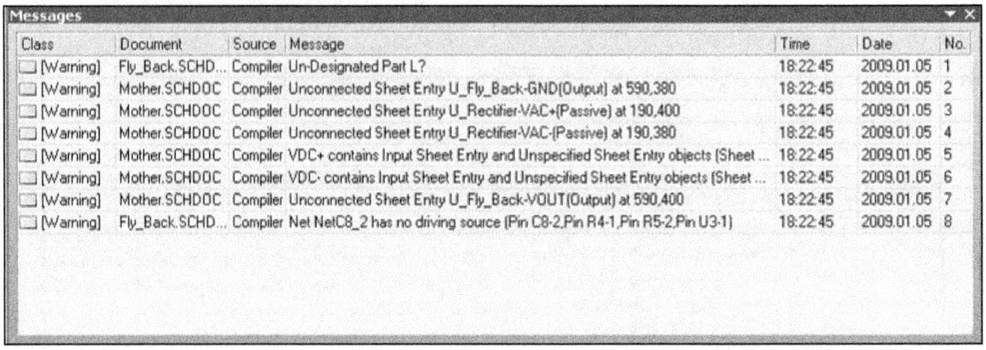

图 14-3　电气检查报告

有时系统并不自动打开 Message 面板，可以通过菜单 View/Workspace Panel/System/Message 命令打开。

通过错误报告信息，用户可以比较方便地查找到电路中的错误。针对这些错误，对电路原理图修改后重新进行编译操作，直到没有错误为止。需要注意的是，原理图的的自动检测只是按照原理图中的连接关系进行检测，并不能完全反映设计的正确性。所以编译后，即使 Message 面板中无错误信息，也不表示原理图的设计完全正确。

14.2　生成报表

在完成电路原理图的设计后，为了便于电路的后续设计或其他工作需要（如电路板图的绘制，图纸文档资料的保存，电路元器件材料采购等），需要将电路原理图的图形文件生成一系列文本格式的报表文件。

Protel 可以自动生成的报表文件种类有：网络表文件（Netlist）、元件列表文件（Bill of Materials）、元件交叉参考报表文件（Cross Reference）和项目层次报表文件（Report Project Hierachy）等。一般可以独立创建各个报表文件，为了提高效率，也可以通过输出任务配置文件的方式一次系列地产生所设定的电路报表文件。需要注意的是，在生成任何报表文件之前，必须对项目进行编译处理。

14.2.1 网络表

网络报表又称网络表，简称网表，是最重要的报表文件。它是电路原理图设计系统与电路印制板设计系统的接口和桥梁。网络报表的内容主要为原理图中各元件的数据（元件编号、元件类型和封装信息等）和元件之间网络连接的数据。这两种数据分为不同的部分，分别记录在网络表中。网络表是纯文本文件，可以使用一般的文本编辑器建立或修改。

1. Protel 网络表的格式

标准的网络表文件是一个简单的 ASCII 码文本文件，在结构上大致可分为元件描述和网络连接描述两部分。下面以 Protel 格式网络表为例加以说明。

(1) 元件描述格式

元件描述格式如下：

[	元件声明开始
R1	元件序号
AXIAL-0.4	元件封装
1K	元件注释
]	元件声明结束

元件声明以"["开始，以"]"结束，将声明内容包含在内。原理图中的每一个元件都在网络表中以统一的格式进行声明。

在元件声明项中，第一行为元器件的标识声明，该行的值取自元件参数 Designator 中定义的内容，一般作为元器件的标号，如 R1，C2，U3 等；第二行表示元器件的封装，取自元件参数 Footprint 中定义的内容，在印制电路板设计时该参数指导 PCB 设计软件从元件封装库中取出元器件的封装；最后一行表示的是元件的注释，取自参数 Comment 中定义的内容，一般表示元件的参数值或芯片型号，如 100k，0.1μ，LM324 等。如果某一部分在原理图中没有进行定义，则在生成的网络表中元器件声明部分将以空行填入。

(2) 网络连接描述

网络连接描述如下：

(	网络定义开始
NetR3_1	网络名称
R3-1	元件R3引脚1
U1-2	元件U1引脚2
U2-4	元件U2引脚4
)	网络定义结束

网络定义以"("开始，以")"结束，将其内容包含在内。在网络定义中，第一行为网络名称。电路原理图中每一个网络都有一个用来进行识别的网络名称。若没有对网络名称进行特别指定，则网络标识一般自动取自电路图中某个输入输出点名称或网络中某一个元件的引脚名称。上例中就是以元件 R3 的第一个引脚的名称 R3_1 来定义网络名称的。

接下来的网络定义项中，列出了所有与该网络连接在一起的元器件及其引脚。上例中与网络 NetR3_1 连接在一起的有 R3 的 1 脚，U1 的 2 脚，U2 的 4 脚。

2. 网络表的生成

以图 13-4 所示的电路原理图为例，介绍生成网络表的一般步骤。

使用菜单命令 Design/Netlist for Document，可创建一个基于某个电路原理图文件的网络表。如果使用菜单 Design/Netlist for Project，则可创建一个基于整个项目的网络表。执行菜单命令后，系统会弹出网络表格式选择的菜单，如图 14-4 所示。系统可以生成多种格式的网络表，供不同的 EDA 软件使用。这里我们选择 Protel 格式。

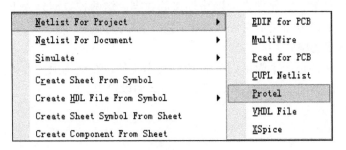

图 14-4 网络表格式选择菜单

执行命令后，系统将进入 Protel 的文本编辑器，并将生成的网络表保存为.net 文件，如图 14-5 所示。由图可知，该网络表以工程名称为默认名称。如果是对某一原理图的网络表，则会以该原理图的名称为默认的文件名。

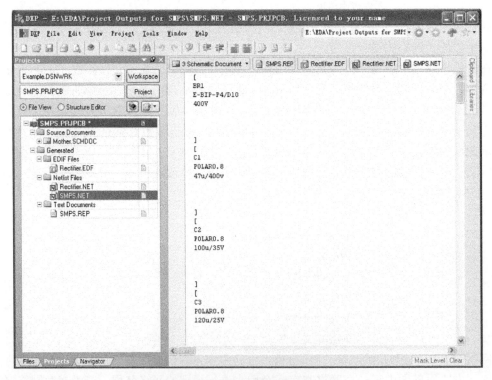

图 14-5 生成的网络报表文件

14.2.2 元件列表

元件列表包含了原理图中所有元器件的名称、标注、封装等内容。它是电子产品生产过程中重要的过程管理文件和技术文件，同时也是电路成本核算的依据。

要创建原理图元件列表,在打开的项目文件中执行菜单命令 Report/Bill Of Material,系统将打开生成元件列表对话框,如图 14-6 所示,在窗口中可以看到原理图中的所有元件列表。

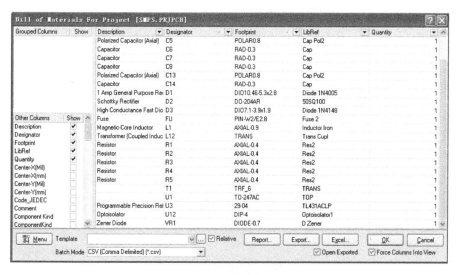

图 14-6　项目的元件列表对话框

在该对话框中单击 Report 按钮,可以预览元件报告,如图 14-7 所示。

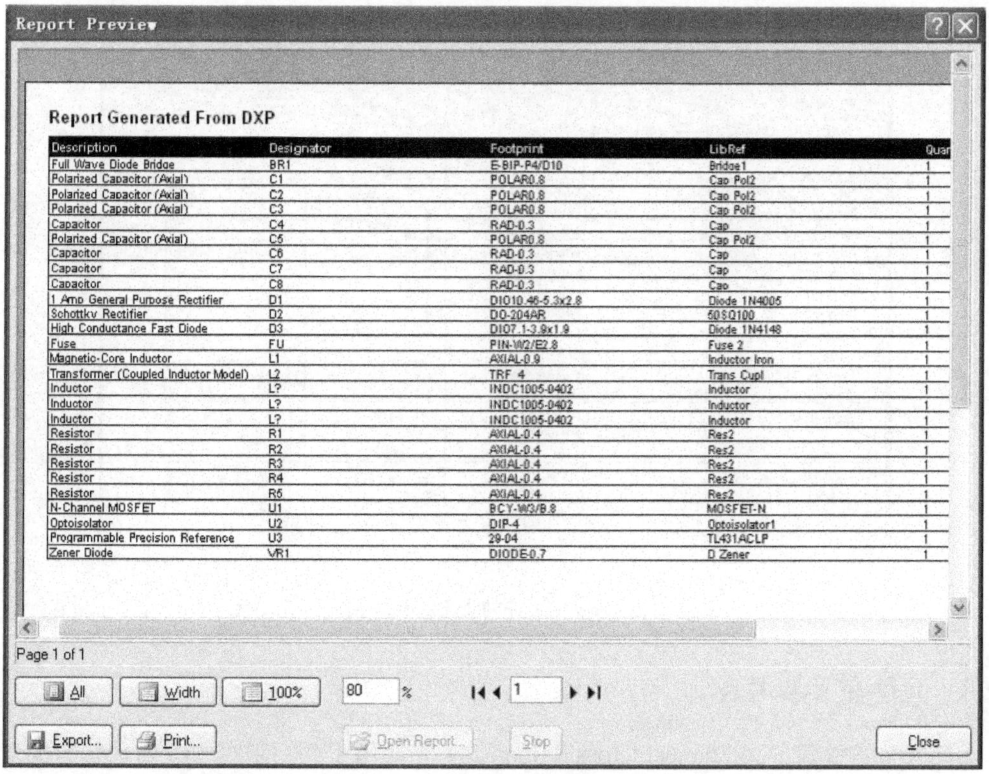

图 14-7　元件列表预览

单击 Export 按钮,则可以将元件报表导出,如图 14-8 所示。此时在系统弹出的导出项目元件列表对话框中,可以选择导出文件的保存路径和文件类型。

图 14-8 导出元件类表对话框

单击 Excel 按钮，系统会打开 Excel 应用程序，并生成.xsl 元件报表文件，如图 14-9 所示。此时需要选择 Open Exported 复选框。

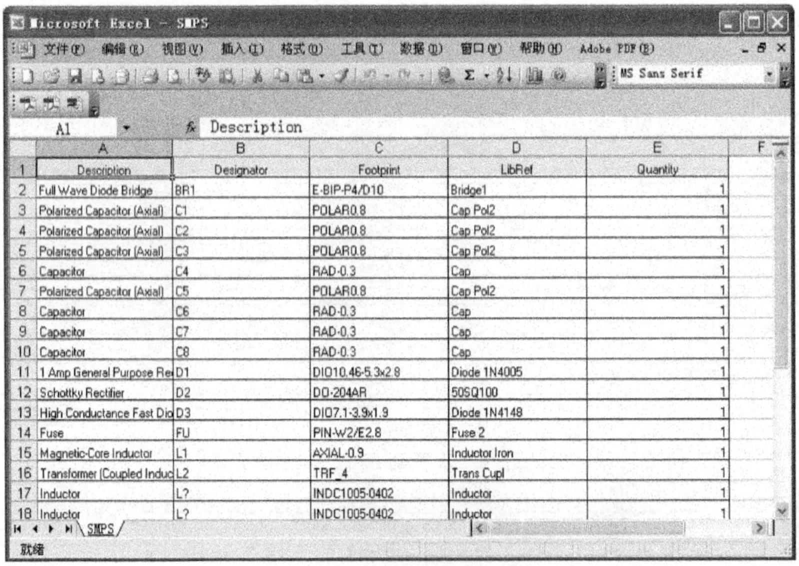

图 14-9 元件列表 Excel 表格

14.2.3 元件交叉参考表

元件交叉参考表（Component Cross Reference）主要用于列出项目中各个元件的编号、名称以及所在的电路原理图文件。跟元件列表文件不同之处在于，在层次原理图中，元器件交叉参考表对列出的元件又根据原理图文件进行了划分。这些功能对层次原理图的子原理图检查具有一定的意义。

生成元件交叉参考表的方法与生成元件列表的方法类似，选择菜单 Report/Component

Cross Reference 后，在系统弹出的对话框中可以对元件交叉参考表进行预览、导出以及生成 Excel 表格等操作，如图 14-10 所示。

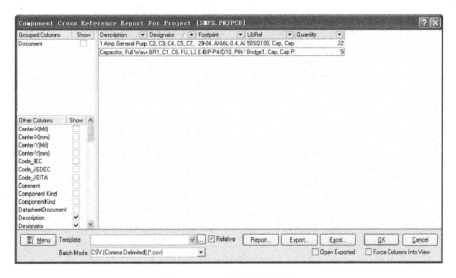

图 14-10　元件交叉参考表

14.2.4　项目层次表

项目层次表用来描述项目文件中的原理图层次关系，有助于直观了解项目的文件结构。它是一个 ASCII 文本文件，扩展名为.Rep。要生成项目层次表，选择菜单命令 Reports/Report Project Hierarchy 命令。执行该命令后，系统会根据设置的路径自动生成当前打开项目的层次报表。由本章实例生成的项目层次表如下所示。

Design Hierarchy Report for SMPS.PRJPCB

-- 2009.01.06

-- 12:10:55

Mother　　　　　　　　　　SCH　　　　(Mother.SCHDOC)

　U_Fly_Back　　　　　　　SCH　　　　(Fly_Back.SCHDOC)

　U_Rectifier　　　　　　　SCH　　　　(Rectifier.SCHDOC)

由上可知，项目层次报表的结构主要由表头和文件列表两部分构成。表头部分记录了报表文件的有关信息，这些信息包括生成报表项目的名称，生成的日期、时间等；文件列表部分包括文件的名称、文件的格式以及文件的全名等。为了描述电路的层次关系，列表的文件根据层次关系，使用缩进的格式将文件逐一列出，以便设计者检查和管理。

14.3　原理图的打印

原理图绘制结束后，往往要通过打印机或绘图仪输出为纸质文档，以供设计人员校对和存档。用打印机打印原理图，首先要对页面进行设置，然后设置打印机。

1. 页面设置

执行 File/Page Setup 命令，系统弹出如图 14-11 所示的原理图打印属性对话框，进行各项参数的设置。

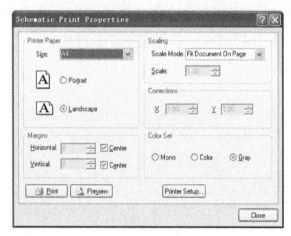

图 14-11　原理图打印属性对话框

Size：选择打印纸大小，并设置打印纸的方向，包括 Portrait（纵向）和 Landscape（横向）。

Scale Mode：设置缩放比例模式，可以选择 Fit Document On Page（文档适应整个页面）和 Scaled Print（按比例打印）。当选择了 Scaled Print 时，Scale 和 Corrections 文本框将有效，可以在此输入打印比例。

Margins：设置页边距，分别可以设置水平和垂直方向的页边距。如果选中 Center（居中）复选框，则不能设置页边距。

Color Set：输出颜色的设置，可以分别输出 Mono（单色）、Color（彩色）和 Gray（灰色）。

2. 打印机设置

单击图 14-11 所示的对话框中的 Printer Setup 按钮或者直接执行 File/Print 命令，系统将弹出如图 14-12 所示的打印机配置对话框。此时可以设置打印机的配置，包括打印的页码、份数等，设置完毕后单击 OK 按钮即可实现图纸的打印。

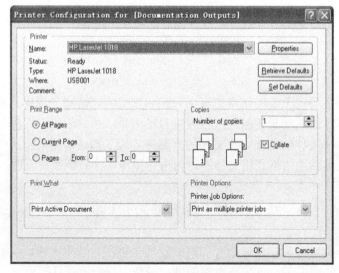

图 14-12　打印机配置对话框

如果直接单击常用工具栏中的按钮，则系统跳过打印设置步骤，直接按照默认的设置打印当前打开的原理图。

3. 打印预览

设置完毕后，可以先预览一下打印效果。在图 14-11 所示的页面设置对话框中单击 Preview 按钮，或者直接执行 File/Print Preview 命令，就可预览到打印效果，如图 14-13 所示。如果不满意，可以继续修改；如果满意，可以单击 Print 按钮开始打印。

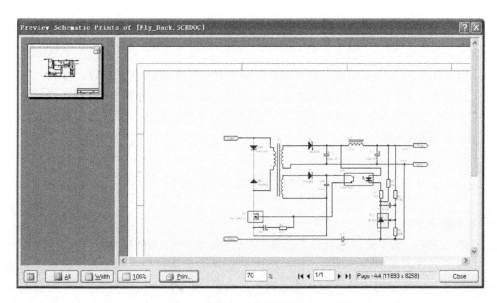

图 14-13　打印预览

第 15 章　原理图库元件设计

Protel 2004 附带了 68000 多种世界各大著名公司生产的各种常用的元器件，而且 Protel 公司也会在网站上公布一些新的元件库文件包，用户可以下载来升级自己的元器件库。但即便如此，仍然无法涵盖众多的电子设计者在设计过程中用到的所有元器件，因为在电子技术日新月异的今天，新的元器件每天都在诞生。因此，用户经常会碰到所要使用的元器件在元器件库中无法找到的情况。这时就需要对已有的库元件进行修改，或者创建新的元件库。本章着重介绍这方面的内容。

15.1　原理图元件及元件库

1. 原理图元件

原理图（Schematic）元件包括三个部分：元件图、元件管脚和元件属性，如图 15-1 所示。中间的矩形区域以内的部分就是一个元件图，是元件的主体部分。四周黑线为元件管脚。元件管脚在外形上可以分为一般管脚、端管脚、方向管脚、时钟脉冲管脚，每个管脚都有管脚号码和管脚名称。元件属性包括元件序号、元件名称、元件封装、元件说明、元件标注、元件库标注等。其中元件序号、元件名称和元件封装具有电气意义，是进一步制作电路板不可或缺的部分，其余是辅助管理部分。

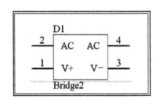

图 15-1　原理图元件

2. 元件库

Protel 2004 提供的元件库主要是集成库、PCB 库和原理图库。

所谓集成库是将元件的原理图符号、PCB 符号、SPICE 仿真模型和信号完整性模型等信息集中在一起的元器件库，其扩展名为.Intlib。在调用一个集成库中的元器件时，与该元器件相关的其他信息都会一起被调用，因此免去了许多设置的麻烦，非常方便。

所谓的 PCB 库就是用于定义元件 PCB 封装的库，其扩展名为.Pcblib。用户也可以自己创建 PCB 封装库，将在后面的章节中介绍。

所谓的原理图库就是在进行原理图设计时用到的代表一种元器件的元件符号所组成的库，其扩展名为.SchLib。Protel 2004 系统的原理图库均建立在集成库中。如果需要使用系统集成库中没有的元器件，用户可以绘制原理图符号，并建立自己的原理图库。

15.2 原理图元件库编辑器

15.2.1 打开元件库编辑器

原理图元件库编辑器用于创建、编辑和修改原理图元件，也是对原理图元件进行维护和管理的操作环境，它和原理图编辑器十分相似。创建新的原理图库文件，或者打开一个已有的库文件，都可以打开元件库编辑器。

在当前设计管理器环境下，执行 File/New/Library/Schematic Library 命令，就可以新建一个库文件，并进入原理图元件库编辑工作界面。然后选择 View/Workspace Panels/SCH/SCH Library 命令，或者直接选择工程文件面板下的 SCH Library 按钮，系统就会打开如图 15-2 所示的元件库编辑器界面。该界面包括四个部分：菜单、工具栏（包括主工具栏和实用工具栏）、工作面板和工作窗口，各部分与 Protel 2004 系统所提供的其他编辑器风格是统一的，而且大部分功能也相同。与原理图编辑器不同的是，在编辑区有一个十字坐标轴，将编辑区划分为四个象限。新建的元件库内只有一个名为 Component_1 的空白库元件页面。在此界面下，用户可以添加新的库元件。

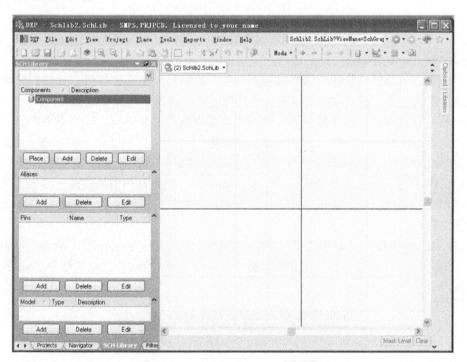

图 15-2 新建库文件的元件库编辑器

通过菜单 File/Open 或其他文件打开方式，可以打开已有的库文件。由于系统提供的都是集成库，没有单独的原理图库文件，我们可以选择当前安装目录下的 Examples\Reference Designs\4 Port Serial Interface\Libraries\ 4 Port Serial Interface.SchLib 文件，在 Project 工作面板中将其打开，在 SCH Library 面板中查看其详细信息，如图 15-3 所示。

15.2.2 SCH Library 选项卡

如图 15-3 所示，SCH Library 选项卡可以分为四个区域：Components（元件）区域、Aliases

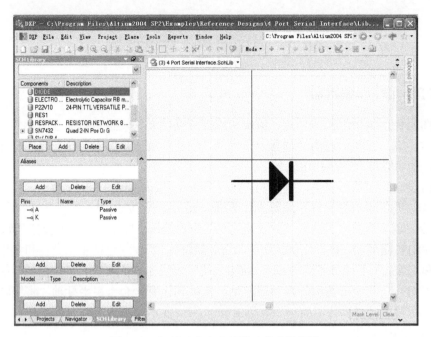

图 15-3　打开已有库文件的元件库编辑器

（别名）区域、Pins（区域）和 Model（元件模型）区域。

1. Components 区域

该区域的主要功能是查找、选择和取用元件。当打开一个元件库时，元件列表就会显示出本元件库内所有元件的名称，可以对元件进行放置、添加、删除和编辑等操作。

第一行空白文本框：用于筛选元件。在文本框内输入过滤字符，则列表中将显示以该字符开头的元件。使用该文本框时，可以配合通配符"*"和"?"进行元件的快速查找。在查找元件时，如果找不到所要查找的元件，一定要注意该文本框是否为空（此时显示所有元件）。

Place：将所选元件放置到原理图中。单击该按钮，系统自动切换到原理图设计界面，同时元件库编辑器退到后台。如果当前工作区没有打开任何原理图文件，系统就会自动新建一个原理图文件。

Add：添加新元件。单击该按钮，系统弹出如图 15-4 所示的对话框，输入指定的元件名称，单击 OK 按钮，就将该名称的元件添加到当前元件库中。默认的元件名称是 Component_1。注意，此时只是一个空元件。

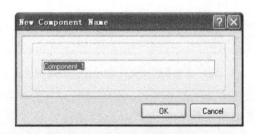

图 15-4　添加库元件对话框

Delete：从元件库中删除元件。

Edit：编辑元件属性。单击该按钮，系统打开如图 15-5 所示的元件属性对话框。在该对话框中，可以对元件的各种参数进行设置。该对话框跟设计原理图时设置元件属性对话框是一样的。

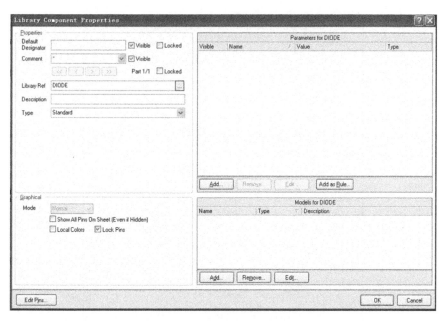

图 15-5 元件属性设置对话框

2. Aliases 区域

该区域用来设置所选中元件的别名。单击 Add 按钮打开如图 15-6 所示的对话框,在对话框中输入元件的别名名称,单击 OK 按钮就为所选元件添加了新的别名。一个元件可以有多个别名。单击 Delete 按钮可以删除选中的别名,单击 Edit 按钮可以编辑选中的元件别名。

3. Pins 区域

该区域的主要功能是显示当前选中元件的引脚信息。图 15-3 显示的就是所选中二极管的两个引脚的信息。

单击 Add 按钮,光标自动转到元器件编辑工作区,界面显示到最大,并有一个引脚浮动虚框跟随,如图 15-7 所示。在适当的区域单击鼠标左键,就可以为元器件添加一个新的引脚。

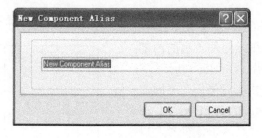

图 15-6 添加元件别名对话框

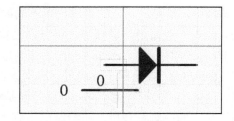

图 15-7 为元件添加引脚

单击 Delete 按钮,就可以删除所选的引脚。

单击 Edit 按钮,将打开如图 15-8 所示的引脚属性设置对话框。该对话框各选项意义如下。

(1) 基本参数设置域。

Display Name:用来设置引脚名称。元器件中某些引脚根据它们的工作特征都有一个名字,用以描述引脚特征,如图中的"CLK/IN"即为引脚 1 的名称。如果选中后面的 Visible 复选框,该参数将显示在图纸上,否则不显示。

Designator:用于设置引脚号。如图中的"1"就是该引脚的引脚号,表示器件的第 1 个引脚。同样,如果要将该参数显示在图纸上,应选中后面的 Visible 复选框。

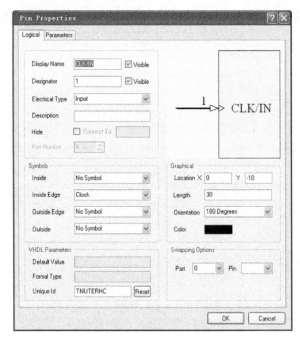

图 15-8 引脚属性设置对话框

Electrical Type：用于设置引脚的电气类型。打开右边的下拉框，共有八种类型可供选择：Input（信号输入）、IO（信号双向传输）、Output（信号输出）、Opencollector（集电极开路）、Passive（无源引脚）、Hiz（高阻态引脚）、Emitter（发射极引脚）、Power（电源引脚）。

Description：设置引脚的描述信息。

Part Number：设置子元件号。当元件由多个子元件（Part）组成时，该文本框设置引脚所在的子元件号。

Hide：设置隐藏属性。选中该复选框后，该引脚在元器件上不显示，但电气属性依然存在。设计电路时，会自动与 Connect 后的文本框所定义的网络连接。

（2）引脚符号设置域（Symbols）。

该域中，给不同功能的引脚设置不同的符号，以便在电路中能快速地识别引脚的功能及特征。根据一般原则，引脚符号可分别设置在元器件轮廓的内部（Inside）、内侧边沿（Inside Edge）、外侧边沿（Outside Edge）和外部（Outside）。在这四个位置可以分别设置引脚符号，在不同的位置，可供选择的符号也不同。这些符号是标准的 IEEE 符号。在采用了特定的引脚符号后，在绘制的引脚上就显示了该符号，以便在电路原理图中快速识别该引脚的功能，如图 15-9 所示。

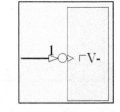

图 15-9 引脚符号的显示

在 Inside 部分，可供选择的符号有 12 种，它们分别是：No Symbol（无符号）、Postponed Output（暂缓性输出）、Open Collector（集电极开路）、HiZ（高阻抗）、High Current(大电流输出)、Pulse(脉冲输出)、Schmitt（施密特触发输入）、Open Collector Pull Up（集电极开路上拉）、Open Emitter（发射极开路）、Open Emitter Pull Up（发射极开路上拉）、Shift Left（移位输出）、Open Output（开路输出）。

在 Inside Edge 部分，除了 No Symbol（无符号）外，只有时钟（Clock）一个选项。

在 Outside Edge 部分，除了 No Symbol 外还有三种选项：Dot（非信号符号）、Active Low Input（低输入电平有效符号）、Active Low Output（低输出电平有效符号）。

在 Outside 部分，除了 No Symbol 外还有六种选项：Right Left Signal Flow（数据左移符号）、Analog Signal In（模拟信号输入符号）、Not Logic Connection（非逻辑连接符号）、Digital Signal In（数字信号输入符号）、Left Right Signal Flow（数据右移符号）、Bidirectionary Signal Flow（双向信号传送符号）。

(3) 图形参数设置域（Graphical）。

该域主要设置与引脚几何尺寸、放置角度以及颜色有关的参数。

Location X/Y：设置引脚 X 向位置和 Y 向位置。该参数一般在元器件引脚放置时自动确定，不需用户设置。

Length：设置引脚长度。引脚长度应该设置为栅格尺寸的整数倍，否则，当元器件放置时，元器件引脚的端点不在栅格上，给电路原理图的连线带来不便。

Orientation：设置引脚方向。有 0°、90°、180° 和 270° 四种旋转角度。该参数一般也在引脚放置时通过按下 Space 键进行调整和确定。

Color：设置引脚的颜色。可以通过单击或者双击该区域的方法打开调色板进行选择。

关于 VHDL Parameters 和 Swapping Options 选项在此不做过多介绍。

4. Model 区域

该区域的功能是为所选择的元器件指定 PCB 封装模型、信号完整性分析模型、仿真模型、三维 PCB 模型等。

单击 Add 按钮，可以为元件添加一个新模型。系统弹出如图 15-10 所示的添加新模型对话框，在该对话框中选择要添加模型的类别。然后单击 OK 按钮，系统将弹出如图 15-11 所示的模型属性对话框。该图是针对 Footprint 的属性设置对话框，如果添加的是其他模型，则弹出相应其他模型的属性设置对话框。

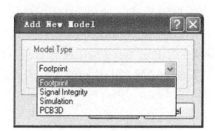

图 15-10　添加新模型

单击 Delete 按钮，删除选中的模型。单击 Edit 按钮，可以对相关模型的属性进行设置，如图 15-11 所示。

15.2.3　Tools 菜单

在库元件编辑环境下，菜单与原理图环境也有很大不同。SCH Library 选项卡中对库元件的操作，在 Tools 菜单中也都有相应的命令来实现。各菜单命令介绍如下。

New Component：添加元件。

Remove Component：删除元件。

Remove Duplicates：删除重复元件。

Rename Component：修改元件名称。

Copy Component：复制元件到指定库中。单击此命令，会弹出对话框选择目标库，选择元件库后单击 OK 按钮，即可将该元件复制到指定的元件库中。

图 15-11 模型属性对话框

Move Component：移动元件到指定的库中，其操作方法同 Copy Component。

New Part：在复合封装中新增元件。

Remove Part：删除复合封装元件。

Mode：为元件创建可替代的视图模式。如果给元件添加了一个替代视图模式，则通过 Mode 子菜单选择该替代模式，它们会显示在元件库编辑器中。可以对视图模式执行添加和删除操作，也可执行 Mode 子菜单中的 Previous 或 Next 查看前后的替代模式视图。Mode 菜单中的操作，都可以通过模式（Mode）工具栏中相应的工具来完成。

Goto：切换操作子菜单。包括以下命令：Next Part（切换到复合封装的下一个元件）、Prev Part（切换到复合封装的前一个元件）、Next Component（切换到下一个元件）、Prev Component（切换到上一个元件）、First Component（切换到第一个元件）、Last Component（切换到最后一个元件）。

Find Component：搜索元件。

Component Properties：打开编辑元件属性对话框。

Parameter Manager：对元件属性参数进行管理。

Model Manager：对元件模型进行管理。

X-SPICE Model Wizard：创建元件的 SPICE 模型。

Update Schematics：将元件库编辑器中所做的修改更新到打开的原理图。

Document Options：文档选项。执行该命令，系统打开如图 15-12 所示的元件库编辑器工作区设置对话框。该对话框类似于原理图编辑环境下的文档参数设置对话框，只是设置的参数不同而已。

该对话框中的各项设置如下。

Style：选择图纸样式。

Size：选择图纸尺寸。

Orientation：设置图纸方向，包括横向（Landscape）和纵向（Portrait）两种。

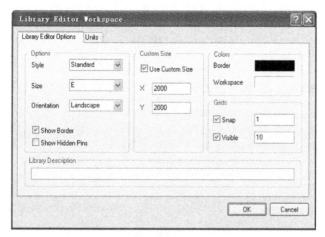

图 15-12 元件库编辑器工作区设置对话框

Show Border：显示边框。
Show Hidden Pins：显示隐藏引脚。
Use Custom Size：自定义图纸尺寸。
Colors：定义图纸边框的颜色和工作空间的颜色。
Grids：设置栅距（Snap）和可见性（Visible）。
Schematic Preferences：执行该命令，系统弹出元件参数设置对话框，该对话框的各项设置与原理图的参数设置对话框一致。

15.2.4 绘图工具

制作元件可以利用绘图工具来完成，常用的绘图工具集成在实用工具栏中，包括一般绘图工具和 IEEE 工具栏。

1. 一般绘图工具栏

通过实用工具栏中的 图标，可以打开一般绘图工具栏，如图 15-13 所示。该工具栏中大部分工具与 12.5 节介绍的工具基本相同，且都能通过对应的 Place 菜单上的命令来实现。

除 12.5 节中介绍的绘图工具以外，该工具栏还有以下几个新的工具，其功能见表 15-1。

2. IEEE 符号

通过实用工具栏中的 图标，可以打开 IEEE 符号，如图 15-14 所示。IEEE 工具栏上的命令对应 Place 菜单中的 IEEE Symbols 子菜单上的各命令。在制作元件和元件库时，IEEE 符号很重要，它们代表着元件的电气特性。

图 15-13 绘图工具栏

表 15-1 绘图工具栏中的新工具

按钮	功 能
	插入新元件
	为当前元件添加新的子元件
	绘制引脚

图 15-14 IEEE 工具

15.3　创建新元件

本节以图 15-15 所示的 JK 触发器为例介绍如何创建新的原理图元件。

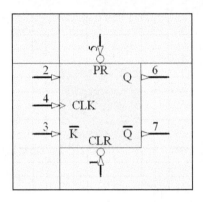

图 15-15　触发器实例

1. 新建元件库文件

单击菜单 File/New/Library/Schematic Library 命令，新建一个原理图库文件，系统将进入原理图元件库编辑工作界面，默认文件名为 Schlib1.Schlib。

2. 绘制矩形

使用菜单 Place/Rectangle 命令或单击一般绘图工具栏上的▢按钮绘制一个直角矩形。此时鼠标指针旁会出现一个大十字，将该十字的中心移动到坐标轴原点处（X=0，Y=0），单击鼠标左键，将该位置定为直角矩形的左上角。移动鼠标到矩形的右下角，再单击鼠标左键，结束直角矩形的绘制过程。直角矩形的大小设为 6 格×6 格，如图 15-16 所示。绘制元件时，一般元件应放置在第四象限，而原点即为元件基准点。

3. 绘制元件引脚

执行菜单 Place/Pin 命令或单击绘图工具栏上的 按钮，将编辑模式切换到放置引脚模式。此时鼠标指针旁边会多出一个大十字及一条短线，接着分别绘制七根引脚，如图 15-17 所示。

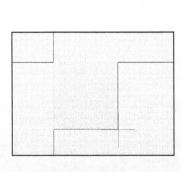

图 15-16　绘制矩形

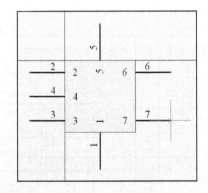

图 15-17　绘制引脚

在放置引脚时，初学者往往会将引脚方向放反，即将本来靠近矩形的那一头放置在靠外边。如此绘制出来的库元件，在绘制原理图时，电气捕捉点就紧贴器件中心的矩形框了。为避免出错，大家只需记住，在绘制引脚时，鼠标光标所在的那一端就是电气连接点，即放置在库元件靠外的一端，如图 15-17 中的 7 脚所示。

在放置引脚时，可以按 Space 键旋转引脚至一定的角度。本例中引脚 1 旋转 270°，引脚 5 旋转 90°，引脚 2、3 和 4 旋转 180°，引脚 6 和 7 旋转 0°。

4．编辑各引脚

双击需要编辑的引脚，或者右键单击，从快捷菜单中选择 Properties 命令，进入引脚属性对话框，如图 15-18 所示。

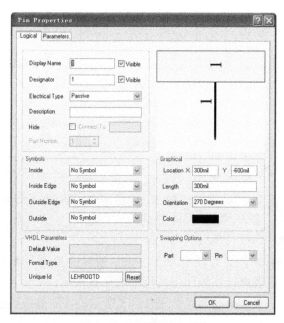

图 15-18　引脚属性对话框

各引脚需要修改的属性及修改方式如表 15-2 所示。

表 15-2　各引脚属性设置

引脚	Name	Visible	Electrical Type	Symbols	Length（mil）	Orientation
1	CLR	不选	Input	Outside Edge: Dot	200	270°
2	J	选中	Input		200	180°
3	K\	选中	Input		200	180°
4	CLK	选中	Input	Inside Edge: Clock	200	180°
5	PR	不选	Input	Outside Edge: Dot	200	90°
6	Q	选中	Output		200	0°
7	Q\	选中	Output		200	0°

当用户需要在输入字母上带一横时，可以使用"*\"来实现，如引脚 7 的 Name 属性文本框中输入"Q\"时，在图形中将显示"$\overline{Q}$"。

引脚名一般是水平放置，由于 1 脚和 5 脚旋转成了垂直方向，其引脚名也变成了垂直方向。因此我们不选中 1 脚和 5 脚的 Visible 属性，即让引脚名不显示。后面再另外添加字符标识该引脚名称。

如果不是在放置引脚时使用 Space 键来旋转引脚，而是在引脚属性对话框中设置引脚的旋转角度，则旋转了引脚后，一定要记着移动引脚，使它移到与直角矩形相交。该过程也可以通过修改坐标值的大小来实现，但没有直接移动引脚方便。

修改完属性后的引脚如图 15-19 所示。

5. 绘制隐藏引脚

原理图中通常会把电源引脚隐藏起来。我们先绘制如图 15-20 所示的两个电源引脚 VCC 和 GND，其电气特性都设为 Power。

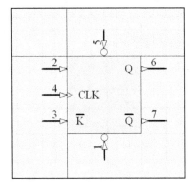

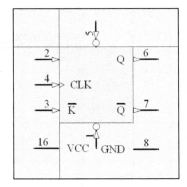

图 15-19　修改引脚属性后的图形　　　　图 15-20　绘制电源引脚后的元件图

分别在引脚 8 和引脚 16 的属性对话框中，将这两个引脚的 Hidden 复选框选中，则引脚 8 和引脚 16 将不显示出来，图形与图 15-19 相同。

6. 给引脚添加文本

由于引脚 1 和引脚 5 的名称没有显示出来，所以必须向这两个引脚添加文本。执行 Place/Text String 命令，或者直接从绘图工具栏中选择 A 按钮，分别在引脚 1 和引脚 5 的名称端放置 CLK 和 PR 文字，调整好位置，如图 15-15 所示。该图是最终获得的元件图。

7. 绘制子元件

如果该元件是复合封装元件，可以绘制子元件。执行菜单 Tools/New Part 命令或者直接选择绘图工具栏中的 按钮可绘制子元件命令。此时出现一个新的空白边界区域，与新建原理图文件时的操作界面一样。

本例中的元件包括 2 个子元件，子元件 A 和子元件 B，子元件 A 就是刚刚完成的元件。子元件 B 的绘制方法和结构与 A 一样，但是引脚号不同，如图 15-21 所示。

此时，在 SCH Library 选项卡中的元件列表中，刚才新建的元件名前多了一个"+"号，单击该"+"号，会出现如图 15-22 所示的 Part A 和 Part B 列表，单击该列表，在编辑区中将分别显示各子元件。

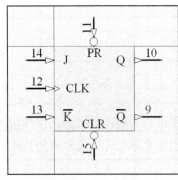

图 15-21　子元件 B　　　　　　　　　图 15-22　添加子元件后的元件列表

8. 保存已绘制好的元件

执行菜单 Tools/Rename Component 命令打开更改元件名称对话框，如图 15-23 所示。将元件名称改为 SN74LS109，然后执行保存命令，将元件保存到当前元件库文件中。

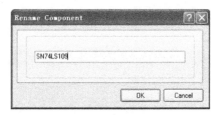

图 15-23　更改元件名称对话框

执行以上操作后，查看元件库管理器如图 15-24 所示。在新建的元件库 Schlib1.SchLib 中，已经添加了一个名为 SN74LS109 的元件。

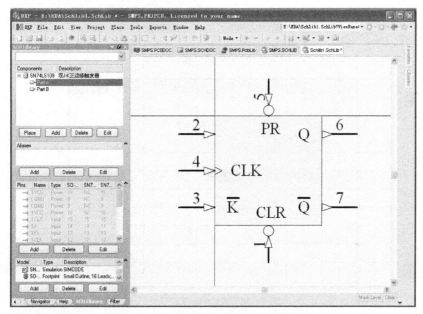

图 15-24　添加元件后的元件库管理器

9. 设置库元件的其他属性

在元件库编辑管理器中选中该元件，然后单击 Edit 按钮，系统将弹出如图 15-25 所示的元件属性对话框。按以下方式设置该元件属性。

Designator：U?

Description：双 J-K 正边缘触发器。

Parameters For SN74LS10（参数表）：单击 Add 按钮可以添加参数，如图 15-26 所示。依照前面章节介绍的方法，为该元件添加如图 15-25 所示的两个参数，并设置参数值和参数类型。

Models For SN74LS10（模型表）：这里可以设置三种模型，包括 PCB 封装模型、仿真模型和信号完整性模型。单击 Add 按钮，在如图 15-27 所示的对话框中选择要添加的模型类型。单击 OK 按钮，系统将弹出各模型属性设置对话框，分别如图 15-28～图 15-30 所示。依据前面介绍的方法，在模型的 Name 属性文本框中输入模型的名称，然后单击 OK 按钮即完成了各种模型的设置。

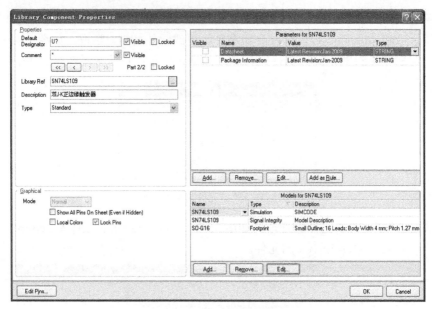

图 15-25 元件属性对话框

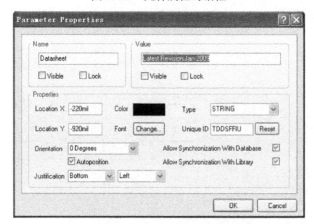

图 15-26 添加参数对话框

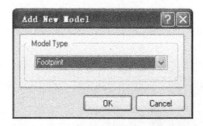

图 15-27 选择模型类型对话框

10. 元件引脚的集成编辑

单击图 15-25 所示的 Edit Pins 按钮，系统弹出如图 15-31 所示的元件引脚编辑器。此时可以对所有引脚一次性集中编辑。

至此，拥有一个元件的原理图元件库就已经建好了。如果想在原理图设计时使用此元件，只需将该库装载到元件库中，操作方法跟系统元件库的装载方法完全一样。如果要在现有的元件库中加入新元件，只要进入元件库编辑器，选择现有的库文件，再执行新建元件命令，按照本节的方法和步骤，就可以设计新的元件。

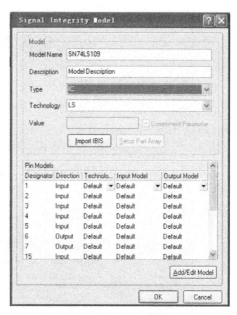

图 15-28　PCB 封装模型对话框　　　　　　图 15-29　信号完整性模型对话框

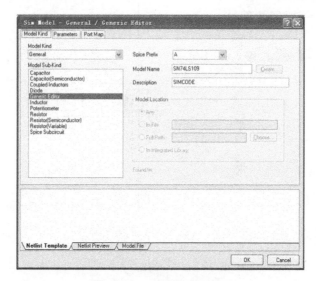

图 15-30　仿真模型对话框

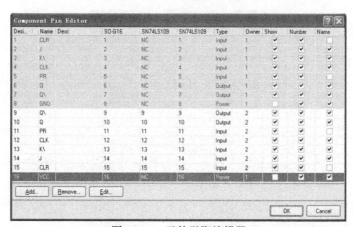

图 15-31　元件引脚编辑器

15.4 生成项目元件库

以上介绍了如何创新建元件库和创建新的库元件。对于一个项目中所使用的全部元件，可以很方便地生成一个项目元件库。这种方式创建的库中的元件往往是使用频率很高的元件，在类似的项目中可重复使用。

执行 Design/Make Project Library 命令，系统就会生成以项目名称命名的元件库。如图 15-32 所示，在项目 SMPS.PrjPCB 打开的界面下，执行生成项目元件库命令后，生成名为 SMPS.SchLib 的库元件，该库元件包含所有本项目中使用到的元件，并且，该元件库自动添加到该项目中。

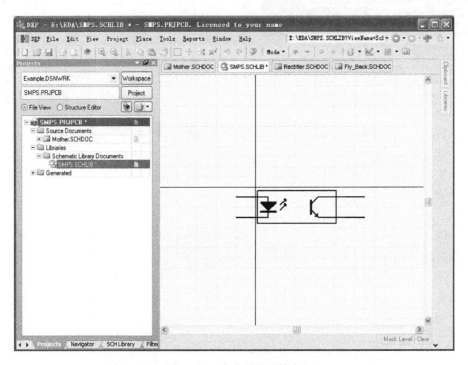

图 15-32 生成项目元件库

15.5 生成元件库报表

在元件库编辑器里，可以生成以下四种报表：元件报表（Component）、元件库列表（Library List）、元件库报表（Library Report）和元件规则检查报表（Component Rule Check Report）。

15.5.1 元件报表

通过菜单 Reports/Component 命令可对元件库编辑器当前窗口中的元件产生元件报表，系统会自动打开文本编辑器显示其内容，如图 15-33 所示。该图即为前面创建的 Schlib1.SchLib 库中的 SN74LS109 元件的元件报表。报表文件的扩展名为.cmp，元件报表列出了该元件的所有相关信息，包括子元件个数、元件组名称以及各子元件引脚细节等。

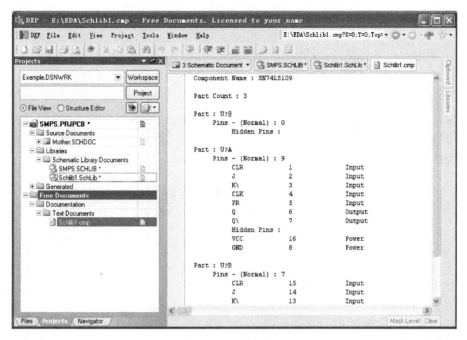

图 15-33　元件报表

15.5.2　元件库列表

元件库列表列出了当前元件库中所有元件的名称及其相关描述，其扩展名为.rep。通过菜单 Reports/Library List 命令可对元件库编辑器中的当前元件库产生元件库列表，系统会自动打开文本编辑器显示其内容。在 15.4 节中生成的项目元件库 SMPS.SchLib 的元件库列表如图 15-34 所示。

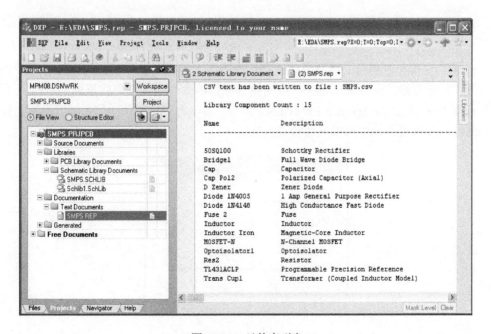

图 15-34　元件库列表

15.5.3 元件库报表

元件库列表列出了当前元件库中所有元件的详细信息,其扩展名为.doc,即生成的是 Word 文档。通过菜单 Reports/Library Report 命令可对元件库编辑器中的当前元件库产生元件库报表,系统会自动打开 Word 编辑程序显示其内容。我们打开前面提到的库文件 4 Port Serial Interface.SchLib,然后生成该文件的元件库报表如图 15-35 所示。由该图可知,元件库报表和元件库列表的不同之处:元件库列表只是简单地列出库中的元件,而元件库报表列出了所有元件的详细的信息。

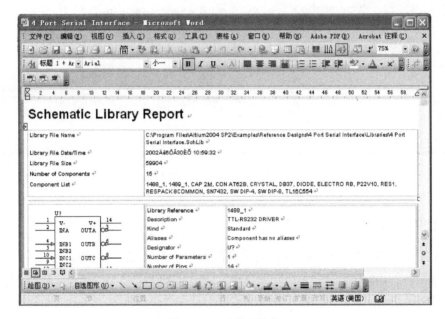

图 15-35　元件库报表

15.5.4 库元件规则检查表

元件规则检查表主要用于帮助用户进行元件的基本验证工作,包括检查元件库中的元件是否有错,并将有错的元件显示出来,指明错误原因等。生成的文件扩展名为.err。

执行菜单 Reports/Component Rule Check 命令,系统将弹出如图 15-36 所示的库元件规则检查对话框。在该对话框中可以设置检查属性。

图 15-36　库元件规则检查对话框

该对话框中各选项的含义如下：

Component Names：设置元件库中的元件是否有重名的情况。

Pins：设置元件引脚是否有重名的情况。

Description：检查是否有元件遗漏了元件描述。

Pin Name：检查是否有元件遗漏了引脚名称。

Footprint：检查是否有元件遗漏了封装描述。

Pin Number：检查是否有元件遗漏了引脚号。

Default Designator：检查是否有元件遗漏了默认流水序号。

对前面建立的元件库 Schlib1.SchLib 进行库元件规则检查。我们故意将引脚 2 的引脚名称 J 扇删去，在图 15-36 所示的对话框中选中 Pin Name 项。执行规则检查后，结果如图 15-37 所示，显示遗漏引脚名称的错误。

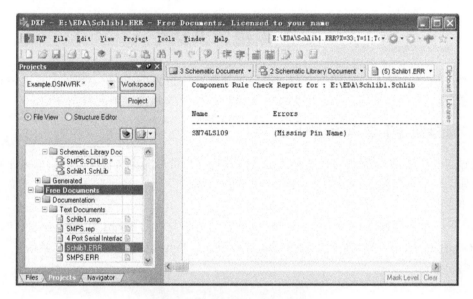

图 15-37　库元件规则检查结果

练习：请将图 12-64 中的元件 T1 和 U1 制作成库元件。

第 16 章 PCB 设计基础

从本章开始,我们就进入 PCB 设计了。本章先介绍一下有关 PCB 设计的基础知识,为下一章 PCB 的具体设计做准备。本书第 1 章已经详细介绍过 PCB 的基本概念,所以本章直接从新建 PCB 文件开始介绍。

需要注意的是,本章介绍的 PCB 设计基础知识比较全面,有些内容在实际应用中并不广泛,读者完全没有必要全面掌握。大部分内容可供读者在后面的学习过程中查阅和参考。

16.1 新建 PCB 文件

在设计从原理图向 PCB 转换之前,需要先新建空白的 PCB 文件。新建 PCB 文件有三种方法:通过向导生成 PCB、手动生成 PCB 和通过模板生成 PCB。下面分别介绍。

16.1.1 通过向导生成 PCB 文件

通过向导生成 PCB 文件可以选择工业标准模板,也可以自定义板子尺寸。如果在向导的任何阶段,想对已设置的参数加以修改,可以随时返回上一步。通过向导生成 PCB 文件操作步骤如下。

(1) 在 Files 面板底部的 New from Template 单元上单击 PCB Board Wizard,创建新的 PCB,如图 16-1 所示。如果 Files 面板中没有显示 New from Template 栏,可以单击图标 关闭上面的一些单元。

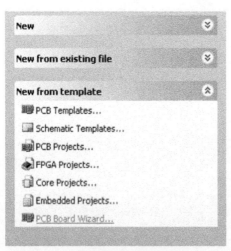

图 16-1 利用向导生成 PCB 文件

(2) 执行该命令后,系统将打开 PCB Board Wizard 窗口。首先看到的是介绍页,直接单击 Next 按钮继续下一步操作,系统弹出如图 16-2 所示的对话框,这里可以设置度量单位。如果选择 Imperial,则度量单位为 mil(密耳);如果选择 Metric,则度量单位为 mm(毫米)。

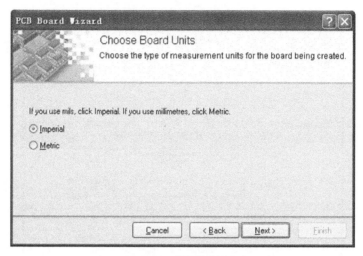

图 16-2　度量单位选择

(3) 单击 Next 按钮进入到下一步，系统打开如图 16-3 所示的对话框。这一步可以设置 PCB 模板。在左侧的列表中单击一个模板，在右侧的列表中会显示该模板的预览。如果选择了 Custom，在右侧就没有预览，可以根据需要自定义尺寸。这里我们选择 Custom。

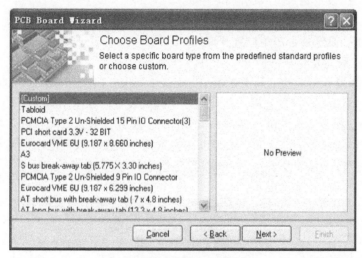

图 16-3　选择 PCB 模板

(4) 单击 Next 按钮，进入自定义 PCB 板参数对话框，如图 16-4 所示。可设置的参数包括以下内容。

Rectangular：设定板卡为矩形。选择该单选按钮，在 Board Size 栏可设定矩形的宽（Width）和高（Height）。

Circular：设定板卡为圆形。选择该单选按钮，在 Board Size 栏可设定圆形的半径（Radius）。

Custom：用户自定义板卡的形状。

Dimension Layer：设定标注所在的层，一般为机械层（Mechanical Layer）。

Boundary Track Width：设定边界线的宽度。

Dimension Line Width：设定尺寸标注线的宽度。

Keep Out Distance From Board Edge：设定板卡电气层离板卡边界的距离。

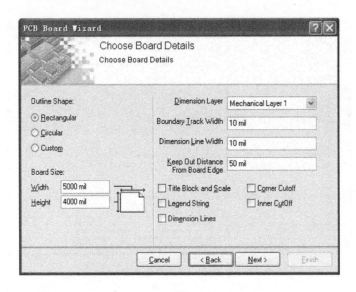

图 16-4 PCB 板参数设定对话框

Title Block and Scale：设定是否生成标题块和比例。
Legend String：设定是否生成图例和字符。
Dimension Lines：设定是否生成尺寸线。
Corner Cutoff：设定是否在角位置开口。
Inner Cutoff：设定是否在内部开一个口。

这里我们选择板卡为矩形，取消 Title Block and Scale、Legend String、Dimension Lines、Corner Cutoff 和 Inner Cutoff 复选框，其他均使用默认设置，如图 16-4 所示。

（5）单击 Next 按钮，系统弹出如图 16-5 所示的 PCB 层数选择对话框。用户可以分别选择信号层和电源层的层数，设置的方法可以在文本框中直接输入数据，也可单击文本框旁边的微调按钮。本例将信号层设定为 2，电源层设定为 0，即为通常的双面板。

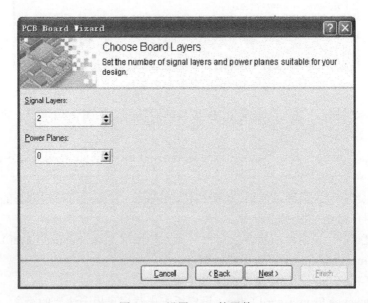

图 16-5 设置 PCB 的层数

(6) 单击 Next 按钮，系统弹出如图 16-6 所示的过孔样式选择对话框。这里可以选择 Thruhole Vias only（通孔）样式或 Blind and Buried Vias only（盲孔和埋孔）样式。在对话框右侧给出相应的过孔样式的预览。这里选择默认的 Thruhole Vias only 样式。

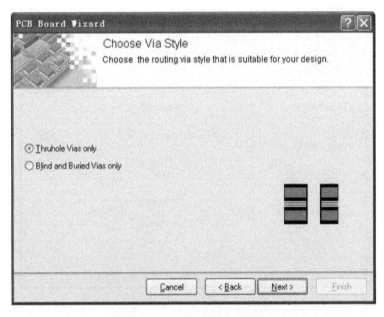

图 16-6　过孔样式选择对话框

(7) 单击 Next 按钮，系统弹出如图 16-7 所示的布线方式选择对话框。用户可以选择放置 Surface-mount components（表贴元件）或 Thru-hole components（直插元件）。如果选择了 Surface-mount components 方式，则还需要选择元件是否放置在板的两面。如果选择了 Thru-hole components，还要选择将相邻焊盘间的导线数，可以为 One Track、Two Track 或 Three Track。同样在对话框右边有相应的预览图形。

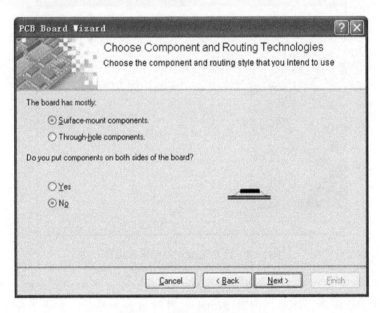

图 16-7　布线方式选择对话框

(8) 单击 Next 按钮，系统弹出如图 16-8 所示的最小尺寸限制对话框。这里可以设置 Minimum Track Size（最小导线尺寸）、Minimum Via Width（最小过孔宽度）、Minimum Via HoleSize（最小过孔尺寸）和 Minimum Clearance（最小线间距）。

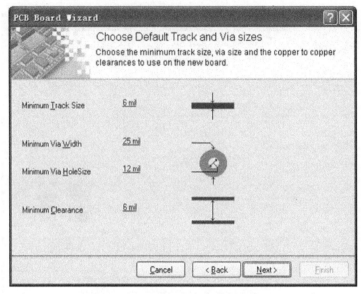

图 16-8 最小尺寸限制对话框

(9) 单击 Next 按钮，出现如图 16-9 所示的 PCB 生成向导结束对话框，单击 Finish 按钮，就可以完成 PCB 向导的设置。可以保存在 PCB 文件，默认的文件名是 PCB1.PcbDoc。

该文件是以自由文件的形式出现在 Project 面板中，执行菜单 Project/Add Existing to Project 命令，或者在 Project 面板使用直接拖曳的方法，可以将该文件添加到项目 SMPS.PrjPcb 中。最后生成的 PCB 板如图 16-10 所示。

图 16-9 PCB 生成向导结束对话框

通过向导生成 PCB 文件，是为了避免复杂的参数设置，使用户能迅速进入 PCB 设计的基本操作，适用于初学者。随着用户对 Protel 软件的进一步熟悉，并不需要总是使用向导方式。下面将介绍常用的其他方式。

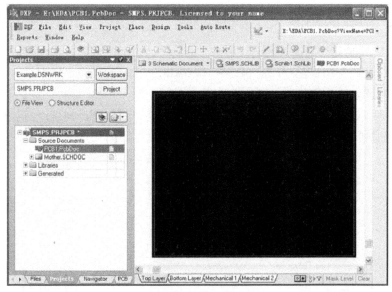

图 16-10 最后生成的 PCB

16.1.2 手动生成 PCB 文件

除了通过向导生成新的空白 PCB 文件之外，还可以通过手动的方法。该方法先快速生成一个默认的空白 PCB 文件，然后手动设置参数。

选择 File/New/PCB 命令，或者在 File 工作面板中的 New 栏中单击 PCB File，将一步生成一个默认的 PCB 文件，并进入 PCB 编辑器。

然后再设置相关的参数。选择 Design/Rules 命令，在打开的 PCB Rules and Constraints Editor 对话框中对电路板的相关规则进行设置。在对话框左侧选择需要编辑的属性，在右侧进行具体的设置。如图 16-11 所示可以进行布线宽度方面的参数设置。

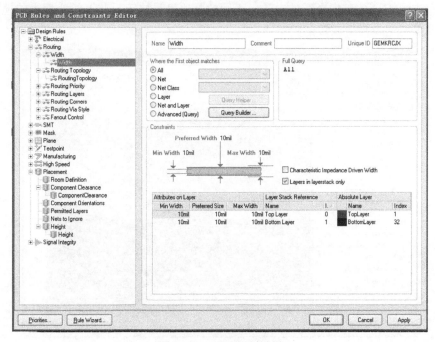

图 16-11 PCB 规则设置

16.1.3 通过模板生成 PCB 文件

通过模板生成 PCB 空白文件也是一种常用的方法。Protel 2004 提供了多种 PCB 模板，这些模板都保存在默认安装目录"C:\Program Files\Altium2004 SP2\Templates"中，直接选择与要设计项目符合或最接近的模板，可以大大节省时间。

在 Files 工作面板的 New From Template 栏中单击 PCB Templates，打开如图 16-12 所示的 Choose existing Document 对话框。

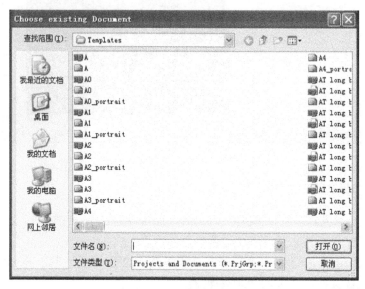

图 16-12 文件模板对话框

在该对话框中选择要使用的模板，然后单击"打开"按钮，就在 PCB 编辑器中打开了该模板，如图 16-13 所示。然后根据具体需要，对模板中一些与要求不符的参数进行修改。修改参数的方法同 16.1.2 节中介绍的方法。不同的是这里只修正一些不符合要求的地方，而不需要全面设置。

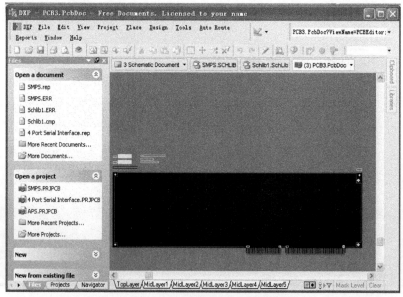

图 16-13 通过模板生成 PCB 文件

16.1.4 将 PCB 文件添加到项目中

以上介绍了三种生成 PCB 文件的方法。如果已经设计了一张 PCB 图,并且保存为一个文件,那么可以将该文件直接添加到项目中。用户只需要执行菜单 Project/Add Existing to Project 命令,在弹出的窗口中选择 PCB 文件,就可以将 PCB 文件添加到项目中。其操作方法与原理图跟文件的添加方法一样。

16.2 PCB 编 辑 器

通过以上方法新建一个空白的 PCB 文件,或者打开一个现有的 PCB 文件,就会进入 PCB 编辑环境。新建 PCB 文件的方法如上节所述。要打开 PCB 文件,可以选择主工具栏上的打开按钮,在弹出的对话框中选择一个 PCB 文件或者含有 PCB 文件的工程文件,然后单击"打开"按钮,就打开一个 PCB 文件,进入到 PCB 编辑环境,如图 16-14 所示。

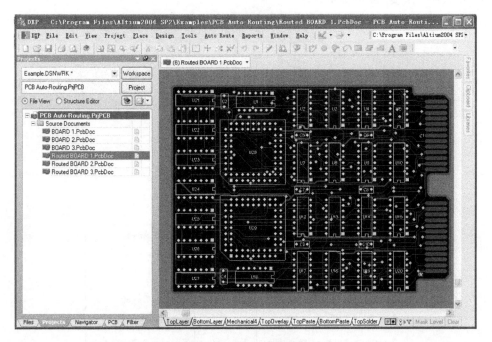

图 16-14　PCB 编辑环境

相对于工作区打开原理图文件的情况,菜单栏和工具栏都有所变化。下面着重介绍 PCB 编辑器中这些变化的菜单栏和工具栏。

16.2.1 菜单栏

1. Edit 菜单

PCB 编辑环境中的 Edit 菜单与原理图编辑环境中的 Edit 菜单相似,这里主要介绍不同之处。

(1) Paste Special 子菜单。

Paste Special 子菜单在原理图编辑环境中是没有的。该菜单的功能是以特殊的方式进行粘贴。选择该菜单命令后,会弹出如图 16-15 所示的对话框。

图 16-15 Paste Special 对话框

Paste on current layer 表示选择在当前图层进行粘贴。Keep net name 表示粘贴时保持网络标号名称不变。Duplicate designator 表示在粘贴时允许重复元器件标号。Add to component class 表示粘贴时将元器件加入所属的类中。

(2) Select 和 Deselect 子菜单。

这两个命令在原理图编辑环境中都有,但它们的子菜单却完全不同,如图 16-16 所示。

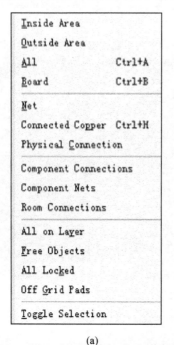

(a)　　　　　　　　　(b)

图 16-16 Select 和 Deselect 子菜单
(a) Select 子菜单; (b) Deselect 子菜单。

在 Select 子菜单中,各菜单命令功能如下。

Inside Area:选择矩形区域内部的所有元素。

Outside Area:选择矩形区域外部的所有元素。

All:选择图纸上的所有元素。

Board:选择整个 PCB 板。

Net:选中组成某网络的元件。

Connect Copper:执行该命令后,如果选中某条走线或焊盘,则该走线或者焊盘所在的网络对象上的所有元件均被选中。

  Physical Connection：通过物理连接来选中对象。
  Component Connections：选择元件上的连接对象，如元件引脚等。
  Component Nets：表示选择元件上的网络。
  Room Connections：选择电气方块上的连接对象。
  All on Layer：选定当前工作层上的所有对象。
  Free Objects：选中所有没有电气相连的对象。
  All Locked：选中所有被锁定的对象。
  Off Grid Pads：选中光栅外的焊盘。
  Toggle Selection：逐个选取对象。
  Deselect 子菜单与对应的 Select 子菜单命令功能相反，操作方法相同，这里不再介绍。
  (3) Move 子菜单。
  Move 子菜单用来实现元件的移动。该菜单在原理图编辑环境中也存在，但和 PCB 环境中的子菜单有较大差异，如图 16-17 所示。该子菜单中各个移动命令的功能如下。
  Move：用于移动元件。当选中元件后，选择该命令拖动鼠标，可以将元件移动到合适的位置。移动后，元件还保持原有的电气连接。使用该命令时，也可以先不选中元件，而在执行命令后再选择元件。
  Drag：启动该命令后，在需要拖动的元件上单击鼠标左键，元件就会跟着光标一起移动，将元件移动到合适的位置，再单击一下鼠标即可完成元件的重新定位。
  Component：该命令的功能和操作方法与以上两个命令相同。所不同的是，以上两个移动命令可以实现所有 PCB 对象的移动，而 Component 命令只能实现元件的移动。如果在选择移动对象时，鼠标没有点击到任何元件，则会弹出如图 16-18 所示的选择元件对话框。该对话框列表中列出了当前 PCB 文件中的所有元件列表，可以通过列表选择要移动的元件。在对话框下端还可以选择三种操作移动方式：No Special Action（无特殊动作）、Jump to component（跳转到元件处）和 Move component to cursor（将元件移动到光标处）。

图 16-17 Move 子菜单

图 16-18 选择元件对话框

  Re-Route：用来移动连接元器件的导线，并重新生成布线。
  Break Track：用来打断某些导线。执行该命令后，导线将在鼠标点击处生成一个转折点。

Drag Track End：移动导线末端。选择该命令后，单击某段导线，光标会自动跳到该段导线的末端，然后就可以移动其位置。

Move Selection：移动被选中的对象。该命令必须在选中了一个或多个元件后才有效。

Rotate Selection：旋转被选中的对象。该命令也必须先选中元件。执行该命令后，会弹出如图 16-19 所示的对话框，在该对话框的文本框中输入要旋转的角度，单击 OK 按钮，鼠标出现十字光标，单击任何一个被选对象，则所有被选对象都会旋转所设定的角度。

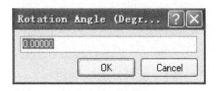

图 16-19　旋转角度设置

Flip Selection：将所选对象旋转 180°。

(4) Hole Size Editor 子菜单。

该菜单在 PCB 编辑器中才有。选择该命令后将弹出如图 16-20 所示的对话框，在该对话框中可以改变 PCB 图中焊盘和过孔的孔径。列表中显示了当前 PCB 文件中的所有过孔和焊盘的孔径，双击该数值，或者选择后单击 Edit 按钮，可以在弹出的对话框中输入新的孔径值，则当前 PCB 中所有具有该孔径的对象的孔径值都变为新输入的数值。在对话框右边的复选框还可以选择修改的对象，包含焊盘和过孔两种。

(5) Origin 子菜单。

该子菜单用于设置 PCB 的坐标原点，有两个命令 Set 和 Reset。执行 Set 命令后，在所需位置单击鼠标，则将该位置设置为坐标原点。执行 Reset 命令后，坐标又恢复到默认状态。

(6) Jump 子菜单。

该子菜单用于将鼠标快速移动到某个位置，各命令如图 16-21 所示。

图 16-20　孔径编辑对话框

图 16-21　Jump 子菜单

Absolute Origin：将光标快速移动到 PCB 的绝对参考点。

Current Origin：将光标快速移动到 PCB 的当前参考点。

New Location：将光标移动到指定的坐标处。执行该命令后，系统弹出如图 16-22 所示的对话框，在该对话框中输入坐标，然后单击 OK 按钮，光标就被移动到此坐标处。

Component：将光标移动到相应的元件处。执行该命令后，系统弹出如图 16-23 所示的对话框，在该对话框中输入元件标号，单击 OK 按钮，光标就会移动到相应的元件处。

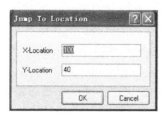

图 16-22　输入坐标对话框　　　　　图 16-23　输入元件标号对话框

其他命令的使用方法类似。Net 表示将光标移动到相应的网络标号处，Pad 表示将光标移动到相应的焊盘处，String 表示将光标移动到相应的字符处。执行这些命令后，系统都会弹出如图 16-23 所示的对话框，在对话框中输入名称，单击 OK 按钮，光标就快速移动到该对象处。

Error Marker 表示将光标移动到错误标志处，Selection 表示将光标移动到所选取元件处。Set Location Marks 用于设置书签的位置，Location Marks 表示将光标移动到相应的书签处。

(7) Find Similar Objects 子菜单。

该菜单用来快速选择特性相近的一类对象。选择此命令后，单击 PCB 图上的某个元件，打开如图 16-24 所示的 Find Similar Objects 对话框。该对话框将以该元件的各项参数为比较对象，设置选择对象的规则。该对话框中每一行为所选对象的一个参数，左边一列为参数名，中间一列为参数值，右边一列为选择条件。针对每一项参数，默认的选择条件为任意值（Any），通过下拉菜单还可以设置为相同（Same），也可以设置为不同（Different）。

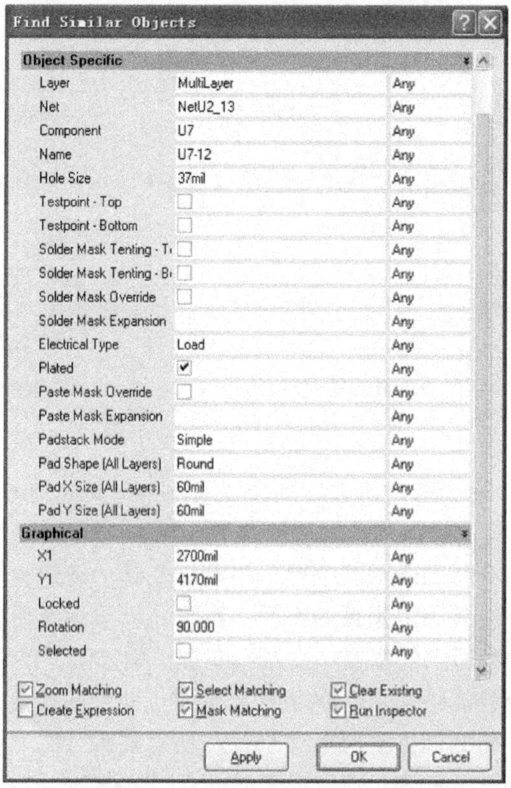

图 16-24　Find Similar Objects 对话框

假如我们要把当前 PCB 板上所有孔径为 37mil 的焊盘的孔径改为 40mil，可按如下方法操作。选择 Edit/Find Similar Objects 菜单，此时光标变成十字，单击任一孔径为 37mil 的焊盘，将弹出图 16-24 所示的对话框。在 Hole Size 这一行的选择条件设为 Same，单击 OK 按钮，将弹出如图 16-25 所示的对话框，并将当前 PCB 板中所有孔径为 37mil 的焊盘变为高亮状态。在 Hole Size 这一栏里，将原有值 37mil 改为 40mil，然后鼠标单击任意其他位置，则该 PCB 上所有孔径为 37mil 的焊盘的孔径都改为 40mil。

通过 Find Similar Objects 子菜单，可以很快对多个对象进行参数的编辑和修改。

2. Place 菜单

和原理图编辑器中的 Place 菜单一样，PCB 编辑器中的 Place 菜单也是用来放置一些元素的，但放置的具体元素不同。Place 菜单下的命令如图 16-26 所示。

图 16-25　所选对象参数设置对话框　　　　图 16-26　Place 菜单

（1）放置圆弧或圆。

Place 菜单中的前四个命令都是用来绘制圆弧或圆的，其绘制方式各不相同。

Arc（Center）：通过确定圆弧中心、圆弧半径、圆弧起点和终点来确定一个任意角度的圆弧。执行命令后，将光标移到所需的位置单击鼠标左键，确定圆弧的中心；然后将光标移到所需的位置，单击鼠标左键确定圆弧的半径；再将光标移到所需的位置，单击鼠标左键确定圆弧的起点；最后移动到适当的位置单击鼠标左键，确定圆弧的终点即可得到一个圆弧。

Arc（Edge）：该命令只能绘制 90° 的圆弧，通过圆弧上的两点，即起点和终点来确定圆弧的大小。执行命令后，将光标移到所需的位置，单击鼠标左键，确定圆弧的起点，然后移动鼠标到适当的位置单击鼠标左键，确定圆弧的终点即可得到一个圆弧。

Arc（Any Angle）：该命令同 Arc（Center）一样，通过确定圆弧中心、圆弧半径、圆弧起点和终点来确定一个任意角度的圆弧，但确定这四个点的顺序不同。执行该命令后，将光标移到所需位置，单击鼠标左键确定圆弧的起点，然后移动鼠标到适当位置单击鼠标左键确定圆弧的圆心，再单击鼠标左键确定圆弧的终点可得到一个圆弧。

Full Circle：该命令用来绘制完整的圆。执行该命令后，将光标移到所需的位置，单击鼠标左键确定圆心，然后移动鼠标到适当位置确定圆的半径即可绘制一个完整的圆。

在绘制以上对象的过程中按 Tab 键，或者在绘制完成后双击对象，均可打开如图 16-27 所示的圆弧属性设置对话框。不管用哪种方式绘制的圆弧或圆，其属性对话框都是一样的。在该对话框中，可以设置圆弧的中心坐标（Center X/Y）、起始角（Start Angle）、终止角（End Angle）、半径（Radius）、宽度（Width）、层属性（Layer）、网络属性（Net）。如果选中了 Lock 复选框，则锁定圆弧，如果选中了 Keepout 复选框，则无论其属性设置如何，此圆弧均在 Keepout 层。

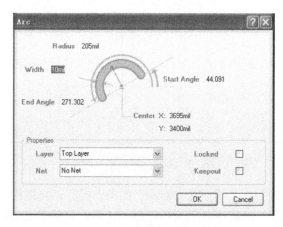

图 16-27　圆弧属性设置对话框

(2) 放置矩形填充（Fill）。

填充一般用于制作 PCB 插件的接触面或者用于增强系统的抗干扰性而设置的大面积电源或地。执行菜单 Place/Fill 命令，单击鼠标两次，分别确定矩形块的左上角和右下角位置即可，与原理图中绘制矩形（Rectangle）相似，如图 16-28 所示。

在放置对象过程中按 Tab 键或者双击已经放置好的对象可以打开属性对话框，这对于任何 PCB 对象都适用。填充的属性对话框如图 16-29 所示。在该对话框中可以设置填充的两个角的坐标、旋转角度、层属性、网络属性等性质。

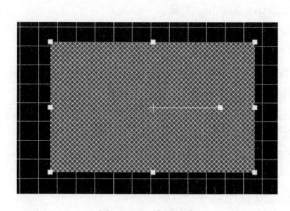

图 16-28　放置填充

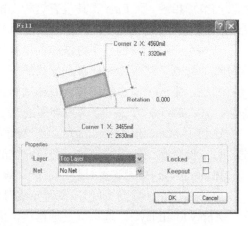

图 16-29　矩形填充属性对话框

(3) 放置多边形填充（Copper Region）。

该功能与矩形填充一样，只是填充区域可以设置成多边形。选择菜单 Place/Copper Region 命令，在不同的顶点位置依次单击鼠标左键即可完成多边形填充的绘制。其绘制方法同原理图中绘制多边形（Polygon）相似，只是该对象的属性对话框不同，如图 16-30 所示。

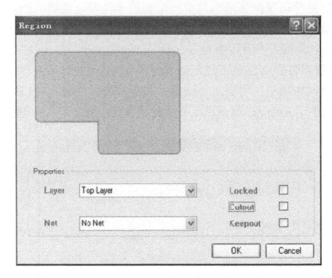

图 16-30　多边形填充属性对话框

该对话框中比较特别的一个属性是 Cutout。如果选择了该复选框，则表示 PCB 板中要将这一块区域去掉，此时多边形填充对象的填充色为透明，只剩虚线边框。

(4) 绘制导线。

在 Place 菜单中有两种绘图命令：Line（直线）和 Interactive Routing（交互布线）。两种命令都是在 PCB 上绘制导线，进行电气连接，但其功能有所区别。Line 工具是简单的绘制导线工具，而 Interactive Routing 在绘制过程中增加了许多智能因素。比如，如果将两个具有相同网络特性的焊盘相连，使用 Interactive Routing 工具时，绘制出来的导线的网络（Net）参数自动变为与该焊盘的网络特性一致，而 Line 工具则不行，绘制的导线需要重新设置网络参数。在使用 Interactive Routing 工具绘制导线时，可以遵守一定的布线规则，如线宽、间距、网络特性等。如果违反规则，导线无法绘制出来，如使用 Interactive Routing 工具无法将不同网络特性的节点相连。而 Line 工具没有这种功能，即使出现两条导线相交的错误，也能绘制导线。因此，在手动布线过程中，推荐尽量使用 Interactive Routing 工具。

这两个布线工具的使用方法相同，执行命令后，将光标移到所需的位置，单击鼠标，确定导线的起点，然后将光标移到导线的下一位置，单击鼠标左键即可绘制出一条导线。单击鼠标右键，完成一次布线任务。要绘制转折的导线，只需在转折处单击鼠标左键确定控制点即可。详细的绘制方法可参考原理图绘制工具中 Line 命令。

在使用 Interactive Routing 工具绘制导线过程中按 Tab 键，可打开如图 16-31 所示的对话框，可以设置布线的相关参数。各项设置的具体含义如下。

Routing Via Hole Size（过孔尺寸）：设置板上过孔的孔直径。

Trace Width（导线宽度）：设置布线时的导线宽度。

Apply to all layer：选中该复选框后，所有层均使用这种交互布线参数。

Routing Via Diameter（过孔的外径）：设置过孔的外径。

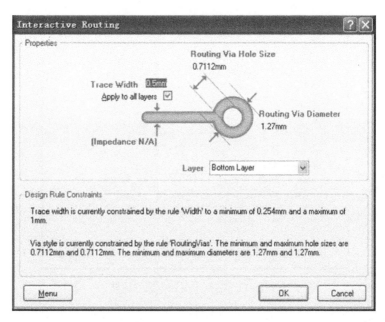

图 16-31　交互布线对话框

Layer（层）：设置要布导线所在的层。

双击绘制完的导线或者在使用 Line 工具绘制导线过程中按 Tab 键，可打开如图 16-32 所示的导线属性对话框。在该对话框中，可以设置导线的宽度（Width）、所在层（Layer）、所在网络（Net）、起点和终点坐标（Start X/Y、End X/Y）、是否锁定（Locked）、是否在禁止布线层（Keepout）等属性。

注意，在使用 Interactive Routing 工具绘制导线过程中按 Tab 键打开的是如图 16-31 所示的交互布线对话框，而不是如图 16-32 所示的导线属性对话框。

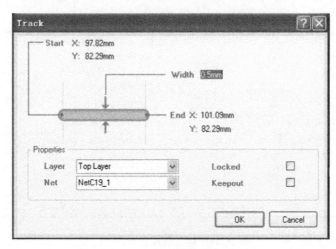

图 16-32　导线属性对话框

(5) 放置字符串。

在绘制电路板时，常常需要在电路板上放置字符串，PCB 中只能放置英文字符串。字符串的放置和属性设置方法与原理图中的 Text String 命令非常相似，所不同的是在 PCB 中的字符串属性中多了一个所在层（Layer）属性，如图 16-33 所示。

251

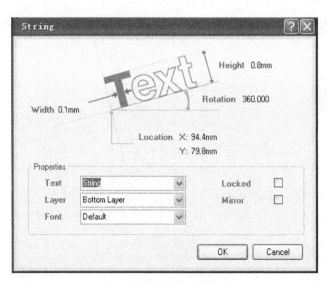

图 16-33 字符串属性设置对话框

(6) 放置焊盘。

放置焊盘的方法非常简单，执行 Place/Pad 命令，在所需的位置单击鼠标，即可放置一个焊盘。双击放置好的焊盘，或者在放置过程中按 Tab 键，即可打开如图 16-34 所示的焊盘属性设置对话框。焊盘属性设置包括四部分，下面着重介绍焊盘属性设置。

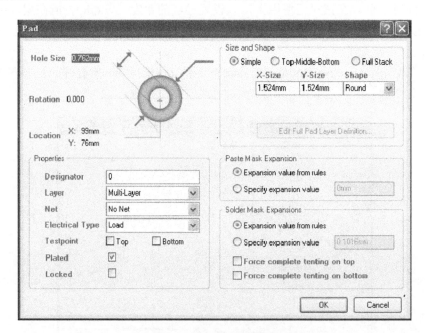

图 16-34 焊盘属性设置对话框

第一部分是关于焊盘尺寸的设置，有如下四个选项。

① Hole Size：设置焊盘的孔尺寸。

② Rotation：设置焊盘的旋转角度。

③ Location X/Y：设置焊盘的中心坐标。

④ Size and Shape：用来设置焊盘的形状和焊盘的外形尺寸，有三种选择。当选择 Simple

时，可以设置 X-Size（焊盘的 X 轴尺寸）、Y-Size（焊盘的 Y 轴尺寸）和焊盘形状（Shape），焊盘形状共有三种选择：Round（圆形）、Rectangle（正方形）、Octagonal（八角形）。当选择 Top-Middle-Bottom 选项时，则需要指定焊盘在顶层、中间层和底层的大小和形状，每个区域都具有相同的 X-Size、Y-Size 和 Shape 三个设置选项。当选择 Full Stack 选项时，用户可以单击 Edit Full Pad Layer Definition（编辑整个焊盘层定义）按钮，打开如图 16-35 所示的对话框，可以按层设置焊盘尺寸。

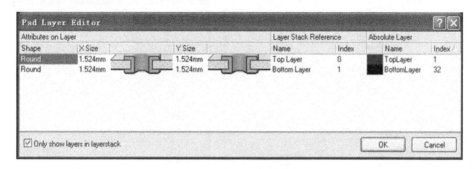

图 16-35　焊盘层编辑器

第二部分是焊盘的 Properties 选项，有如下七项设置。

① Designator：设定焊盘序号。

② Layer：设定焊盘所在层，一般设为 Multi Layer。

③ Net：设定焊盘所在的网络。

④ Electrical type：设定焊盘在网络中的电气属性，包括 Load（负载）、Source（源）和 Terminator（终点）三种选择。

⑤ Testpoint：设定测试点属性，有两个选项：Top 和 Bottom，可以分别设置该焊盘的顶层和底层为测试点。

⑥ Locked：选中该属性后，焊盘被锁定。

⑦ Plated：设定是否将焊盘的通孔孔壁加以电镀。

第三部分为 Paste Mask Expansion，用于设置阻焊膜的属性，有如下两个选项。

① Expansion value from fules：由规则设定阻焊膜延伸值，选定该单选按钮，则采用设计规则中定义的阻焊膜尺寸。

② Specify expansion value：指定阻焊膜延伸值，选定该单选按钮时，可以在其后的文本框中设定阻焊膜尺寸。

第四部分为 Solder Mask Expansions，用于设置助焊膜的属性，设置选项与阻焊膜属性设置选项一样，可以通过规则设定，也可以指定。

① Force complete tenting on top：选择此复选框，则此时设置的助焊延伸值无效，并且在顶层的助焊膜不会有开口，助焊膜仅仅是一个隆起。

② Force complete tenting on bottom：选择此复选框，则此时设置的助焊延伸值无效，并且在底层的助焊膜不会有开口，助焊膜仅仅是一个隆起。

(7) 放置过孔。

执行 Place/Via 命令可以放置过孔，其放置方法与放置焊盘完全一样。过孔属性设置如图 16-36 所示。与焊盘属性设置基本相同，所不同的是，焊盘使用 X-Size 和 Y-Size 表示尺寸，而过孔通过 Diameter（直径）来描述其大小。

(8) 放置元件封装。

在制作 PCB 时，如果要向当前 PCB 中添加新的封装和网络，可以执行菜单 Place/Component 命令。系统弹出如图 16-37 所示的放置元件对话框。

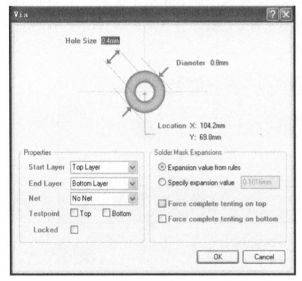

图 16-36　过孔属性设置

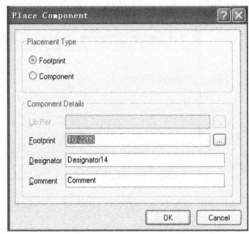

图 16-37　放置元件对话框

Placement Type 用来设置放置对象的类型，有 Footprint（封装）和 Component（元件）两种选择。

Component Details 用于设置元件细节。Footprint 用来设置封装，Designator 用来输入元件的流水号，Comment 用来设置注释信息。在 Footprint 栏可以直接输入封装名称，只要当前导入的封装库中存在该封装，就可以添加该封装，否则，系统将弹出"封装不存在"的错误。

如果不知道封装确切的名称，可以单击 Browse 按钮，系统将弹出如图 16-38 所示的浏览元件对话框。这里可以选择所需的封装，还可以单击 Find 按钮查找所需的封装。

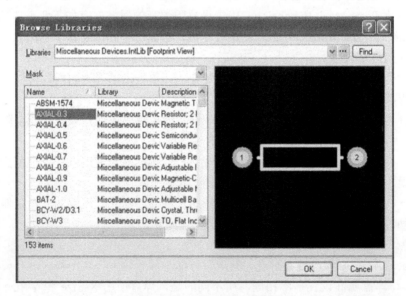

图 16-38　浏览元件对话框

在放置封装过程中按 Tab 键，或者双击已经放置好的封装，即可打开如图 16-39 所示的封装属性对话框。在该对话框中可以进行元件属性（Component Properties）、流水号（Designator）、注释（Comment）、封装（Footprint）和原理图参考信息（Schematic Reference Infromation）等属性的设置。

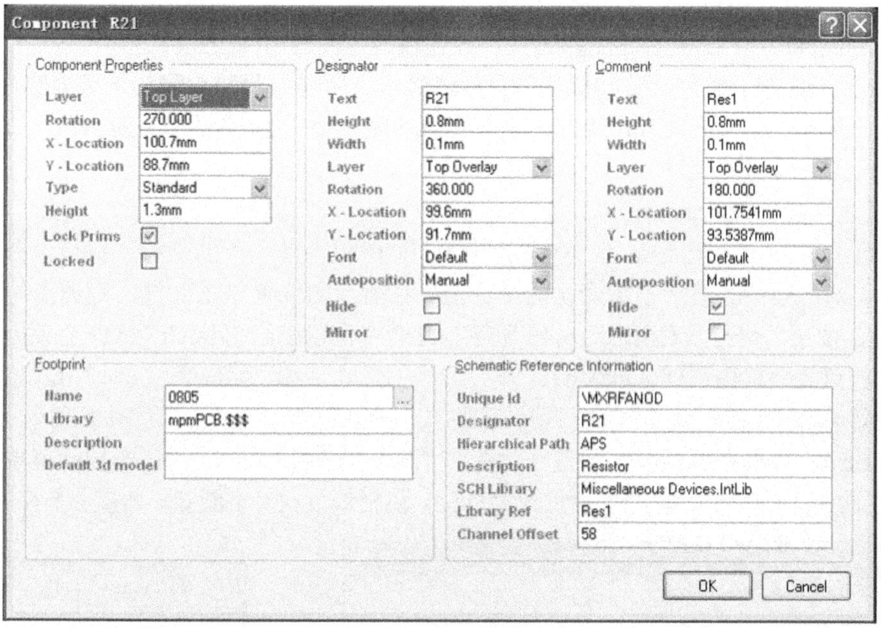

图 16-39 封装属性对话框

① Component Properties（元件属性）主要设置元件本身的属性，包括所在层、位置等。

Layer：设定元件封装所在的层。

Rotation：设定元件封装旋转角度。

X-Location：设定元件封装的 X 轴坐标。

Y-Location：设定元件封装的 Y 轴坐标。

Type：选择元件类型。Standard 表示标准的元件类型，此时元件具有标准的电气属性，最常用；Mechanical 表示元件没有电气属性，但能生成在 BOM 表中；Graphical 表示元件不用于同步处理和电气规则检查，仅用于表示公司日志等；Tie Net in BOM 表示该元件用于布线时，缩短两个或更多个不同的网络，该元件出现在 BOM 表中；Tie Net 表示该元件用于布线时，缩短两个或更多个不同的网络，该元件不出现在 BOM 表中。

Lock Prims：设定是否锁定元件封装结构。如果选择该复选框，元件封装结构不能改变，如不能独立移动元件的某个引脚的焊盘。

Locked：设定是否锁定元件封装位置。如果选择该复选框，元件不能移动。

② Designator 用于设置元件的流水号属性。

Text：设定元件封装的序号。

Height：设定元件封装流水号的高度。

Width：设定元件封装流水号的线宽。

Layer：设定元件封装流水号所在的层。

Rotation：设定元件封装流水号旋转角度。

X-Location：设定元件封装流水号的 X 轴坐标。

Y-Location：设定元件封装流水号的 Y 轴坐标。

Font：设定元件封装流水号的字体。

Autoposition：设定元件封装流水号的定位方式，即在元件封装的方位。

Hide：设定元件封装流水号是否隐藏。

Mirror：设定元件封装流水号是否翻转。

③ Comment 用于设置元件注释属性，各选项的意义与 Designator 选项一样。

④ Footprint 用于设置封装的属性，包括封装名、所属的封装库和描述等内容。

⑤ Schematic Reference Infromation 用于设置与原理图参考信息相关的属性，如原理图元件名称、所在的原理图库等。

(9) 放置坐标（Coordinate）。

选择菜单 Place/Coordinate 命令，可以放置 PCB 板中任一点的坐标。执行该命令后，随着鼠标的移动，指针旁显示不断变化的坐标值。在所需的位置单击鼠标，则该点的坐标值就放置在 PCB 图中。坐标属性如图 16-40 所示。此命令可以配合 Edit/Origin 命令使用。

(10) 放置尺寸标注（Dimension）。

在设计印制电路板时，需要标注某些尺寸的大小，以方便印制板的制造。通过 Place/Dimension 菜单命令可以实现这个功能。按照不同的标注方式，Dimension 菜单下有如图 16-41 所示的多个子菜单，提供了多种尺寸标注，包括线性尺寸、圆弧、角度、半径和直径等。

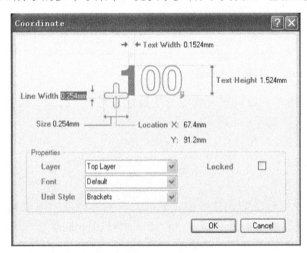
图 16-40　放置坐标

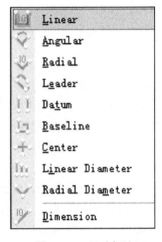
图 16-41　尺寸标注

以线性尺寸标注（Linear）为例来说明。执行 Place/Dimension/Linear 命令后，将光标移到尺寸的起点，单击鼠标左键，确定标注尺寸的起始位置。移动光标，中间显示的尺寸随着光标的移动而不断发生变化，到合适的位置单击鼠标左键，确定标注尺寸的终点位置。然后纵向移动鼠标，确定标注位置，在合适的位置单击鼠标，即完成了一个标注，如图 16-42 所示。注意，线性标注可以标注横向距离，也可以标注纵向距离，可以通过按 Space 键切换标注的方向。

图 16-42　执行尺寸标注命令

尺寸标注属性设置对话框如图 16-43 所示,可以对尺寸标注进行编辑。

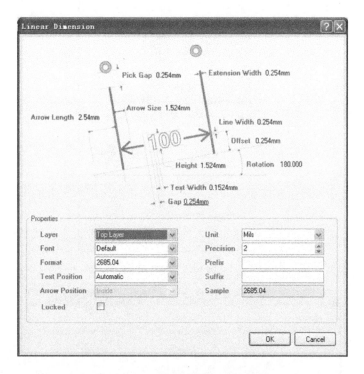

图 16-43 尺寸标注属性设置对话框

(11) 放置嵌入式 PCB 板阵列（Embedded Board Array）。

放置嵌入式 PCB 相当于将一个 PCB 文件当作一个元件放入当前 PCB 中,而且可以以阵列的方式放置。执行菜单命令 Place/Embedded Board Array,将在当前 PCB 中放置如图 16-44 所示的对象,双击该对象,打开其属性对话框,如图 16-45 所示。

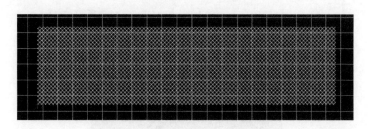

图 16-44 放置嵌入式 PCB 板阵列

该对话框中,可以设置阵列的间距和左下角的位置坐标。PCB Document 用来设置该对象所嵌入的 PCB 的文件路径和文件名。Column Count 和 Row Count 用来设置阵列的行数和列数。

(12) 放置多边形敷铜。

该功能用于大面积电源或接地敷铜,以增强系统的抗干扰性。执行 Place/Polygon 命令后,系统会弹出如图 16-46 所示的多边形敷铜属性对话框。设置完对话框后,光标变成十字,将光标移到所需的位置,单击鼠标左键,确定多边形的起点,然后移动鼠标到适当位置单击鼠标左键,确定多边形的中间点。最后在终点处单击鼠标右键,系统会自动将终点和起点连接在一起,形成一个封闭的多边形。其绘制方法与绘制 Copper Region 相同。在多边形所覆盖的区域,自动形成敷铜,如图 16-47 所示。

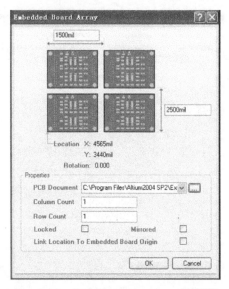

图 16-45 Embedded Board Array 对话框

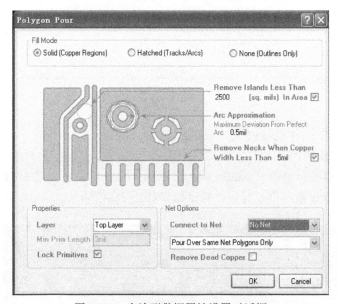

图 16-46 多边形敷铜属性设置对话框

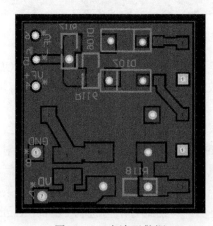

图 16-47 多边形敷铜

放置完多边形敷铜后,可以在图 16-46 所示的对话框中对其属性进行设置,设置选项如下。

Fill Mode:此选项设置敷铜模式。Solid（Copper Regions）为实体填充模式,Hatched（Tracks/Arcs）为网格填充模式,None（Outline Only）为只在外轮廓上敷铜。

Remove Island Less Than（sq miles）in Area:选中此复选框,则将小于指定面积的多边形移去。这里可以设置指定面积的大小。

Arc Approximation:设置包围焊盘或过孔的多边形圆弧的精度。

Remove Necks When Copper Width Less Than:选中此复选框,则定义一个多边形区域的最小宽度的限值,小于这个限值的狭窄的多边形区域将会被移去。可以在文本框中设置这个限值。

Layer:选择多边形敷铜所在层。

Connect to Net:设置多边形的网络。

Min Prim Length:本文本框用于设定推挤一个多边形时的最小允许图元尺寸。当多边形被推挤时,多边形可以包含很多短的导线和圆弧,这些导线和圆弧用来创建包围存在的对象的光滑边。该值设置越大,则推挤的速度越快。

Lock Primitives:选中该复选框时,所有组成多边形的导线被锁定在一起,并且这些图元作为一个对象被编辑操作。如果该选项没有选中,则可以单独编辑那些组成的图元。

Connect to Net:该选项下的下拉列表用于选择覆盖相同网络的模式。如果选择 Pour Over All Same Net Objects,任何存在于相同网络的多边形敷铜内部的导线将会被该多边形覆盖;如果选择 Pour Over Same Net Polygon Only,任何存在于相同网络的多边形敷铜内部的多边形将会被该多边形覆盖;如果选择 Don't Pour Over Same Net Objects,则多边形的敷铜将只包围相同网络已经存在的导线或多边形,而不会覆盖。

Remove Dead Copper:选中该复选框后,则在多边形敷铜内部的死铜将被移去。当多边形敷铜不能连接到所选择网络的区域会生成死铜,如果没有选中该复选框,则任何区域的死铜将不会被移去。

(13) 多边形敷铜剪切（Polygon Pour Cutout）。

对于固态填充的多边形敷铜,可以使用 Place/Polygon Pour Cutout 菜单命令进行剪切操作。执行该命令后,在多边形敷铜区域内绘制一个多边形,然后对该多边形敷铜的属性进行确认,会弹出"Rebuild 1 Polygons"对话框,选择 Yes 按钮,则从原有的多边形敷铜中剪切出一个多边形,如图 16-48 所示。

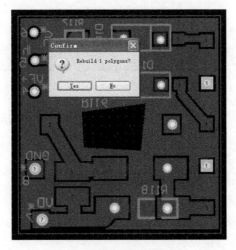

图 16-48　多边形敷铜剪切

(14) 分割多边形。

菜单 Place/Slice Polygon Pour 命令用来分割已经绘制的多边形敷铜。执行该命令后，拖动鼠标对多变形进行分割，用户可以根据自己的需要进行分割操作。分割操作完成后，系统将会弹出一个如图 16-49 所示的确认对话框，单击 Yes 按钮即可实现多边形分割。进行一次分割后，将获得两个分开的多边形。

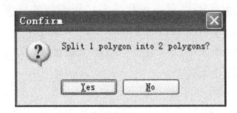

图 16-49 多边形敷铜分割确认对话框

3. Design 菜单

Design 菜单用于对 PCB 图进行各种设置，我们只介绍其中一部分子命令。

(1) Rule 子菜单。选择该子菜单命令，打开如图 16-50 所示的 PCB Rules and Constraints Editor 对话框。在该对话框中，可以对 PCB 图的各种规则进行设置，包括电气规则、布线规则、SMT 规则等。

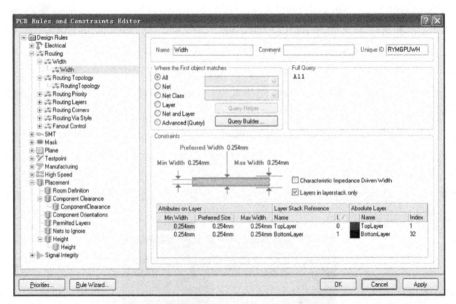

图 16-50 PCB Rules and Constraints Editor

(2) Board Shape 子菜单。用于定义和修改当前 PCB 图电路板的尺寸形状等相关参数，包括如图 16-51 所示的级联子菜单。

Redefine Board Shape：定义电路板形状。

Move Board Vertices：移动电路板顶点。

Move Board Shape：更改电路板在图纸中的位置。

Define from selected objects：通过选择的对象来定义电路板的形状。

Auto-Position Sheet：自动定位板层。

(3) Netlist 子菜单。用于对网络表进行相关的操作，其级联子菜单如图 16-52 所示。

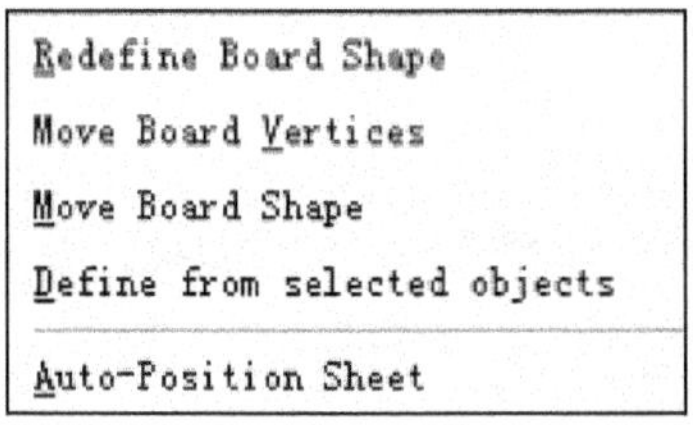

图 16-51　Board Shape 级联子菜单 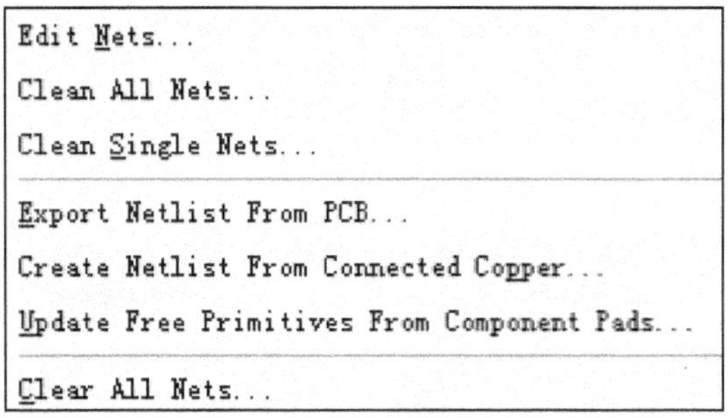　　　　图 16-52　Netlist 级联子菜单

Edit Nets：编辑网络表。

Clean All Nets：清理所有网络表。

Clean Single Nets：清理单个网络表。

Export Netlist From PCB：从 PCB 图中导出网络表。

Create Netlist From Connected Copper：从连接导线创建网络表。

Update Free Primitives From Component Pads：保持网络表的 PCB 设计同步。

Clear All Nets：清除所有网络表。执行本操作后，当前 PCB 文档上的所有器件的网络连接消失。

(4) Layer Stack Manager 子菜单。选择该命令，系统打开如图 16-53 所示的 Layer Stack Manager 对话框。在该对话框中，可以添加或者删除板层，移动板层叠放顺序，也可以对板层的参数进行设置。

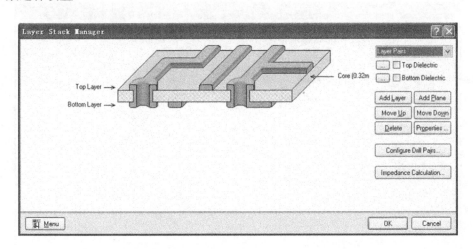

图 16-53　Layer Stack Manager 对话框

(5) Board Layer 子菜单。该子菜单用来对 PCB 进行层次管理。选择该命令后，系统打开如图 16-54 所示的对话框，可以详细修改各工作层的设计信息。可以设置各板层的颜色以及是否显示。在 System Colors 栏，可以设置一些项目的颜色以及是否显示，这些项目包括网络飞线（Connections and From Tos）、自动布线错误检查（ERC Error Markers）、焊盘（Pad Holes）、过孔（Via Holes）、电路板边框颜色（Board Line Color）、电路板区域颜色（Board Area Color）、图纸边框颜色（Sheet Line Color）、图纸区域颜色（Sheet Area Color）等。

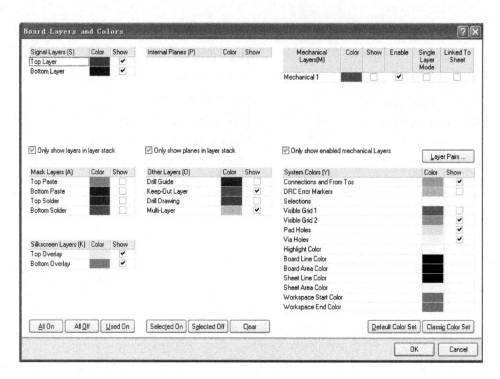

图 16-54　Board Layer 对话框

(6) Class 子菜单。用来对 PCB 元素实行分组管理。执行该命令后，系统打开如图 16-55 所示的 Objects Class Exporer 对话框。

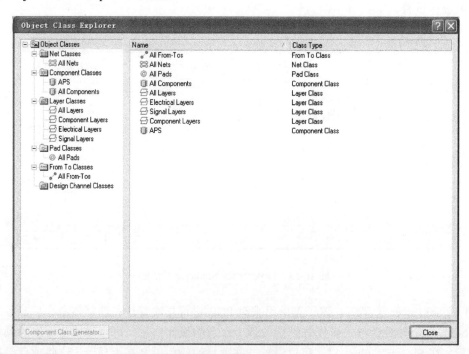

图 16-55　Objects Class Exporer 对话框

分组管理将 PCB 中的所有元素分成了数个组：Net Classes、Component Classes、Layer Classes 和 Pad Classes Fom To Classes 等。当对某个组中的一个成员进行修改的时候，修改将被应用到该组所有的成员上,也可删除或添加一个组和某个组中的成员。

(7) Browse Components 子菜单。执行该命令,打开 Protel DXP 的 Libraries 工作面板,可以浏览和查找元器件。

(8) Add/Remove Library 子菜单。用于加载或移除元器件库。

(9) Make PCB Library 子菜单。用于新建 PCB 封装库。

(10) Make Integrated Library 子菜单。用于新建 Protel 集成库。

(11) Board Options 子菜单。用于设置 PCB 显示属性。执行该命令后,系统将打开如图 16-56 所示的对话框。

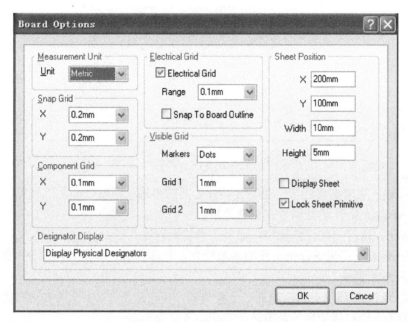

图 16-56　Board Options 对话框

可以设置的参数包括:系统的度量单位(Measurement Unit),默认值为英寸;跳跃网格(Snap Grid),在 X 或 Y 下拉列表中输入或选择数值;元器件移动最小间距(Component Grid),在 X 或 Y 下拉列表中输入或选择数值;电气捕获网格(Electrical Grids),选中该复选框表示启动电气捕获网格,可以在 Range 下拉列表中输入或选择数值;可见网格(Visible Grid)和原理图环境一样,也有点状和线状两种网格类型,在 Grid1 和 Grid2 中可以输入或选择两组网格间距;图纸位置(Sheet Position),可以设置图纸的大小和位置。

4. Tools 菜单

Tools 菜单在 PCB 编辑环境中主要用来对元器件进行布局、电气检查和添加一些特殊功能。其常用子菜单功能介绍如下。

(1) Design Rule Checker:设置电气检查规则。选择此命令,将打开如图 16-57 所示的 Design Rule Checker 对话框。

单击左边的选项名称,在右边出现相应的参数设置,可以进行电气检查规则的设置。单击左下角的 Run Design Rule Check 按钮,执行电气规则检查。

(2) Reset Error Markers:复位错误检查标志。

(3) Component Placement:启动元器件布局操作。具体应用请参照后面的"自动布局"相关章节。

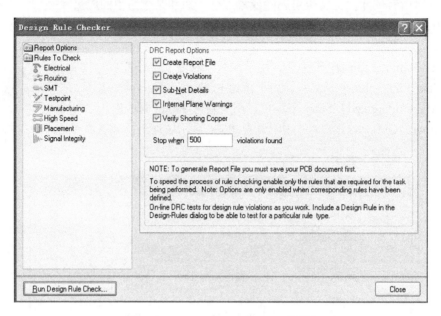

图 16-57　Design Rule Checker 对话框

(4) Un-Rute：用来撤销连接。包括元器件之间的连接、网络之间的连接等。

(5) Signal Integrity：进行信号完整性分析。

(6) Convert：进行一些转换操作，如将焊盘转换为过孔等。

(7) Preferences：用来进行电路板的参数设置。具体应用请参照后面的相关章节。

5. Auto Route 菜单

该菜单是在 PCB 环境下新增加的一个菜单项，用来进行 PCB 图的自动布线。具体应用请参照后面关于自动布线的相关章节。

6. Reports 菜单

该菜单用来输出 PCB 中的各种报表，具体应用请参照后面关于生成 PCB 报表的相关章节。

16.2.2　工具栏

与原理图设计系统一样，PCB 编辑器提供了各种工具栏。在实际使用过程中，可以根据需要将工具栏打开或者关闭，其方法与常用工具栏的打开和关闭方法基本相同。与 PCB 有关的工具栏有四个：PCB 标准工具栏（PCB Standard）、布线工具栏（Wiring）、实用工具栏（Utilities）和过滤工具栏（Filter）。而实用工具栏又包括绘图工具（Utility Tools）、位置调整工具（Alignment Tools）、查找选择工具（Find Selection）、尺寸标注工具（Place Dimension）、设置空间工具（Place Room）和栅格工具（Grids）。

各工具栏的功能大部分在菜单命令中都能找到，但工具栏使用起来比菜单命令更加快捷方便。因此，这里只介绍各工具栏的功能，至于其具体使用方法可参考对应的菜单命令的使用方法。

1. 标准工具栏

标准工具栏如图 16-58 所示。该工具栏与原理图环境下的标准工具栏相似，在此不做过多介绍。

图 16-58　PCB 标准工具栏

2. 布线工具栏

布线工具栏提供了布线过程中使用的各种命令，如图 16-59 所示。各按钮的定义如下。

　：交互布线工具。

　：放置焊盘。

　：放置过孔。

　：放置圆弧导线。

　：放置矩形填充。

　：放置多边形填充。

　：放置多边形敷铜。

　：放置文字。

　：放置元器件。

3. 实用工具栏

实用工具栏如图 16-60 所示。点击该工具栏按钮右边的小三角符号，可以显示该工具栏的各子工具栏，下面分别介绍。

图 16-59　PCB 布线工具栏

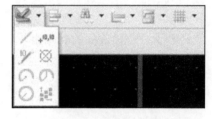

图 16-60　实用工具栏

(1) 绘图工具。该工具如图 16-60 所示，各工具的含义如下。

　：绘制直线。

　：放置坐标。

　：放置尺寸标注。

　：设置初始原点。

　：以中心为起点放置圆弧。

　：以边界为起点放置圆弧。

　：放置圆。

　：阵列粘贴。

(2) 位置调整工具。该工具如图 16-61 所示，各工具按钮的含义如下。

　：元器件左对齐。

　：元器件水平居中。

　：元器件右对齐。

　：元器件水平间距相等。

　：增加元器件水平间距。

图 16-61　位置调整工具

：减少元器件水平间距。
　　：上对齐元器件。
　　：竖直居中元器件。
　　：下对齐元器件。
　　：元器件竖直间距相等。
　　：增加元器件竖直间距。
　　：减少元器件竖直间距。
　　：在一个元件空间（Room）内排列元器件。
　　：在一个区域内排列元器件。
　　：将元件移动到网格处。
　　：将选择的元件合并成一个组。
　　：从组中删除一个元器件。
　　：设置元器件排列方式。

(3) 查找选择工具。该工具如图 16-62 所示，该工具用于快速查找被选择的对象。

　　：跳转到第一个被选择的对象。
　　：跳转到上一个被选择的对象。
　　：跳转到下一个被选择的对象。
　　：跳转到最后一个被选择的对象。
　　：跳转到第一个被选择的对象组。
　　：跳转到上一个被选择的对象组。
　　：跳转到下一个被选择的对象组。
　　：跳转到最后一个被选择的对象组。

图 16-62　查找选择工具

(4) 放置标注工具。如图 16-63 所示，该工具用于快速放置各种类别的标注。

　　：放置直线标注。
　　：放置角度标注。
　　：放置半径标注。
　　：放置任意对象标注。
　　：放置两个对象的相对位置标注。
　　：放置多个对象的相对位置标注。
　　：放置中心尺寸标注。
　　：放置直线方向直径标注。
　　：放置径向直径标注。
　　：放置标准标注。

图 16-63　放置标注工具

(5) 放置空间工具。该工具栏用于对空间（Room）的操作，如图 16-64 所示。

　　：放置矩形空间。
　　：放置多边形空间。
　　：复制空间格式。
　　：从元器件建立一个直角空间。
　　：从元器件建立一个非直角空间。
　　：从元器件建立一个矩形空间。
　　：空间分割。

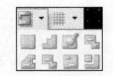

图 16-64　放置空间工具

(6) 网格工具。单击该工具 按钮，可弹出栅格设置菜单，根据布线需要，可以设置栅格的大小。

4. 过滤工具栏

该工具栏如图 16-65 所示，用于对当前 PCB 图中的对象进行过滤显示。

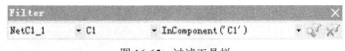

图 16-65　过滤工具栏

`NetC1_1`：设置网络标号过滤，只有和该网络标号相同的元素才能在 PCB 图上显示。可以输入或者从下拉列表中选择网络标号。此处只有网络 NetC1_1 上的元素才会显示。

`C1`：设置元器件过滤，只有该元器件才能在 PCB 图上显示。此处只有元件 C1 才会显示。

`InComponent('C1')`：设置过滤条件，只有符合条件的元素才能在 PCB 图上显示。此处只有和 C1 相连的元素才能显示。

：设置适合 PCB 图纸的显示过滤条件。

：清除所有过滤设置。

16.3　PCB 中的视图操作

所谓视图操作，就是视图的移动、缩放等。本节以 PCB 文件 4 Port Serial Interface.PcbDoc 为例进行讲解。

16.3.1　视图的移动

在进行一张较大的 PCB 图的设计时，计算机屏幕往往不能显示整个 PCB 图。这就需要移动工作窗口，以查看编辑图纸的每个部分。移动视图通常有以下几种方法。

1. 利用滚动条来移动视图

这种方法是最常用的，因为几乎所有基于 Windows 操作系统的软件都有滚动条。将鼠标箭头放在水平或垂直方向的滚动条上，按住鼠标左键不放，拖动滚动条，工作窗口中的画面就会随之左右或上下移动，释放鼠标，画面移动就会停止。

2. 利用 Navigator 工作面板

Navigator 工作面板（或称导航器）如图 16-66 左下方所示。它是一个小窗口，里面显示了整张图纸，图中的双线框所包含的区域就是当前屏幕中所显示的区域。当画面移动时，双线框也会随着一起移动。用鼠标拖动双线框，工作窗口中显示的画面就会随着双线框内包含的区域的变化而变化。这样就能很方便地通过导航器内的小图纸移动到想要编辑的地方。

3. 移动到以光标为中心显示画面

将鼠标光标停留在 PCB 图上的某个位置时按 Home 键，屏幕上就会以当前显示比例，移动到显示出以光标为中心的区域。

4. 图纸的快速跳转

在 PCB 的设计过程中，经常需要快速定位某个位置或者某个元器件。利用快速跳转功能

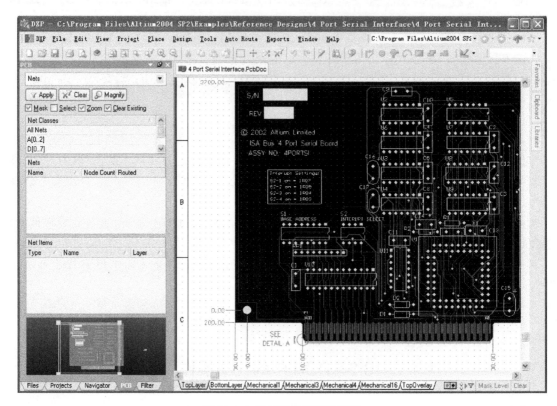

图 16-66　通过导航器移动画面

可快速到达要指定的区域。快速跳转有两种方法：一种是通过 Edit/Jump 菜单下的命令来实现，这种方法在前面介绍菜单时已经介绍过了；另一种方法就是通过 PCB 工作面板来实现，这里介绍这种快速跳转方法。

选择编辑器左边的 PCB 面板，单击最上端文本框中的下三角按钮，会出现一个下拉列表。该下拉列表中有五个选项：选择 Nets，会在下面的窗口中显示当前 PCB 的所有网络标号；选择 Components，会在下面的窗口中显示当前 PCB 文件中的所有元器件；选择 Rules，会在下面的窗口中显示当前 PCB 文件的设计法则；选择 From-To Editor，会在下面的窗口中显示出当前 PCB 文件中的所有飞线编辑器；选择 Split Plane Editor，会在下面的窗口中显示内部板层编辑器。

这里我们选择 Components，在 Component Classes 中单击 All Components，则会在 Components 栏中显示当前 PCB 中的所有元件列表。单击其中任何一个元器件名称，则在右边的编辑区中就会跳转到该元器件，而其余元器件则显示为暗色。如图 16-67 所示，我们选择列表中的 C17，则 PCB 立即跳转到 C17 元件处。

16.3.2　视图的缩放

除了移动视图，很多时候还需要对整张图纸或图纸的一部分进行缩放。

1. 对整张图纸的缩放

对整张图纸的缩放可以利用 View 菜单中的 Zoom Out 和 Zoom In 工具，也可以选择工具栏上的 和 图标，也可以用快捷菜单 Page Up 和 Page Down 来实现，或者按住 Ctrl 键滚动

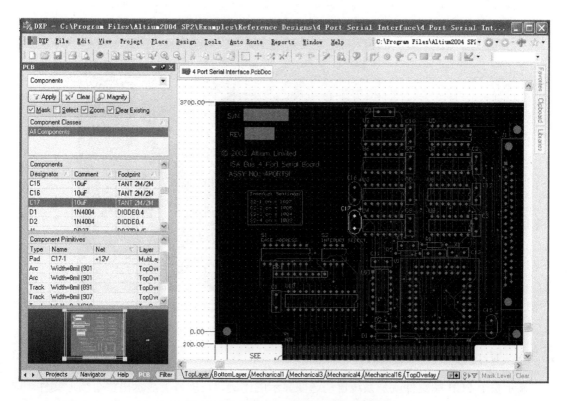

图 16-67 利用 PCB 面板实现快速跳转

鼠标来实现。在利用快捷键进行放大和缩小操作时,最好将鼠标置于合适的位置,因为此时放大和缩小是以鼠标箭头为中心的。快捷键放大和缩小视图可以不分命令状态和空闲状态,十分方便。

2. 区域放大

对区域进行缩放,可以对设定的矩形区域进行缩放,也可以以鼠标为中心进行矩形区域的缩放。

(1) 设定矩形区域的缩放。选择 View/Area 命令或者单击放大按钮 ,光标变成十字形,将光标移动到工作区,按住鼠标左键,拖动鼠标选定一个区域。再次单击,这时可以看到所选区域被放大到最大。

(2) 以鼠标为中心进行矩形区域的放大。选择 View/Around Point 命令,光标也会变成十字形,移动光标到工作窗口中,单击确定放大区域的中心,然后拖动鼠标选定一个区域。再次单击,就可以放大所选定的区域。

以光标为中心显示画面和放大以光标为中心的区域不同,它只是在屏幕上以当前的大小显示以光标为中心的区域。

3. 对象放大

在 PCB 板上选中要放大的对象,然后选择 View/Selected Objects 命令或者单击工具栏中的对象放大按钮 ,即可放大所选择的对象,画面上其他对象也会一起被放大,如图 16-68 所示。

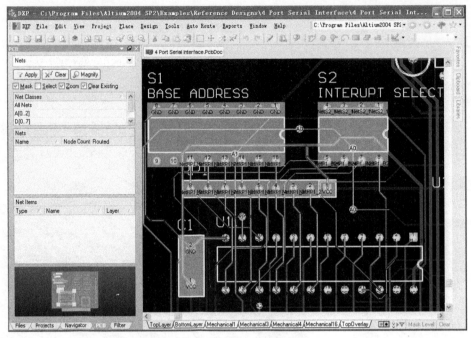

图 16-68　放大所选对象

16.3.3　显示整个 PCB 图文件

显示整个 PCB 图文件就是系统自动选取显示的比例，在屏幕上显示出整个图形文件。选择 View/Fit Document 命令或者在工具栏中单击显示整个 PCB 按钮图标，即可显示整个 PCB 图形文件。如果选择 View/Fit Sheet 命令，则显示整个图纸。如果选择 View/Fit Board 命令，则显示整个电路板。三种显示命令执行后的结果分别如图 16-69、图 16-70 和图 16-71 所示，读者可以比较分析这三种命令的异同。

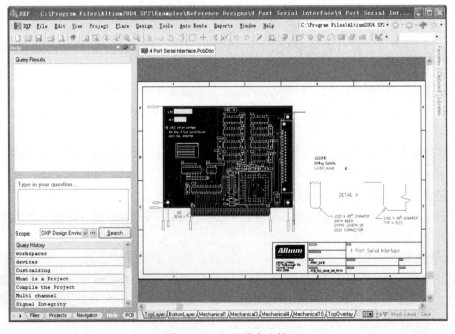

图 16-69　显示整个文档

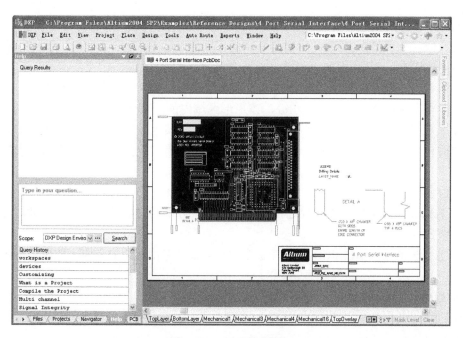

图 16-70　显示整个图纸

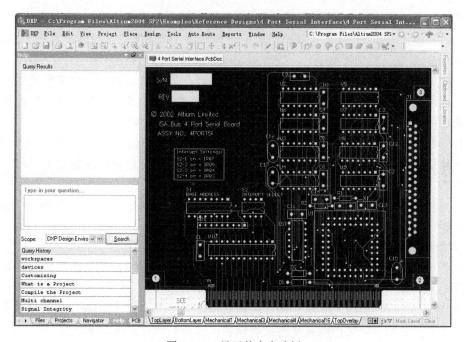

图 16-71　显示整个电路板

16.4　PCB 中的编辑操作

编辑操作包括对 PCB 图中对象的选取、移动、删除、复制和粘贴等。利用这些编辑操作可以十分方便地对原理图进行修改和调整。

1．对象的选择和取消

PCB 图中对象的选择有多种方法，下面分别介绍。

(1) 直接选取对象。

直接选取对象就是在 PCB 图中直接单击选取对象。元件被选取后,整个元器件变成灰色,表示该器件被选中。

也可以一次选择多个连续的元器件。在 PCB 的某个位置单击,按住鼠标左键,拖动光标画出一个矩形区域,然后释放鼠标左键,该矩形区域内的所有元器件都将被选中。

直接选取对象的方法十分简单,但任何时候选取了其他元器件时,原先被选中的元器件就会自动解除被选取的状态。取消选取的方法也十分简单,只要在图纸中任何空白区域单击即可。

(2) 使用菜单选取对象。

使用 Edit/Select 菜单下的各种选择命令,可以进行不同对象的选择。具体使用方法请参考前面相关内容。

取消的方法也可以单击 PCB 图中任意空白处,或者使用 Edit/Deselect 菜单下的各种取消选择命令。

2. 对象的移动和删除

对象的移动也是 PCB 编辑中常用的操作之一。PCB 中的对象可以利用鼠标直接移动,也可以利用命令移动。

利用鼠标直接移动是最简单的方法。单击要移动的对象,然后按住鼠标左键不放,拖动对象到新的位置,然后释放鼠标即可移动对象。

在 Edit/Move 菜单下,提供了移动对象的各种命令,具体使用方法请参考前面相关内容。

3. 对象的复制、剪切和粘贴

对象的复制、剪切和粘贴在文件编辑时经常用到,在 PCB 编辑中,也是常见的操作,但使用方法有所不同。在 PCB 编辑器中,要对某个对象进行复制或者剪切操作之前,需要先选择该对象,执行复制或者剪切命令之后,还要单击要复制或者剪切的对象。

执行复制、剪切或者粘贴的方法有三种:一种是分别选择 Edit 菜单下的 Copy、Cut 和 Paste 命令;一种是分别单击工具栏中的 、 和 按钮;另外也可以使用快捷键 Ctrl+C、Ctrl+X 和 Ctrl+V。

对于重复性高的电路板,还可以使用阵列粘贴。可以使用 Edit 菜单下的 Paste Special 命令,或者使用工具栏中的 按钮。

4. 对象编辑的撤销与重复

Eidt 菜单中的 Undo 和 Redo 命令可以实现编辑操作的撤销与重复,该功能也可以通过工具栏中的 和 按钮来实现。

在 PCB 预置里可以进行 30 次撤销与重复操作,通过 Tools/Preference 命令可以自行更改次数。但需要注意的是,撤销或重复的次数越多,占用的计算机内存就越大。

16.5 PCB 系统参数设置

设置系统参数是电路板设计过程中非常重要的一步。许多系统参数是符合用户的个人习惯的,因此一旦设定,将成为用户个性化的设计环境。执行 Tools/Preference 命令,系统将打开如图 16-72 所示的系统参数设置对话框。Protel PCB 文件夹下即为 PCB 系统参数设置选项,它共有五个选项卡:General 选项卡、Display 选项卡、Show/Hide 选项卡、Defaults 选项卡和 PCB 3D 选项卡。下面具体讲述各个选项卡的设置。

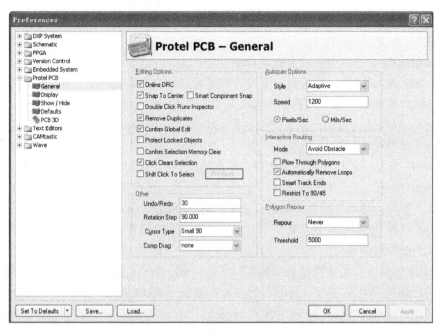

图 16-72　系统参数设置对话框

1. General 选项

单击 General 标签即可进入 General 选项卡，如图 16-72 所示。该选项卡用于设置常用功能，包括 Editing Options（编辑选项）、Autopan Options（自动移动选项）、Interactive Routing（交互布线）、Other（其他）、Polygon Repour（多边形推挤）五个选项域。

(1) Editing Options（编辑选项）。用于设置编辑操作时的一些特性。

Online DRC（在线规则检查）：选中该选项，在布线过程中实时进行 DRC 检查，并在第一时间对违反设计规则的错误给出提示。

Snap To Center（对齐到中心）：选中此选项，则在选择某个元器件时，光标自动跳到该元器件的参考点，通常为该元件的中心或者第一个引脚。

Smart Component Snap（智能捕捉到元器件）：选中该选项，但用户选择某个元器件时，光标会出现在相应元件最近的焊盘上。

Double Click Runs Inspector（双击运行检查器）：选中此选项，当用鼠标双击某个对象时，不再弹出该对象的属性对话框，而是弹出 Inspector（检查器）窗口，此窗口会显示所检查元件的信息。

Remove Duplicates（删除标号重复对象）：选中此选项，自动删除标号重复的 PCB 对象。

Confirm Global Edit（全局修改前给出提示信息）：选中此选项，在全局修改操作对象前给出提示信息，以确认是否选择了所有需要修改的对象。

Protect Locked Objects（保护锁定对象）：选择该选项，对于 Locked 属性已经设置的对象，将无法使用鼠标直接拖曳进行移动操作。不过，用户可以通过双击对象，在属性栏里输入坐标来移动对象。

Confirm Selection Memory Clear（保存对象的选择状态）：选择该选项，选择集存储空间可以用于保存一组对象的选择状态。

Click Clear Selection（单击清除选择）：选择该选项，用鼠标单击时，原来被选择的对象将会被取消选择。否则，用鼠标单击其他对象时，原来被选择的对象仍然保持被选择状态。

Shift Click To Select（使用 Shift 键选中对象）：选择该选项，则必须使用 Shift 键，同时使用鼠标才能选中对象。

(2) Autopan Options。用于设置自动移动功能。

Style（移动方式选择）：该选项用于设置屏幕窗口的自动移动方式，即在布线或移动对象过程中，光标到达屏幕边缘时屏幕如何移动。在右侧的下拉列表框中，提供了七种选择。

Adpative：为自适应模式，系统将会根据当前图形的位置自适应选择移动方式。

Disable：取消移动功能。

Re-Center：当光标移动到编辑区边缘时，系统将光标所在的位置设置为新的编辑区中心。

Fixed Size Jump：当选中该选项或者以下各选项时，对话框会多出 Step Size 和 Shift Step 两个操作项。当光标移动到编辑区边缘时，系统将以 Step Size 项的设置值为移动量向未显示的部分移动。当按下 Shift 键后，系统将以 Shift Step 项的设置值为移动量向未显示的部分移动。该模式为系统默认模式。

Shift Accelerate：当光标移动到编辑区边缘时，如果 Shift Step 值比 Step Size 值大，系统将以 Step Size 值为移动量向未显示的部分移动；当按下 Shift 键后，系统将以 Shift Step 值为移动量向未显示的部分移动。如果 Shift Step 值比 Step Size 值小，不管是否按下 Shift 键，系统都将以 Shift Step 值为移动量向未显示的部分移动。

Shift Decelerate：该选项与 Shift Accelerate 选项相反。如果 Shift Step 值比 Step Size 值大，系统将以 Shift Step 值为移动量向未显示的部分移动；当按下 Shift 键后，系统将以 Step Size 值为移动量向未显示的部分移动。如果 Shift Step 值比 Step Size 值小，不管是否按下 Shift 键，系统都将以 Shift Step 值为移动量向未显示的部分移动。

Ballistic：当光标移动到编辑区边缘时，越往编辑区边缘移动，移动速度越快。

Speed：用于设置移动速度。下面两个单选按钮为速度单位：Pixels/Sec 为像素/s，Mils/Sec 为 Mil/s。

(3) Interactive Routing。用来设置交互布线模式。

Mode 下拉框用于设置系统对于手工布线的约束方式。共有三种选项：

Ignore Obstacle（忽略障碍）：手工布线时，如果走线违反设计规则，照样可以走线。一般只有走线到最后无法调整，并且确认该操作不会影响电路正常工作时才会这样选择。

Avoid Obstacle（避开障碍）：手工布线时，如果走线违反设计规则，如间距小于安全设定间距，将禁止继续走线。

Push Obstacle（移开障碍）：手工布线时，如果走线违反设计规则，将自动调整满足设计规则。如间距小于安全设定间距，则自动调整导线的位置，以满足设计规则。

该区域还有四个设置复选框，它们的意义如下：

Plow Through Polygons（调整敷铜）：选中该复选框，在敷铜区内手工布线时，自动调整敷铜区的内容，使该导线和敷铜区之间的间距不小于安全间距。

Automatically Remove Loops（自动删除重复连接）：选中该复选框，在手工布线时将自动删除同一对节点间的重复连线。

Smart Track Ends（精确连接线端）：选中该复选框，以导线的端头连接为有效连接。

Restrict to 90/45（限定为 90°或 45°布线）：选中该复选框，布线过程中的走线方向只能在正交方式和 45°斜度的方向下进行。

(4) Polygon Repour（多边形敷铜设置）。用于设置交互布线中的避免障碍和推挤布线方式。每次当一个多边形被移动时，它可以自动或者根据设置被调整以避免障碍。

如果在 Repour 中选择 Always，则可以在已经敷铜的 PCB 中修改走线，敷铜会自动重敷。如果选择 Never，则不采取任何推挤布线方式。如果选择 Threshold，则设置一个避免障碍的门槛值，仅当超过了该值后，多边形才会被推挤。

(5) Other（其他）选项。该区域有以下选项。

Undo/Redo：设置撤销/重复操作的次数。

Rotation Setp：设置旋转角度。在放置对象时，按一次空格键，对象会被旋转一个角度，这个角度就在这里设置。默认值为 90°。

Cursor Type：设置光标类型，有三种类型：大"十"字（Large 90）、小"十"字（Small 90）和交叉形式（Small 45）。

Comp Drag：列表中有两个选项，即 Component Tracks 和 None。选择 Component Tracks 选项，在使用 Edit/Move/Drag 命令移动对象时，与对象连接的导线会随着对象一起伸缩，不会与对象断开。如果选择 None，则与对象连接的导线会断开，此时与使用 Edit/Move/Move 命令没有区别。

2. Display 选项

该选项卡用于设置屏幕显示和元器件的显示模式，各选项如图 16-73 所示。各主要设置选项如下。

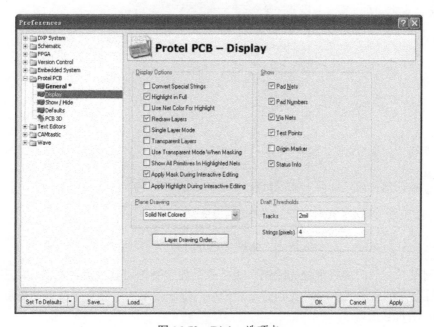

图 16-73 Diplay 选项卡

(1) Display Option（显示选项）。这是关于屏幕显示的选项。

Convert Special Strings（特殊字符串显示）：设置是否将特殊字符转化成它所代表的文字。

Highlight in Full（元器件高亮设置）：选择该复选框，则被选中的对象完全以当前选择集颜色高亮显示，否则选择的对象仅仅以当前选择集颜色显示外形。

Use Net Color For Highlight（高亮显示网络）：用于设置选中的网络颜色是否用高亮显示。

Redraw Layers（刷新显示）：选择该选项，则在切换工作层时，重新绘制工作区。

Single Layer Mode（单层显示）：选择该项，则在编辑区中仅显示当前层。

Transparent Layer（透明层显示）：用于设置所有层为透明状。

(2) Show（显示设置）。用于 PCB 显示的相关设置。

Pan Nets：设置是否在显示比例合适的情况下显示焊盘的网络名称。

Pan Numbers：设置是否显示焊盘编号。

Via Nets：设置是否在过孔上显示过孔所属的网络名称。

Test Points：设置是否显示测试点标注。

Origin Marke：设置是否显示坐标原点指示符。

Statue Info：设置是否显示当前编辑区的状态信息。选择该复选框，则当前 PCB 对象的状态信息将会显示在设计管理器的状态栏上，显示的信息包括 PCB 文档中对象的位置、所在的层和它所连接的网络。

(3) Draft Thresholds（显示极限设置）。该选项区有两个文本框设置选项，Tracks 用于设置导线显示极限，如果大于该值的导线，则以实际轮廓显示，否则只以简单直线显示；String 用于设置字符显示极限，如果像素大于该值的字符，则以文本显示，否则只以框显示。

(4) Layer Drawing Order 按钮。用于设置 PCB 各层画面绘制顺序。单击该按钮，将打开如图 16-74 所示的对话框，在其中可以通过 Promote 和 Demote 按钮来调整顺序，或者按 Default 按钮选择默认设置。

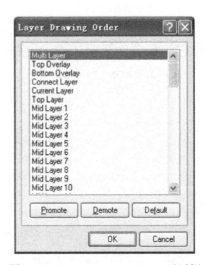

图 16-74　Layer Drawing Order 对话框

位于列表框下部的层将被最先绘制，其结果是先绘制的层会被后绘制的层或多或少地掩盖，而靠近上方的层最后绘制，受到的影响最小，位于顶端的层完全不受其他图层的影响。

3. Show/Hide 选项

该选项如图 16-75 所示，用于设置 PCB 中各类对象的显示模式。每一类 PCB 对象都有三种显示模式，即 Final（精细）显示模式、Draft（简易）显示模式和 Hidden（隐藏）显示模式。可以通过单选按钮分别设置，或者通过对话框中的 All Final、All Draft 或 All Hidden 按钮将所有对象设置成同一种模式。

4. Defaults 选项

Defaults 选项用于设置 PCB 对象的默认状态，如图 16-76 所示。这些对象包括 Arc（圆弧）、Component（元件）、Coordinate（坐标）、Dimension（标注）等。

在对象列表中选择相应的对象，单击 Edit Values 按钮即可进入选中对象属性对话框。如选择 Track 对象，将弹出如图 16-77 所示的对话框。在该对话框中可以设置导线的默认属性。

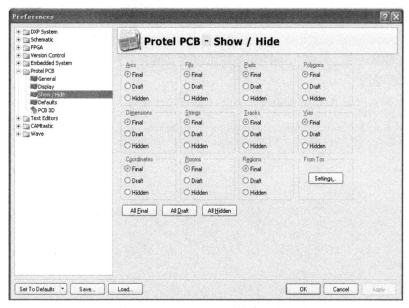

图 16-75 Show/Hide 对话框

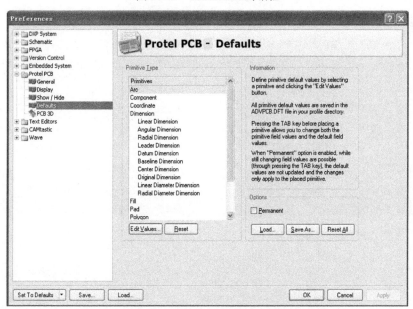

图 16-76 Defaults 对话框

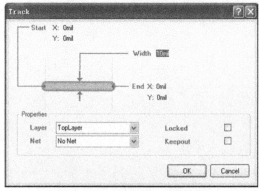

图 16-77 导线默认属性设置

默认设置结果保存在安装路径的\Syetem\ADVPCB.dft 文件中。用户在设置修改这些属性后，可以单击 Save As 按钮将设置保存在指定路径下的*.dft 文件中。通过 Load 按钮可以读出上次存盘设定的默认值。单击 Reset All 按钮可以恢复所有以前系统默认值。

5. PCB 3D 选项

用于设置三维 PCB 图的相关设置，在此不做过多介绍。

第 17 章 PCB 的设计

前一章介绍了 PCB 设计的基础知识，本章正式进行 PCB 的设计。在进行 PCB 设计之前，首先要准备好原理图的网络表，然后对电路板进行规划，接下来就要装入网络表和元器件封装。导入元器件封装后，要完成元器件在电路板上的布局，还要用导线将元器件连接起来，也就是布线。

本章我们以前面介绍的图 13-4 所示的原理图为设计实例来介绍。不过，我们要把该图中的元件 T1 和 U1 换成库元件。

17.1 PCB 设计的准备工作

在 PCB 设计之前需要做的准备工作有：准备原理图和网络表，规划电路板，以及装入元件封装库。

1. 准备原理图和网络报表

在前面章节中绘制的原理图基础上，将所有元器件的封装属性设置好，如图 17-1 所示。该原理图所在的工程名为 SMPS.PRJPCB，原理图文件名为 FlyBack.PCBDOC。

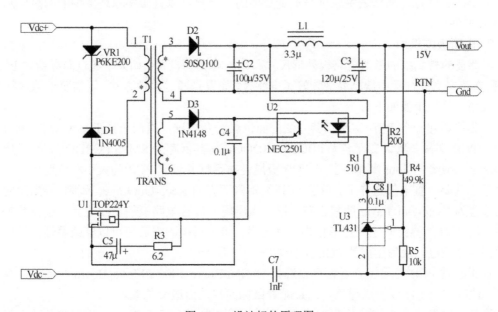

图 17-1 设计好的原理图

有了原理图，就可以生成网络报表了。网络报表是原理图向 PCB 转化的桥梁，它在电路板设计过程中十分重要。生成网络报表的方法可以选择菜单 Design/Netlist For Document/Protel 命令，系统将生成该原理图的网络表 SMPS.Net，如图 17-2 所示。

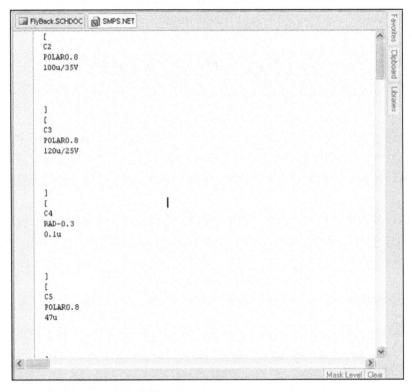

图 17-2 生成的网络表

需要注意的是,网络表生成过程不是必要的,用户可以直接将原理图中的网络信息导入到 PCB 文件。

2. 电路板的规划

电路板的规划指的是对电路板外形尺寸和电气边界的设置。如果是通过向导新建 PCB 文件,则在建立文件过程中就已经规划好了电路板,如果是通过其他方式,则需要单独进行 PCB 板的规划,具体步骤如下。

首先要新建一个 PCB 文件,其方法前面也已经介绍过,我们选择 File/New/PCB 快速生成一个 PCB 文件。默认文件名为 PBC1.PCBDOC,将其保存为 SMPS.PCBDOC。然后通过菜单 Design/Board Options 菜单,打开 PCB 板属性对话框并设置 PCB 的大小和位置。

下面就要设置电气边界了。单击 PCB 编辑区下方的 Keep-Out Layer 标签,将当前的工作层面设置为 Keep-Out Layer 即禁止布线层,该层用于设置电路板的布线边界。选择绘制导线按钮,沿 PCB 边界绘制一个矩形作为电气边界。该矩形绘制完后还可以修改属性,具体方法前面已经介绍过。最后生成的 PCB 文件如图 17-3 所示。

如果感觉 PCB 位置不合适,可以选择 Design/Board Shape/Move Board Shape 命令移动 PCB。此时整个电路板变成绿色,而且随着鼠标的移动而改变位置。

注意,这里规划的是矩形 PCB 板,根据实际需要,还可以将 PCB 规划成各种形状,甚至还可以中间挖空。需要注意的是,在绘制电气边界时,一定要注意导线连接点是否确实连接好,不能留下缝隙。

3. 装载元件库

在导入元件封装之前,必须加载相应的元器件封装库。由于系统提供的大都是集成库,

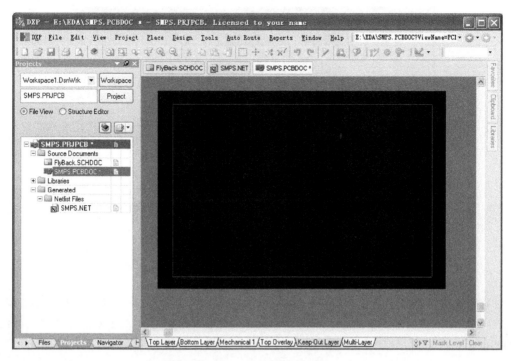

图 17-3 规划好的 PCB 板

库的导入和管理方法与原理图库完全一样。需要注意的是，原理图中所使用到的所有封装库都必须加载。如果没有加载相应的元器件封装库，就会导致装入网络表和元器件的失败。装载元器件库的方法在前面已经介绍过了。如果元器件库在当前工程文件中，就无需另外加载了。

17.2 网络与元件的导入

加载元件库以后，就可以装入网络与元件了。网络与元件的装入过程实际上就是将原理图设计的数据装入到 PCB 的过程。Protel 2004 实现了双向同步设计,用户可以在原理图和 PCB 图中实现同步操作。

如果原理图有错误，在装入网络与元件的时候就会出错，导致装载失败。为避免这种情况，可以先对项目文件进行编译。如果有错，应及时修改。关于项目文件的编译操作，请参考前面相关章节内容。

装入网络与元件的具体操作步骤如下。

(1) 执行菜单 Design/Import Changes From SMPS.PRJPCB 命令，系统会弹出如图 17-4 所示的对话框。

(2) 用鼠标拖动右边的滚动条到底部，可以看到，系统将添加几个 Room（元件集合），如果选中这几个选项，则会把不同文件加载的元件组合起来，形成相应的元件集合。这里可以取消这一项。

然后单击 Validate Changes 按钮，检查工程变化顺序。系统会在 Status 栏的 Check 列中显示正确的标识，在不正确的改变后显示错误标识。对于有错误标识的更改，可以返回原理图编辑环境，查看元器件或所在的网络是否连接正确，是否已经加载了正确的封装。

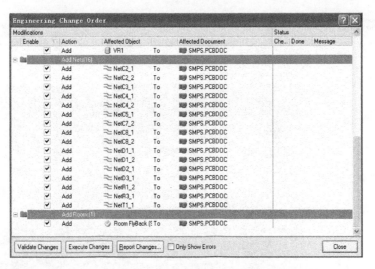

图 17-4　工程改变顺序对话框

（3）如果用户要以其他形式输出更新报告，可以在对话框中个单击 Report Changes 按钮，系统打开如图 17-5 所示的信息预览报告对话框。对话框中包括了本次更新的元器件、网络等详细的信息。在该对话框中可以调整视图的显示，还可导出和打印该信息报告。

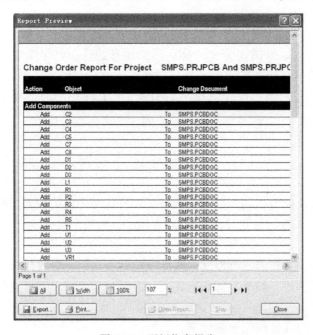

图 17-5　更新信息报告

（4）在确认原理图没有错误后，单击 Excute Change 按钮，将网络装载到 PCB 文件中去。这时，在 Done 列均出现正确标识。单击 Close 按钮关闭对话框。这时可以看到元器件已经装载到 PCB 文件中去了，不过不一定在电气边界内，如图 17-6 所示。此时，根据实际电路的大小，可以调整 PCB 的尺寸和电气边界。

由图可知，各元件封装之间的网络连接以预拉线的方式显示。下面需要将各元件按合适的位置排列，并将有网络连接的器件用真正的导线相连，这就是元器件的布局和布线，将在后面的章节中介绍。

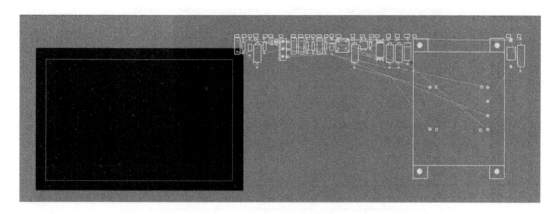

图 17-6 加载的网络表和元件封装

17.3 元器件布局

PCB 文件中装入元件封装后，很多情况下都是重叠的，接下来就需要将元器件按一定的规则排列在电路板上，便于下一步的布线。元器件的布局有自动和手动两种方式，用户可以根据自己的要求选择布局方式或者将二者配合使用。

17.3.1 元器件自动布局

执行菜单 Tool/Component Placement/Auto Placer 命令，执行元器件的自动布局操作，系统将弹出如图 17-7 所示的对话框。

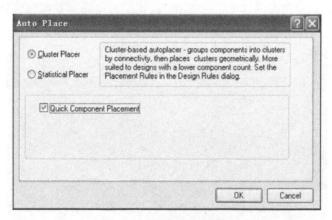

图 17-7 自动布局对话框

该对话框用于设置自动布局的方式。系统提供了两种自动布局的方式，两种方式使用不同的计算和优化元件位置的方法。

(1) Cluster Placer（分组布局方式）。这种方式是基于组的元器件布局方式，如图 17-7 所示。系统会自动根据连接关系将元器件划分成组，然后按几何关系放置元器件组。Quick Component Placement 复选框表示进行快速元器件布局。这种布局方式适合于元件数量较少的 PCB。

(2) Statistical Placer（统计布局方式）。这种方式使用一种统计算法来放置元件，使元件连线最短，适合与元件数量较多的情况。选择该方式后，对话框变为如图 17-8 所示。该对话框各选项介绍如下。

283

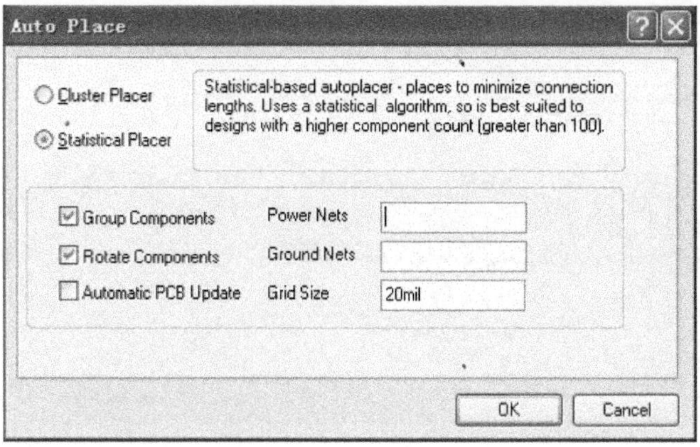

图 17-8 选择统计布局方法后的自动布局对话框

Group Components：该项的功能是将在当前网络中连接密切的元件归为一组，在排列时，将该组元件作为群体而不是个体来考虑。

Rotate Components：该项的功能是依据当前网络连接与排列的需要，使元件重组转向。如果不选择该项，则元件将按原始位置布置，不进行元件的旋转。

Automatic PCB Update：该项的功能为自动更新 PCB 的网络和元件信息。

Power Nets：定义电源网络名称。

Ground Nets：定义接地网络名称。

Grid Size：设置元件自动布局时栅格间距的大小。

本例元件不多，我们选择 Cluster Placer 布局方式，并选择快速放置元件的方式。然后单击 OK 按钮，系统开始自动布局。布局完成后，根据实际电路调整电气边界，如图 17-9 所示。

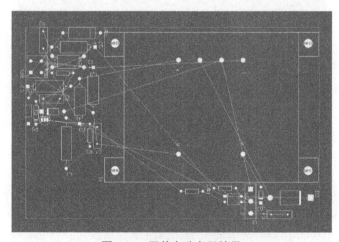

图 17-9 器件自动布局结果

在使用自动布局的时候，即使对同一个电路自动布局，每次所得到的结果都会不一样，设计者可以进行多次自动布局，然后根据需要选择满意的布局结果。

17.3.2 元器件手动布局

实际的电路设计千变万化，对电路板的要求也各不相同，因此，通常情况下自动布局并不能完全满足设计要求。这就需要设计者根据要求和经验，对布局进行调整。对比较特殊的电路,甚至不能使用自动布局,完全使用手动布局。

手动布局操作方法比较简单,就是依照 PCB 中相关的编辑操作,对元器件进行位置调整,包括移动元器件、旋转元器件、排列元器件,甚至修改元器件所在的板层。另外,元器件的标注也是 PCB 图很重要的组成部分,它直接影响 PCB 的可读性和美观性,要调整好标注的字体大小和位置。

手动布局在很大程度上要考虑到电路的工作原理,依靠设计者的设计经验,但有些基本原则读者可以很快领会。元件布局原则请参考前面介绍的"元器件布局原则"部分的相关内容。

17.4 元器件布线

布线就是放置导线和过孔到电路板上,以便将元器件连接起来。在原理图中也有布线操作,但在 PCB 编辑中的布线,不仅仅是要使各个元器件间建立起电气连接,而且还要根据一定的规则来提高布线的质量和成功率。Protel 提供了自动布线和手动布线两种方式,可以结合起来使用。一般是设置好布线规则后,进行自动布线,然后进行手动调整。

17.4.1 自动布线规则设置

在自动布线前,一项十分重要的工作就是根据设计要求设定自动布线规则。如果布线规则设置不恰当,可能会导致自动布线的失败。

执行菜单 Design/Rules 命令,系统将弹出如图 17-10 所示的设计规则设置对话框。在该对话框中可以设置如下各项设计规则:电气规则(Electrical)、布线规则(Routing)、表贴规则(SMT)、阻焊膜和助焊膜(Mask)、敷铜(Plane)、测试点(Testpoing)、制造(Manufacturing)、高速(High Speed)、放置(Placement)、信号完整性(Signal Integrity)。本节只介绍电气规则(Electrical)和布线规则(Routing)。

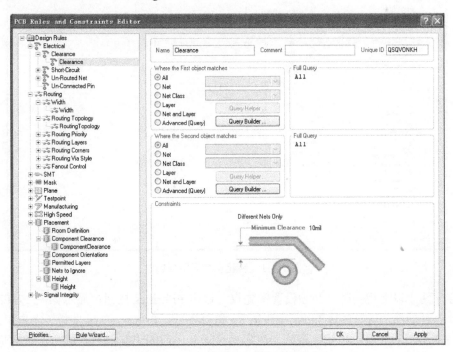

图 17-10 安全间距电气规则

1. Electrical 规则

展开图 17-10 中的 Electrical 树形目录菜单，它包括以下规则。

(1) Clearance 规则：安全间距。安全间距即同一层面上导线与导线之间、导线与焊盘之间的最小距离。单击 Electrical，展开 Clearance。在右边的区域中显示 Clearance 规则使用的范围和约束特性，如图 17-10 所示。系统默认情况下整个电路板的安全间距为 10mil。

Where the First object matches 和 Where the Second object matches 选项组用于设置两个 PCB 对象的规则使用范围，其选项均如下所示。

All：当前规则对全部网络有效。

Net：当前规则对指定网络有效。

Net Class：当前规则对指定网络分组有效。

Layer：当前规则对指定工作层中的网络有效。

Net and Layer：当前规则对指定网络和指定工作层有效。

Advanced：高级设置选项。

Constraints 选项组中的 Minimum Clearance 文本框用于设置最小间距。

系统默认只有一个名为 Clearance 的安全距离规则设置。要增加新的规则，在左边树形结构中的 Clearance 上右击，然后在快捷菜单中选择 New Rules 选项，在 Clearance 下将添加一个名为 Clearance-1 的新规则，如图 17-11 所示。单击该规则名称，在右边的选项中可以对新规则的使用范围和约束特性进行设置。

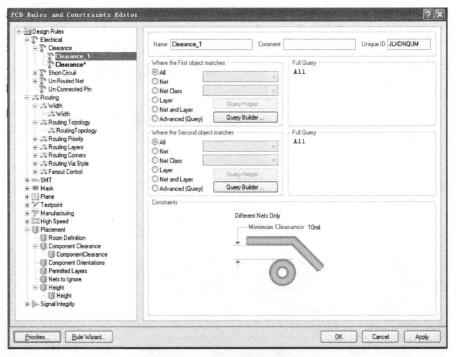

图 17-11　新建安全间距规则

当存在两个以上规则时，必须设置优先权。单击 Priorities 按钮，显示如图 17-12 所示的优先权设置对话框。可以通过 Increase Priority 和 Decrease Priority 按钮改变其优先权。

(2) Short-Circuit 规则：短路规则。表示两个对象之间的连接关系，单击左边树形结构中的 Short-Circuit 选项，打开如图 17-13 所示的规则设置对话框。

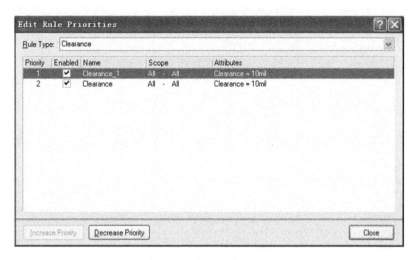

图 17-12 规则优先级设置

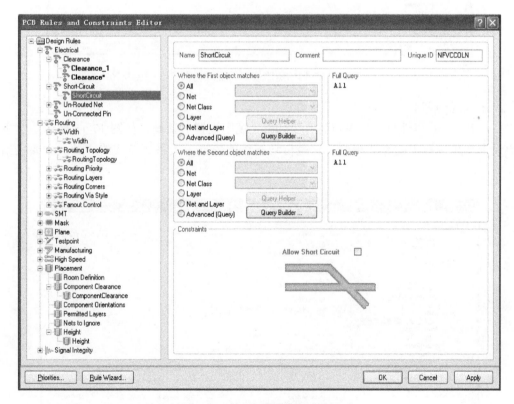

图 17-13 短路规则设置对话框

在该对话框中，也可设置规则使用范围，可选的范围与前一个规则一样。系统默认情况是不允许短路的。如果选择了 Allow Short Circuit 复选框，则允许短路，应该慎用这一命令。

(3) Un-Routed Net 规则：未布线网络规则。表示的是同一网络连接之间的连接关系，如图 17-14 所示。该对话框中也可以设置规则适用的范围，可选择范围与前面规则相同。

Un-Routed Net 用于检查指定范围内的网络是否成功布线，如果网络中有失败的布线，保留已布的导线，失败的布线保持飞线。

287

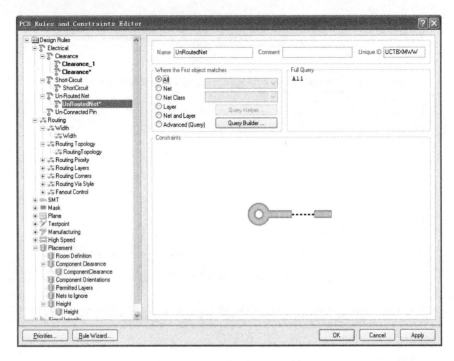

图 17-14 短路规则设置对话框

2. Routing 规则

打开 Routing 属性目录，可以打开 Routing 规则设置对话框，如图 17-15 所示。它主要用于设定布线过程中的布线规则，它是自动布线的依据，关系到布线的质量，主要包括以下几项。

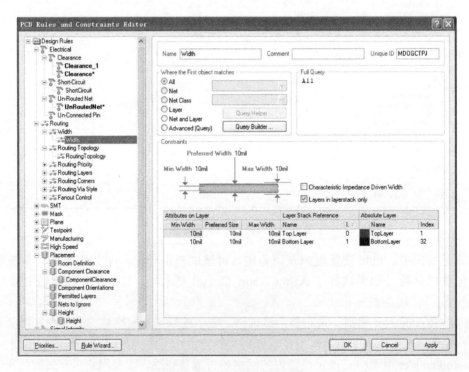

图 17-15 布线宽度规则设置

(1) Width 规则。设置走线宽度，包括最大值、最小值和典型值，如图 17-15 所示。该对话框中，Where the First object matches 栏用于设置布线规则的应用范围，设置方法同前面的选项相同。Constraints 栏用于设置布线宽度属性，可以设置最大线宽（Maximum）、最小线宽（Minimum）和典型线宽（Preferred）。

同前面的规则一样，可以添加新的走线宽度规则，也可以针对某个对象设置专门的布线规则。如对电路中电流较大的网络，可以设置较宽的布线规则。比如，我们在本例中要设置网络 NetD2_1 的最小线宽和典型值线宽为 50mil，最大线宽为 100mil。右键单击左边的 Width 目录，选择 New Rule 快捷菜单，系统生成名为 Width_1 的新的走线宽度设计规则。然后在 Constraints 栏设置线宽值，如图 17-16 所示。

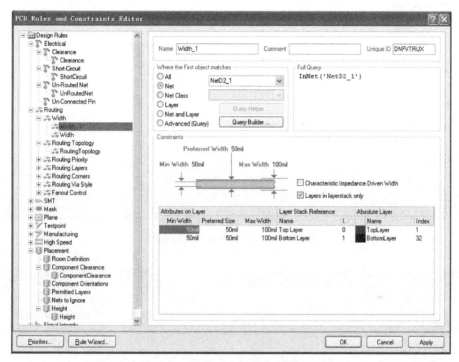

图 17-16　针对某一网络的线宽规则设置

(2) Routing Topology 规则。这是布线拓扑结构规则。该选项用来定义引脚到引脚之间的布线规则，如图 17-17 所示。在 Where the First object matches 栏选择布线规则的应用范围后，在 Constraints 栏的下拉列表中选择规则设置。其各项的含义如下。

Shortest：保证各网络节点之间连线最短。

Horizontal：布线过程中以水平走线为主。

Vertical：布线过程中以竖直走线为主。

Daisy-Mid Driven：布线时在所有网络节点中找到一个中间节点，然后分别向左右扩展。

StarBurst：采用星形拓扑布线策略，即选择某一节点为中心节点，然后所有连线从中心节点引出。

(3) Routing Priority 规则。这是布线优先级规则。布线优先级指各个网络布线的顺序，优先级越高的网络布线越早。这里可以设置 101 个优先级，0 级优先级最低，100 级优先级最高。如图 17-18 所示，选择需要设置布线优先级的网络后，在 Routing Priority 后的文本框中直接输入 0~100 的数值或者单击后面的微调按钮来设置。

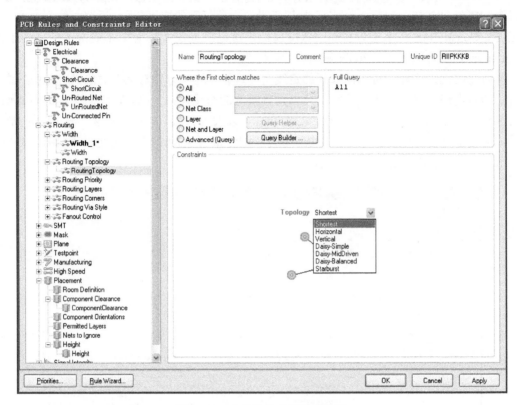

图 17-17 布线拓扑结构规则设置

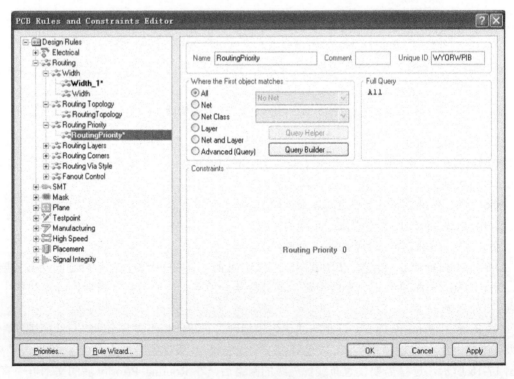

图 17-18 布线优先级规则设置

(4) Routing Layers 规则。设定布线工作层,如图 17-19 所示。一般在双层板中都可以采用默认设置。

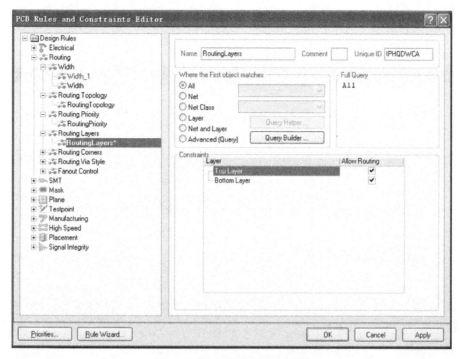

图 17-19 布线工作层规则设置

(5) Routing Corners 规则。用于设置布线拐角模式。设置布线时拐角的形状及允许的最大和最小尺寸,如图 17-20 所示。拐角模式有三种:90°拐角、45°拐角和圆拐角。在 Setback 文本框中还可以设置拐角折线的长度。系统默认为 45°拐角,90°拐角一般不常用。

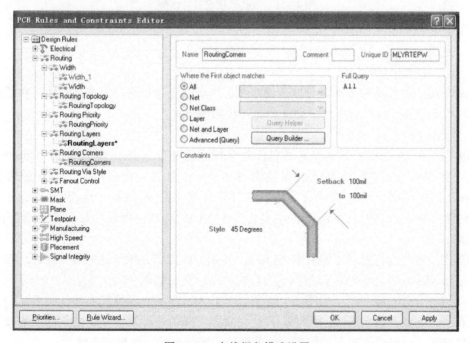

图 17-20 布线拐角模式设置

(6) Routing Vias 规则。用于设置过孔风格。设置布线过程中过孔的最大和最小孔径,如图 17-21 所示。在 Constraints 栏中可以设置过孔的内径和外径最大值(Maximum)和最小值(Mimimum),这样就设定了过孔尺寸的范围。还可以设定优先值(Preferred)。这样,在布线过程中,系统会在范围内根据需要适当调整过孔的大小。

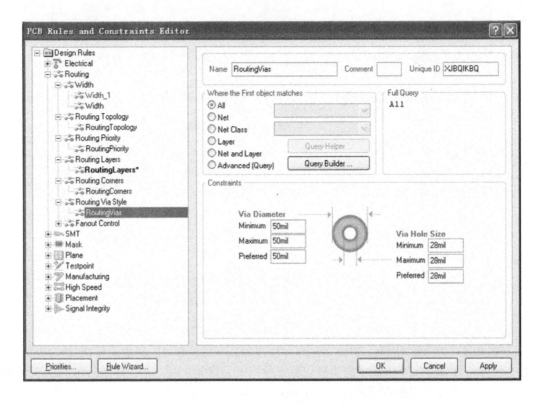

图 17-21　过孔风格设置对话框

17.4.2　自动布线

自动布线的方式灵活多样,可以全局布线,也可以局部布线,而局部布线又包括指定区域布线和指定网络布线等。下面分别介绍这几种布线方式。

1. 全局布线

如果没有特殊要求,一般来说都直接对全局进行布线。选择菜单 Auto Route/All 命令,系统会弹出如图 17-22 所示的布线策略对话框,目的是让用户确认所选择的布线策略。Protel 为用户提供了多种布线策略,在双面板设计中主要有 Default 2 Layer Board 和 Default 2 Layer With Edge Connectors。单击 Add 或 Duplicate 按钮,可以添加或删除自动布线策略。

如果布线策略没有错误,就单击 Route All 按钮,即可以开始全局布线。在自动布线过程中同时显示 Message 提示框,显示自动布线的状态信息,如图 17-23 所示。

本例进行全局布线的结果如图 17-24 所示。由 Message 提示框和布线结果看,仍有部分网络的布线未完成(只完成了 95.24%),这在实际布线中是经常会发生的。这就需要进一步手动调整布线。也可以修改布线规则,或者调整元器件布局,再重新布线。

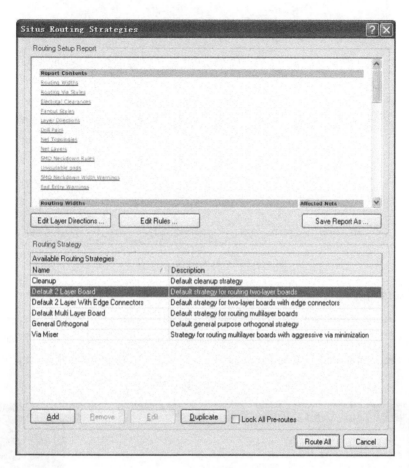

图 17-22 布线策略对话框

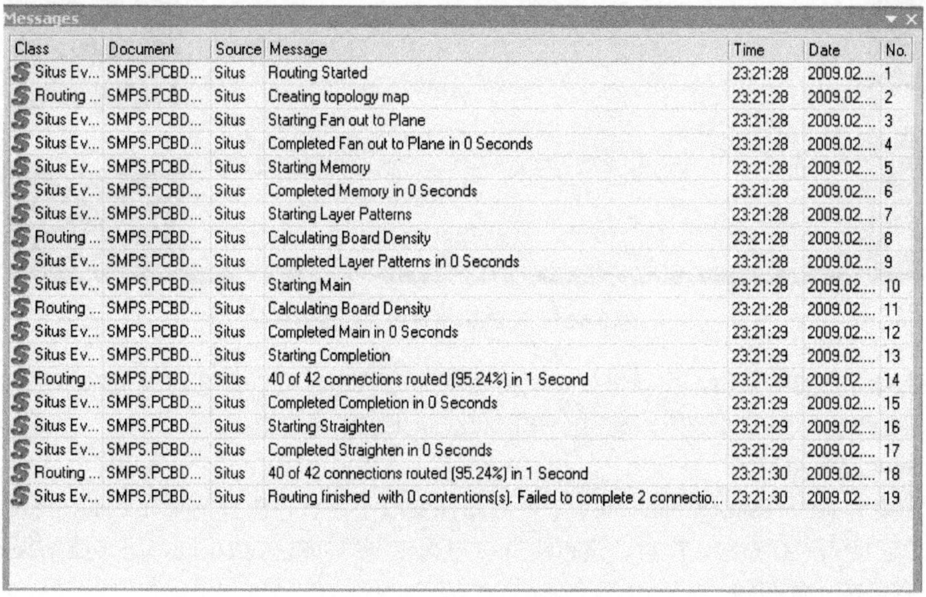

图 17-23 Message 提示框

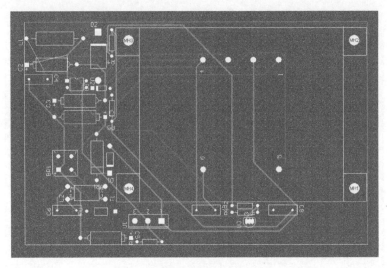

图 17-24 全局布线后的 PCB 图

2. 指定网络布线

选择菜单 Auto Route/Net 命令，可选择需要布线的网络。选中某个网络连线（预拉线）后，则对与该网络连接的所有网络布线。如果用户选中焊盘，则显示如图 17-25 所示的快捷菜单，此时一般应选择 Pad 和 Connection 选项，如果选中 Component 则仅局限于当前元件的布线。

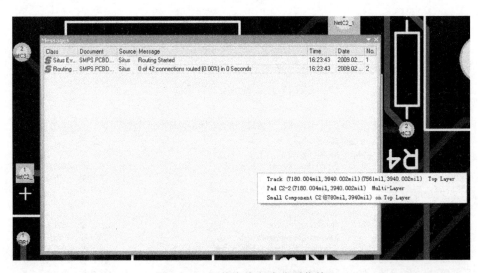

图 17-25 网络布线方式选项菜单

对该网络布线结束后，程序仍处于网络布线命令状态，可以继续对其他网络进行布线，也可以右击退出网络布线命令，此时会弹出布线结果的消息框。

3. 对两连接点布线

选择菜单 Auto Route/Connection 命令，光标变成十字状，选择需要布线的一条连线，则对该两个连接点进行布线。注意，该布线方法与指定网络布线方法相同，但布线结果不一样。

4. 对指定元件布线

选择菜单 Auto Route/Component 命令，然后选取需要布线的元件，系统将仅对与该元件相连的网络进行布线。

5. 对指定区域布线

用户自己定义好布线区域，然后执行 Auto Route/Area 命令，使程序的自动布线范围仅限于该定义区域内。执行该命令后，用户可以拖动鼠标选取需要进行布线的区域，系统就会对该区域进行自动布线。

自动布线需要一定的时间，电路越复杂，布线所需的时间越长。在自动布线过程中，随时可以选择 Auto Route 菜单中的命令来暂停（Pause）、终止（Stop）、复位（Reset）和重新开始（Restart）自动布线。

17.4.3 手动调整布线

虽然 Protel 的自动布线功能十分强大，但是仅仅利用自动布线一般不能达到最好的效果。这就需要手工对自动布线结果进行调整。手动布线没有什么规则可言，主要是根据设计要求，依据设计者的经验，对需要调整的导线进行修改。

1. 布线的手动调整

要调整不符合要求的布线，首先就要将其拆除。在菜单 Tool/Un-Route 下，有几种拆除布线的命令，如图 17-26 所示。

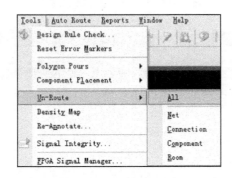

图 17-26 拆除布线命令

All：拆除所有布线。
Net：拆除指定网络的布线。
Connection：拆除选定的一条布线。
Component：拆除与所选元件相连的布线。
Room：拆除选定区域内的布线。

手动调整布线时，先选择一个合适的命令，如选择 Tool/Un-Route/Connection 命令，鼠标光标变成十字形，单击要拆除的导线，该导线就消失了。

选择 Place/Interactive Routing 命令，或者单击工具栏中的放置导线命令，重新在拆除的导线位置进行手动布线。

2. 对导线进行加宽处理

在电路板的设计中，为了增加系统的抗干扰能力，需要对电源线和地线等一些电流较大的地方进行加宽处理。双击要进行加宽处理的导线，在打开的 Track 对话框中修改 Width 属性即可。

3. 敷铜

为提高系统的抗干扰能力，可以在各层中放置地线的网络或者通过大电流的地方进行敷铜。可以选择菜单 Place/Polygon Plane 命令，或者工具栏中的敷铜工具。具体方法在前面介绍 Place 菜单时，已经做过详细介绍。

4. 更新原理图

在 PCB 设计过程中，有可能对电路做了一些修改，如元器件的标注等。这样就和原理图中的参数不一致，因此相应地要更新原理图。我们可以使用 PCB 中的更新原理图功能，快速准确地修改原理图。

选择 Design/Update Schematics in 命令，系统弹出如图 17-27 所示的对话框。单击 Yes 确认，系统将弹出 Engineering Change Order 窗口显示更新信息，如图 17-28 所示。单击 Validate Change 按钮确认更新，然后单击 Excute Change 按钮，执行更新命令。这时查看相应的原理图，可以看到原理图已经进行了修改，并与 PCB 文件一致。

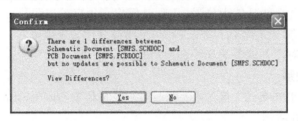

图 17-27　更新原理图确认对话框

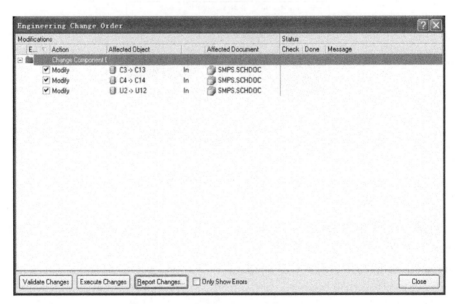

图 17-28　更新原理图信息操作对话框

在修改了 PCB 文件后，可以同步更新相应的原理图文件，而在修改了原理文件后，同样可以更新相应的 PCB 文件，其方法相似。因此，Protel 真正实现了原理图与 PCB 的同步。

第 18 章　制作元件封装

在前面介绍原理图设计时，对于系统不能提供的原理图库元件，需要自己来创建，并建立元器件库。对于 PCB 封装库，也面临同样的问题。本章就介绍有关元件封装的制作问题。

18.1　元件封装编辑器

元件封装编辑器是编辑和创建元件封装的环境。打开一个 PCB 元件封装库文件或者创建一个新的 PCB 封装库文件，就可以打开 PCB 元件编辑器。选择菜单 File/New/PCB Library 命令，即可新建一个 PCB 库文件。默认的文件名为 PcbLib1.PcbLib，我们将该文件保存为 SMPS.PcbLib。注意，要查看 PCB 库文件，须将当前视图从 Project 选项转换到 PCB Library 选项。

系统提供的 PCB 元件封装在当前安装目录下的 Library\Pcb 文件夹下。打开系统 PCB 封装库文件 Library\Pcb\Miscellaneous.PcbLib，此时系统界面如图 18-1 所示。下面介绍 PCB 封装库编辑器的组成及其界面的管理。

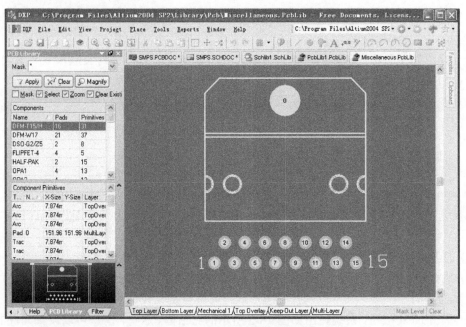

图 18-1　元件封装编辑器界面

由图 18-1 可知，元件封装编辑环境和 PCB 编辑环境很类似。可以分为主菜单栏、元件封装编辑界面、主工具栏、PCB Lib Placement 工具栏、PCB Library 工作面板等。

1. PCB Lib Placement 工具栏

PCB Lib Placement 工具栏也就是绘图工具栏,同以往接触到的绘图工具很相似,如图 18-2

所示。它的作用类似于菜单命令 Place，是在创建元器件封装的时候向图纸上放置各种元素，如焊盘、线段、圆弧等。

图 18-2　元件封装放置工具栏

2. PCB Library 工作面板

在工作区左下角单击 PCB Library 标签可以打开 PCB Library 工作面板，如图 18-1 左边部分所示。该工作面板用来管理 PCB 封装库文件，又称为 PCB 封装管理器。在列表框中会分别列出该封装库所包含的所有封装名称、封装所包含的元素信息以及封装的预览图。

元件过滤器（Mask 文本框）用于过滤当前 PCB 元件封装中的元件，满足过滤条件的所有元件将会显示在元件列表框中。如果选中一个元件封装，该元件封装的焊盘等图元信息就会显示在 Component Primitives（元件图元）列表框中。单击 Magnify（放大）按钮可以局部放大元件封装的细节。双击元件名，可以对元件封装进行重命名等属性的设置。在图元列表中双击某个图元后，可以对该图元的属性进行设置。

元件封装编辑器的其他部分同原理图编辑器和 PCB 编辑界面相似，如元件的快速查询、界面的放大缩小等，这里不做过多介绍。

18.2　创建元件封装

本节介绍如何创建一个新的元器件封装，并将新创建的元器件封装放入上一节建立的库文件中。创建元件封装有两种方法：利用向导创建元件封装和手动创建元件封装。

注意，在制作元件封装前，一定要先仔细阅读产品信息，了解元件的尺寸和封装类型，然后才能进行元件封装的绘制和定义。

18.2.1　利用向导创建元器件封装

向导允许用户预先定义设计规则，在这些规则定义结束后，元件封装编辑器会自动生成相应的新元件封装。我们以图 18-3 所示 14 脚双列直插封装为例，介绍建立元件封装的具体步骤。

(1) 打开前面建立的 SMPS.PcbLib 文件，打开元件封装编辑器。

(2) 执行 Tools/New Component 命令，系统会弹出如图 18-4 所示的对话框，这就进入了元件封装创建向导。接下来可以选择封装形式，并可以定义设计规则。

(3) 单击 Next 按钮，系统弹出如图 18-5 所示的对话框。这里，用户可以设置元件的外形。Protel 提供了 12 种元件封装供用户选择，其中包括 Ball Grid Arrays（BGA，球栅阵列封装）、Capacitors（电容封装）、Diodes（二极管封装）、Dual in-line Package（DIP，双列直插封装）、Edge Connector（边连接样式）、Leadless Chip Carrier（LCC，无引线芯片载体封装）、Pin Grid Arrays（PGA，引脚网格阵列封装）、Quad Packs（QUAD，四边引出扁平封装 PQFP）、Small Outline Package（SOP，小尺寸封装）和 Resistors（电阻样式）等。

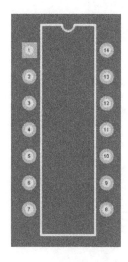

图 18-3　创建封装实例

图 18-4　元件封装向导对话框

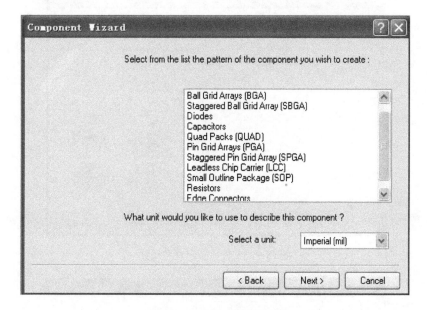

图 18-5　选择元件封装样式

根据本例要求，选择 DIP 封装外形。另外，在对话框下面还可以选择元件封装的度量单位，有米制（mm）和英制（mil）两个选项供选择。

(4) 单击图 18-5 中的 Next 按钮，系统会弹出如图 18-6 所示的对话框。用户在该对话框中可以设置焊盘的相关尺寸。用户只要在需要修改的地方单击鼠标，然后输入尺寸即可。本例中按图 18-6 中的尺寸设置焊盘尺寸。

(5) 单击图 18-6 中的 Next 按钮，系统会弹出如图 18-7 所示的对话框，在该对话框中可以设置引脚的水平间距、垂直间距和尺寸。设置方法同上一步一样，我们设置如图所示的尺寸。

(6) 单击图 18-7 中的 Next 按钮，系统将弹出如图 18-8 所示的对话框，用于设置元件的轮廓线宽，设置方法同上一步。这里使用默认设置。

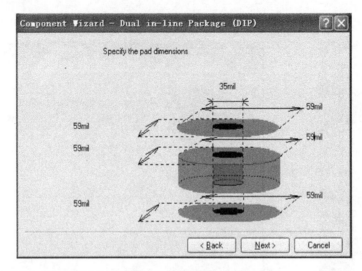

图 18-6　设置焊盘尺寸

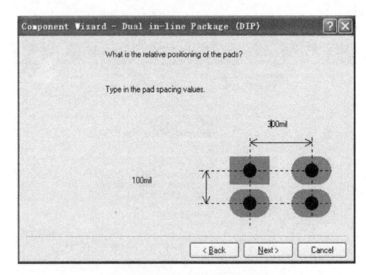

图 18-7　设置引脚位置和尺寸

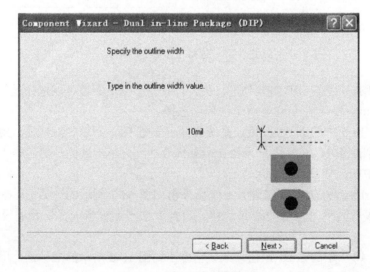

图 18-8　设置元件轮廓线宽

(7) 单击图 18-8 中的 Next 按钮，系统会弹出如图 18-9 所示的对话框，用户可以在该对话框中设置元件引脚数量。用户只需在对话框中指定的位置输入元件引脚数即可，这里输入 14。

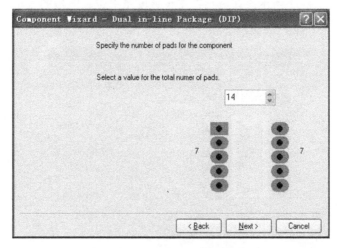

图 18-9 设置元件引脚数量

(8) 在图 18-9 上单击 Next 按钮，系统会弹出如图 18-10 所示的对话框，在这里，用户可以设置元件名称。这里设置为 DIP14。

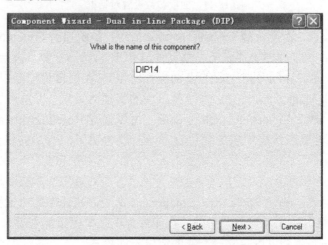

图 18-10 设置元件封装名称

(9) 单击图 18-10 上 Next 按钮，系统将弹出完成对话框，单击 Finish 按钮，即可完成对新元件封装设计规则的定义，同时按设计规则生成新的元件封装。完成后的封装如图 18-3 所示。

使用向导创建完元件封装后，系统会自动打开新生成的元件封装，以供用户进一步修改，其操作与设计 PCB 图的过程类似。

需要注意的是，选择不同的元件类型，其设计向导的步骤是不一样的。

18.2.2 手动创建元器件封装

手动创建元件封装实际上就是利用 Protel 提供的绘图工具，按照实际的尺寸绘制出该元件的封装。通常在手动创建元件封装之前，需要先设置封装参数，然后放置图形对象，最后设定插入参考点。下面还是以图 18-3 所示的实例加以介绍。

1. 元件封装参数设置

（1）面板参数设置。打开新建的库文件后，选择菜单 Tool/Library Option 命令，打开 Board Option 对话框，如图 18-11 所示。在对话框中设置度量单位、网格的大小、图纸位置等信息，其设置方法在 PCB 设计中已经介绍过，这里不再重复。

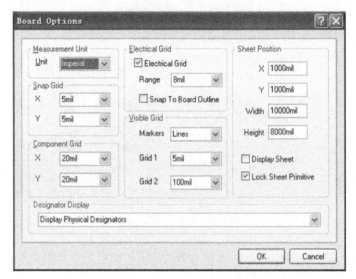

图 18-11　面板参数设置对话框

（2）系统参数设置。选择菜单 Tools/Preference 命令，系统弹出 Preference 对话框，可以对系统参数进行设置。元件库编辑器系统参数设置与 PCB 编辑器参数设置一样。

（3）层的设置。元件库编辑器中层的设置和管理与 PCB 编辑管理器中层的操作一样。执行 Tools/Layer Stack Manager 命令后，系统弹出层的管理对话框，可以对层进行添加、删除、移动等操作。执行 Tools/Layers and Colors 命令，可以打开 Board Layers and Colors 对话框，在该对话框中可以设置工作层和层的颜色管理。一般情况下，对层的设置可以取系统的默认值。

2. 绘制元件

（1）新建元件封装。执行 Tools/New Component 命令，在弹出的对话框中选择 Cancel 按钮，可以建立一个空白的元件封装。另外，在元件列表处单击鼠标右键，从快捷菜单中选择 New Blank Component 命令也可建立一个新的空白元件封装。

（2）设置基准点位置。执行 Edit/Jump/Location 命令，系统弹出如图 18-12 所示的对话框，在文本框中输入坐标值（0，0），将当前的坐标点移到原点。在元件封装编辑时，需要将基准点设定在原点位置。否则在放置元件时，元器件会偏离鼠标光标。

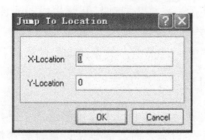

图 18-12　位置设置对话框

(3) 放置焊盘。PCB 封装中最重要的就是焊盘，因为在使用该元件时，焊盘是最主要的电气连接点。执行菜单 Place/Pad 命令，也可以单击绘图工具栏中的放置焊盘按钮，此时光标变成十字，中间带有一个焊盘。随着光标的移动，焊盘跟着移动，移到适当位置后单击鼠标将其定位。

在放置焊盘时，按 Tab 键进入焊盘属性设置对话框，如图 18-13 所示。本例按图示设定焊盘属性，焊盘直径为 60mil，焊盘孔径设置为 35mil。对于第一个焊盘，设置成方形，可以选择 Shape 下拉列表中的 Rectangle 选项。

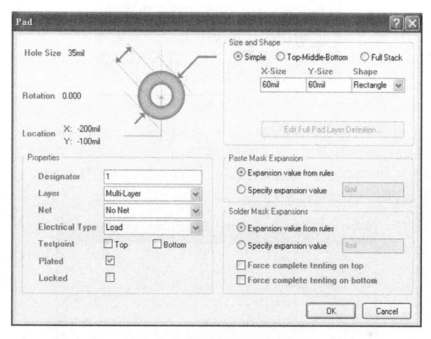

图 18-13　焊盘属性设置对话框

按照同样的方法放置其他焊盘。元件引脚之间的水平间距设置为 100mil，垂直间距设置为 300mil，如图 18-14 所示。为了放置焊盘方便，可以将网格间距设置为 100mil，这样可以直接将焊盘放置在网格上，便于准确定位。

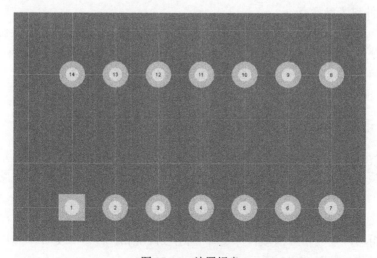

图 18-14　放置焊盘

(4) 绘制元件轮廓。在工作区下面的 TopOverlay 标签单击鼠标，将当前工作层切换到丝印层。然后执行菜单 Place/Line 命令或者单击工具栏上相应的按钮，绘制元件的外形轮廓，如图 18-15 所示。在绘制轮廓的开口时，选择 Place/Arc 命令或者单击工具栏上相应的按钮绘制圆弧。绘制完成后可以双击线条打开属性对话框，对线条的属性进行精确设置。

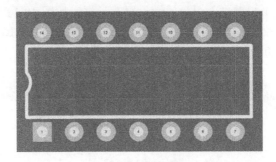

图 18-15　绘制轮廓

(5) 确定元件名称。绘制完成后，执行菜单 Tools/Component Properties 命令，或者进入元件管理器双击当前编辑的元件名，系统弹出如图 18-16 所示的对话框。在该对话框中可以将当前元件命名为 DIP14。高度一般设置为 0mil，必要时可添加封装描述信息。可以看到元件封装管理器中的元件名称也相应地改变了。

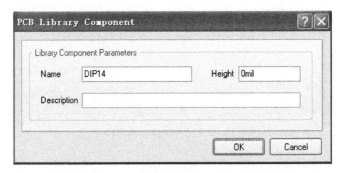

图 18-16　元件封装属性设置对话框

至此，就完成了元件封装的制作。

3. 设置元件封装参考点

为了标记一个 PCB 元件，需要设定元件封装参考坐标。执行菜单 Edit/Set Reference 子菜单中的相关命令，有 Pin1、Center 和 Location 三条命令。如果执行 Pin1 命令，则设置引脚 1 为元件的参考点；如果执行 Center 命令，则表示将元件的几何中心作为参考点；如果执行 Location 命令，则表示由用户选择一个位置作为参考点。

18.2.3　项目元件封装

项目元件封装是按照本项目电路图上的元件生成一个元件封装库。项目元件封装库实际上就是把整个项目中所用到的元件整理，并存入一个元件库文件中，类似于原理图中的项目元件库。

打开项目文件 SMPS.PrjPCB，执行菜单 Tools/Make Library 命令。此时程序会自动切换到元件封装库编辑器，生成相应的项目库文件 SMPS.PcbLib。在该库文件中列出该项目中使用到的所有元件封装，如图 18-17 所示。

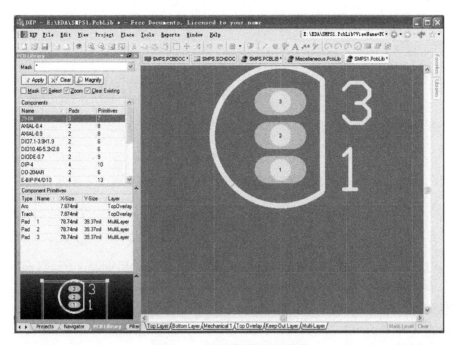

图 18-17 生成项目元件封装库

练习：在图 17-24 中，元件 T1 的封装过大，请读者设计一个较小的元件封装。

第 19 章 PCB 设计后处理

和原理图设计一样，在 PCB 板设计完成后，可以输出各种报表，用来提供各种设计的详细资料。这些报表和 PCB 图可以打印，以便作为资料存档。本章将介绍这些 PCB 设计后处理工作。

19.1 生成 PCB 报表

PCB 报表包括电路板信息报表、元器件清单报表、交叉引用报表、网络状态报表和 NC 钻孔报表。生成报表的命令都在 Report 菜单下。下面分别介绍这些报表的生成方法。

1. 电路板信息报表

电路板信息报表的作用在于为用户提供一个电路板的完整信息，包括电路板尺寸、电路板上的焊盘、过孔数量以及电路板上的元件标号等。

打开前面的设计实例，选择 Report/Board Information 命令，打开 PCB 信息对话框，如图 19-1 所示。

该对话框有三个选项卡，分别说明如下。

General：主要用于显示电路板的一般信息，如图 19-1 所示。在 Primitives 栏中显示了电路板各个组件的数量，如焊盘数、导线数等。在 Board Dimensions 栏显示了电路板的尺寸，在 Other 栏显示了焊盘/过孔数量以及违反设计规则的数量。

Components：用于显示当前电路板上使用的元件序号以及元件所在的层等信息，如图 19-2 所示。

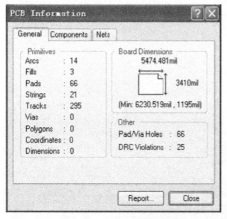

图 19-1 PCB 信息对话框

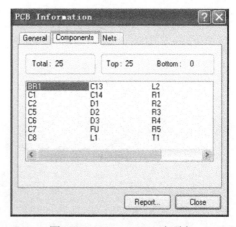

图 19-2 Components 选项卡

Nets：用于显示当前电路板中的网络信息，如图 19-3 所示。如果单击该选项卡中的 Pwr/Gnd 按钮，系统会弹出内部平面层信息对话框，如图 19-4 所示。该对话框中列出了各个内部平面层所连接的网络、过孔、焊盘以及过孔或焊盘与内部平面层键的连接方式。本例没有使用内部平面层，所以该对话框列表为空。

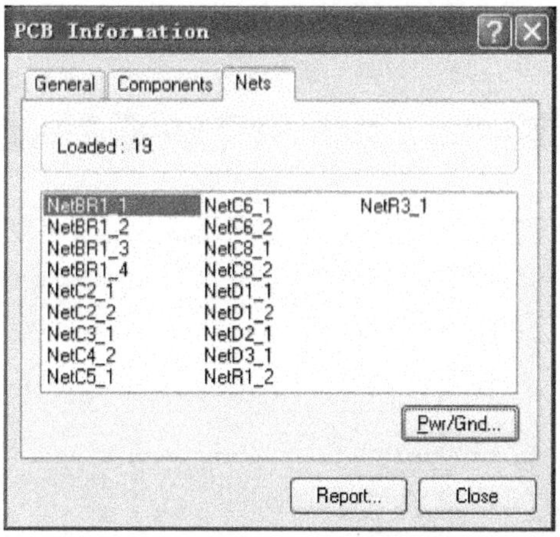

图 19-3　Net 选项卡

图 19-4　内部平面层信息对话框

在三个选项卡中的任何一个中单击 Report 按钮，系统将会弹出如图 19-5 所示的选择报表项目对话框，用户可以选择需要产生报表的项目。All On 按钮表示选择所有项目，All Off 表示不选择任何项目。如果选择 Selected objects only 复选框，则只产生所选对象的信息报表。

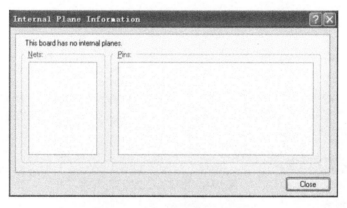

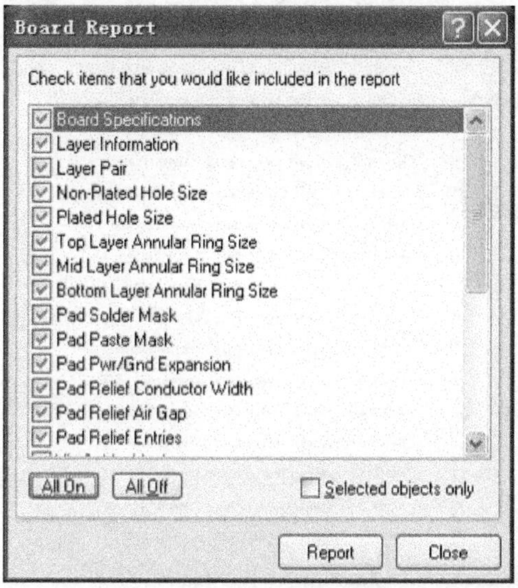

图 19-5　选择报表项目对话框

选择好对象后，单击 Report 按钮，将生成相应的以.REP 为后缀的电路板信息报表文件，如图 19-6 所示。

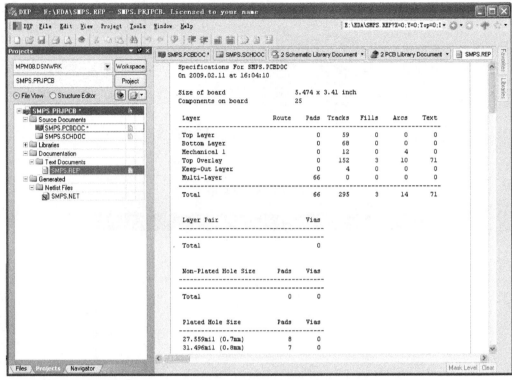

图 19-6　电路板信息报表

2. 网络状态报表

网络状态报表用于列出电路板中每一条网络的长度。执行菜单 Report/Netlist Status 命令，系统将打开文本编辑器，产生相应的网络状态报表，如图 19-7 所示。

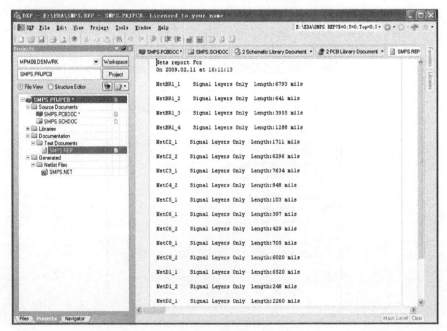

图 19-7　生成网络状态报表

3. 元件清单报表

在原理图的后处理中，我们已经接触过元器件清单报表。元件清单可用来整理一个电路或一个项目中的元件，形成一个元件列表供用户查询。

选择菜单 Report/Simple BOM 命令，可以直接生成元件报表文件，如图 19-8 所示。这种方法生成的元件报表只有 .BOM 和 .CSV 两种，均以文本方式表示。

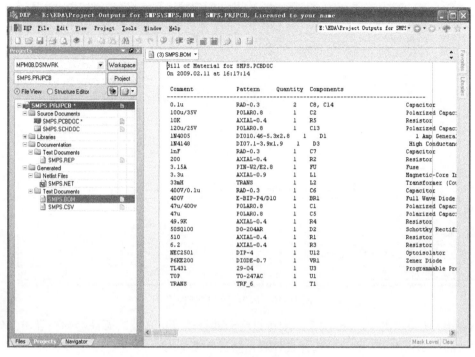

图 19-8　元件清单报表

生成元件清单报表的另一种方法是选择菜单 Report/Bill of Materials 命令来实现。系统将弹出如图 19-9 所示的对话框。在该对话框中可以设置输出的元件列表文件格式，以及执行相关操作。这种方法将提供更多的报表格式。该对话框的各项操作如下。

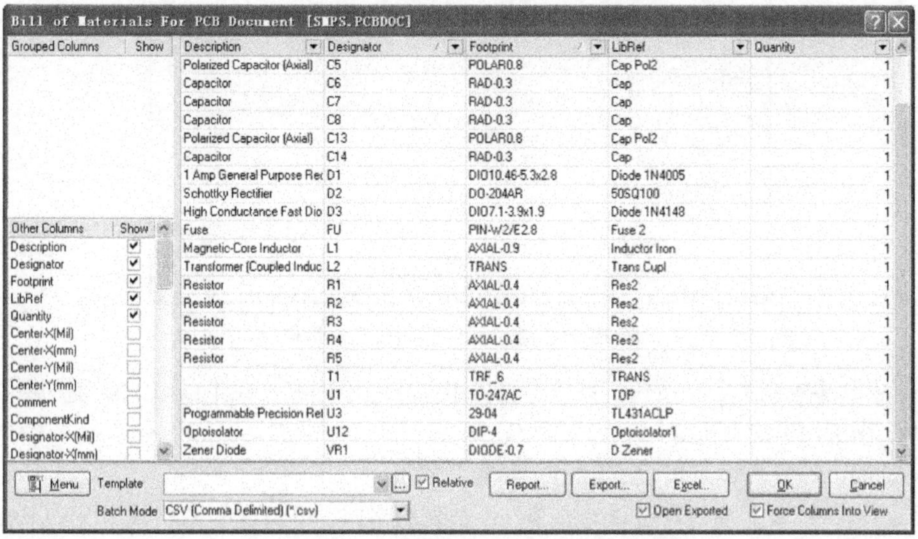

图 19-9　PCB 元件清单报表生成对话框

Report：如果单击该按钮，则可以生成预览元件报表，如图 19-10 所示。在该对话框中，可以按 Print 按钮进行打印操作，也可以按 Export 按钮导出元件报表。

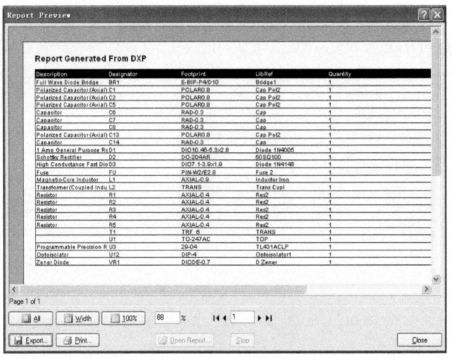

图 19-10　PCB 元件报表预览

Export：如果单击 Export 按钮，则可以将元件报表导出，此时系统会弹出导出元件清单报表对话框，如图 19-11 所示，选择设计者需要的类型即可。

图 19-11　导出元件清单报表对话框

Excel：如果单击 Excel 按钮，系统会打开 Excel 应用程序，并生成以.xls 为扩展名的元件报表文件，如图 19-12 所示。

Template：该文本框可以设置输出文件名及模板。

Batch Mode：该下拉列表可以选择 BOM 报表的格式，可供选择的格式有 xls（Excel 表格式）、txt（文本格式）、csv（字符串格式）、xml（扩展表格式）和 htm（网页格式）。

	A	B	C	D	E
1	Description	Designator	Footprint	LibRef	Quantity
2	Full Wave Diode Bridge	BR1	E-BIP-P4/D10	Bridge1	1
3	Polarized Capacitor (Axial)	C1	POLAR0.8	Cap Pol2	1
4	Polarized Capacitor (Axial)	C2	POLAR0.8	Cap Pol2	1
5	Polarized Capacitor (Axial)	C5	POLAR0.8	Cap Pol2	1
6	Capacitor	C6	RAD-0.3	Cap	1
7	Capacitor	C7	RAD-0.3	Cap	1
8	Capacitor	C8	RAD-0.3	Cap	1
9	Polarized Capacitor (Axial)	C13	POLAR0.8	Cap Pol2	1
10	Capacitor	C14	RAD-0.3	Cap	1
11	1 Amp General Purpose Re	D1	DIO10.46-5.3x2.8	Diode 1N4005	1
12	Schottky Rectifier	D2	DO-204AR	50SQ100	1
13	High Conductance Fast Dio	D3	DIO7.1-3.9x1.9	Diode 1N4148	1
14	Fuse	FU	PIN-W2/E2.8	Fuse 2	1
15	Magnetic-Core Inductor	L1	AXIAL-0.9	Inductor Iron	1
16	Transformer (Coupled Induc	L2	TRANS	Trans Cupl	1
17	Resistor	R1	AXIAL-0.4	Res2	1
18	Resistor	R2	AXIAL-0.4	Res2	1

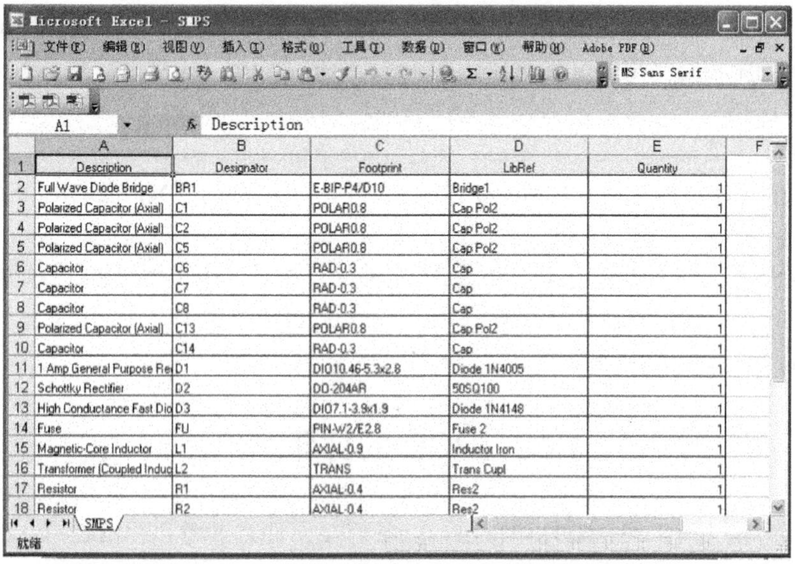

图 19-12　通过 Excel 输出元件清单报表

Open Exported（打开导出）：选中该复选框时，一旦报表被保存到一个文件路径，则可以在指定的应用中打开一个表格化的元件数据。

Force Columns Into View（将元件列表充满列表区）：选中该复选框时，则在元件列表区所有列均匀分布，并且可以看到所有列表信息。

以上各按钮操作也可以在 Menu 菜单中选择快捷命令实现。

4. 生成 NC 钻孔报表

钻孔报表用于提供制作电路板时所需的钻孔资料，该资料可直接用于数控钻孔机。执行 File/New/Output Job File 命令，系统将弹出如图 19-13 所示的输出文件工作面板。Protel 将所

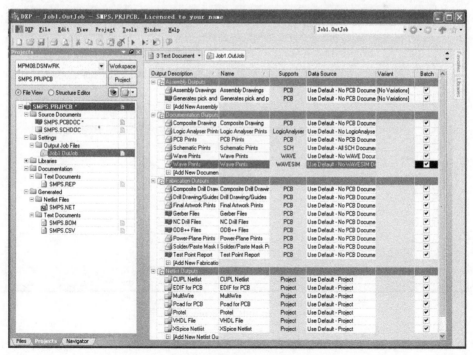

图 19-13　输出文件工作面板

有输出文件功能集中在该管理器中，前面所介绍的所有文件报表均可以在这里选择输出。

此时可以选中需要生成的文件对象，在此选择 NC Drill Files 选项，即可生成 NC 钻孔文件，也可同时选择其它需要输出的报表文件选项。

如果选中了需要输出的文件对象后，执行 Tools/Run Selected 命令，然后系统就会生成选择的 NC 钻孔文件。NC 钻孔文件包括三个文件，如本例的 SMPS.DDR、SMPS.LDP 和 SMPS.TXT。

以上各类报表文件都是针对某一个 PCB 文件的。如果一个工程有多个 PCB 文件，要生成整个项目的报表，就要选择菜单 Report/Project Reports 下的菜单命令。其方法与以上各报表的生成方法相同，在此不做过多介绍。

19.2　PCB 的打印输出

完成 PCB 设计后，还需要打印输出，以备焊接元件时参考和存档之用。如果打印的是 PCB 板上的全部信息，可以直接选择 File 菜单下的 Page Setup（打印设置）、Print Preview（打印预览）和 Print（打印）命令执行打印操作，其方法与原理图的打印方法一样。但由于 PCB 是由多层信息构成，如果一次全部打印，会造成各层信息重叠，不便于阅读。这就需要进行分层打印，因此在打印前，还需要进行打印的设置。

1. 打印设置

选择 Project/Project Optionx 选项，显示 Options for Project 对话框。打开 Default Prints 选项卡，如图 19-14 所示。

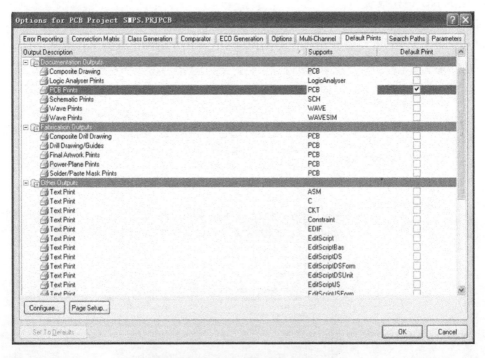

图 19-14　Options for Project 对话框

选择该对话框中的 PCB Prints 选项，然后单击 Configure 按钮，显示如图 19-15 所示的 PCB Printout Properties 对话框，其中显示要打印的各层信息。右键单击，通过快捷菜单对当前层进行增加和删除，保留需要打印的图层。在 Include Components 栏可以选择元器件是顶层、底层还是双面都打印。设置完成后单击 OK 按钮。

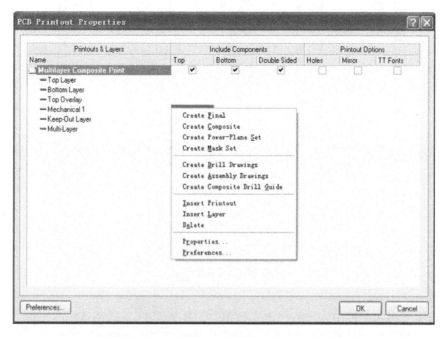

图 19-15　PCB Printout Properties 对话框

2．打印输出

在图 19-14 所示的对话框中单击 Page Setup 对话框，或直接选择 File 菜单下的 Page Setup 菜单，打开图 19-16 所示的 PCB Print Properties 对话框。在该对话框设置打印纸的尺寸、打印方向等信息。单击 Print 按钮，可打印设计的 PCB。

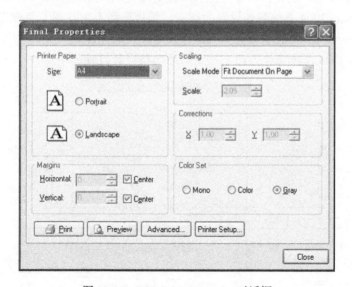

图 19-16　PCB Print Properties 对话框

在 Option for Project 对话框中选择 Fabrication Outputs 选项组中的 Final Artwork Prints 选项，可分层分别输出 PCB。设置方法同前，打印预览如图 19-17 所示。

313

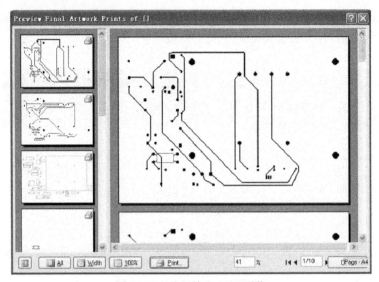

图 19-17　分层输出 PCB 预览

思考题与习题

3.1　在电子电路产品中为什么要使用 PCB？简要说明 PCB 的基本结构。

3.2　结合实物电路板说明 PCB 的基本要求？设计时应考虑哪些因素？

3.3　Protel 2004 有哪些主要特点？主要由几大部分组成？简述各模块的主要功能。

3.4　浏览 Protel 2004 的文件系统结构，说明包括几种类型的文件？说明各类文件的功能、含义。

3.5　简述 Protel 2004 主窗口界面的构成，浏览各部分的内容，熟悉其操作使用。

3.6　Protel 2004 基本的文件操作方法有哪些？简述其应用方法。

3.7　简述 Protel 2004 系统参数设置的意义。常规参数有哪几项？怎样设置？

3.8　按照 Protel 2004 的基本操作流程和设置，完成题图 3-1 电路图设计，并生成单层 PCB。练习 Protel 2004 基本操作方法，初步熟悉电路设计过程。

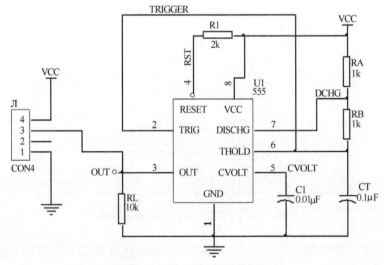

题图 3-1　555 定时器典型电路

3.9 简述原理图设计主要过程，说明新建原理图包括哪些操作？简述主要工作内容。

3.10 练习新建原理图操作过程，熟悉各选项设置、操作方法和步骤。

3.11 说明原理图设计环境操作界面与 Protel 2004 主窗口界面的区别及新增加部分的作用。

3.12 简述 Protel 2004 原理图环境参数设置的作用、主要选项功能和操作方法。

3.13 说明 Protel 2004 集成库的优缺点。浏览系统自带的库文件夹内容，器件类型。并熟悉装载元件库、查找元件方法。

3.14 绘制原理图有哪些基本要求？包括哪些主要操作？

3.15 绘制原理图时，有哪几种放置元器件的方法？如何操作？如何调整元件的位置？

3.16 简述原理图元件对象属性的意义和作用。熟悉属性设置对话框内容，并说明封装属性和元件参数属性。

3.17 建立原理图中元器件电气连接关系有几种方法？如何操作实现？

3.18 电路原理图中有哪些电源属性的类型端口？各有何区别？如何对属性进行修改？

3.19 网络标号有何作用？如何设置实现？

3.20 说明原理图输入输出端口作用、放置方法、应用场合及与网络标号的区别。

3.21 为什么有时候使用总线绘图？它有哪些要素构成？说明总线和导线有何区别。

3.22 练习原理图绘制方法，画出如题图 3-2 所示 CPLD1016E 的实验板电路原理图。

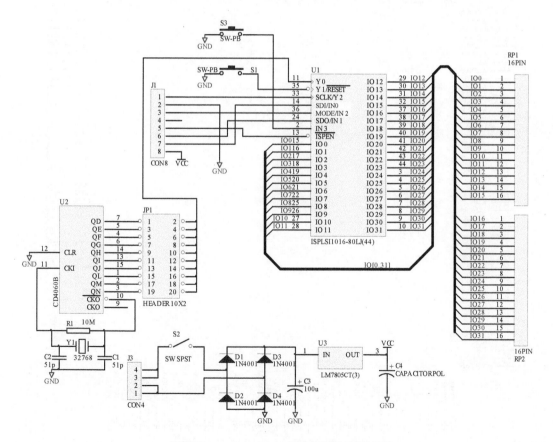

题图 3-2 CPLD1016E 的实验板电路原理图

3.23 什么是层次原理图？有何作用？并说明主要实现方法及特点。

3.24 层次原理图设计的母图和子图如何产生？相互关系如何？

3.25 层次原理图的绘制和编辑有哪些常用切换方法？如何进行管理？

3.26 利用 Protel 系统提供的 Z80 Processor.PrjPCB 实例，练习层次原理图的设计和管理。

3.27 为什么要对原理图设计进行后处理?有哪些内容？简要说明具体作用。

3.28 说明电路工程 ERC 的主要功能，包含哪些主要内容？如何进行选项设置？

3.29 电路原理图通常生成哪几类文本格式的报表文件？简述主要步骤和各有何作用。

3.30 打开已有工程实例图，练习生成网络表，分析网络报表的内容、主要作用。

3.31 原理图元件包括哪几项内容？各有什么作用？并通过浏览库元件理解含义。

3.32 Protel 2004 提供的元件库主要有几类？各有什么特点和作用？

3.33 简述生成一个项目元件库的优点。如何进行管理、添加、更新？

3.34 在元件库编辑器里可以生成几种报表？说明主要内容和含义。

3.35 制作题图 3-3 所示的 TMS320F2812 DSP 原理图元件，练习设置元件属性，掌握库元件设计方法。并创建自己的元器件库。

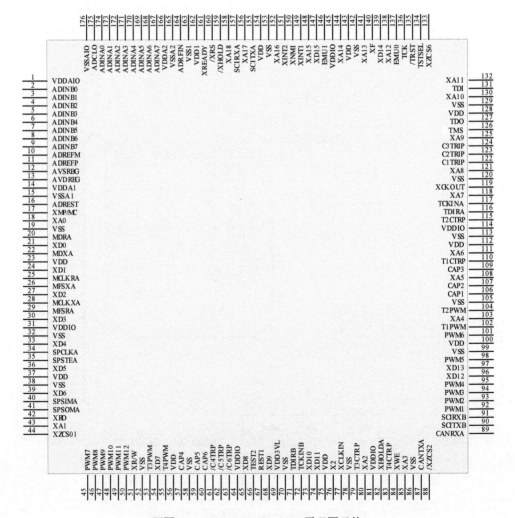

题图 3-3　TMS320F2812 DSP 原理图元件

3.36　PCB 新建方法有哪三种？如何操作实现？通过系统自带实例熟悉操作内容、含义。

3.37　简要说明 PCB 编辑器菜单栏的主要内容和操作方法，以及与原理图编辑器菜单栏的区别。

3.38　PCB 编辑器 DRC 包括哪些主要内容？如何设置？有何作用？

3.39　通过系统自带实例，熟悉 PCB 编辑环境和系统参数设置，练习 PCB 主要操作。

3.40　简述进行 PCB 设计的过程、主要原则和步骤。

3.41　PCB 设计中元件布局和布线需要遵循什么原则？

3.42　Protel 提供几类工作层？并简述单面板、双面板和多面板的区别和应用。

3.43　元器件布局的自动和手动两种方式各有什么特点？如何应用和操作？

3.44　说明 Protel 自动布线和手动布线方式特点。有哪些设置规则？在工程中如何应用？

3.45　调整 PCB 内容后如何同步更新原理图？原理图局部调整时又如何更新 PCB 图？

3.46　利用向导创建元件封装和手动创建元件封装结合的方法，创建如题图 3-4 所示的 TMS320F2812 DSP 176 引脚 PGF LQFP 封装模型。封装尺寸如图所示，完成元件封装编辑，建立元器件库。

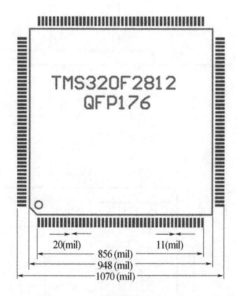

题图 3-4　TMS320F2812 DSP176 引脚 PGF LQFP 封装模型图

3.47　PCB 设计后处理有哪些报表？各有什么作用？

3.48　根据题图 3-5 所示的 AT89C52 单片机测控系统图，完成电路原理图和 PCB 图设计。设计要求：

① 使用双层电路板，电路板的尺寸为 4500mil×3000mil；
② 四个定位孔，外径 300mil×内径 160mil；
③ 所用元件采用 DIP 或直插式封装；
④ 电源地线的铜膜线的宽度为 20mil，一般布线的宽度最小为 10mil；
⑤ 手动布局元件封装；
⑥ 手动布线，布线时考虑顶层和底层都走线，顶层走水平线，底层走垂直线。

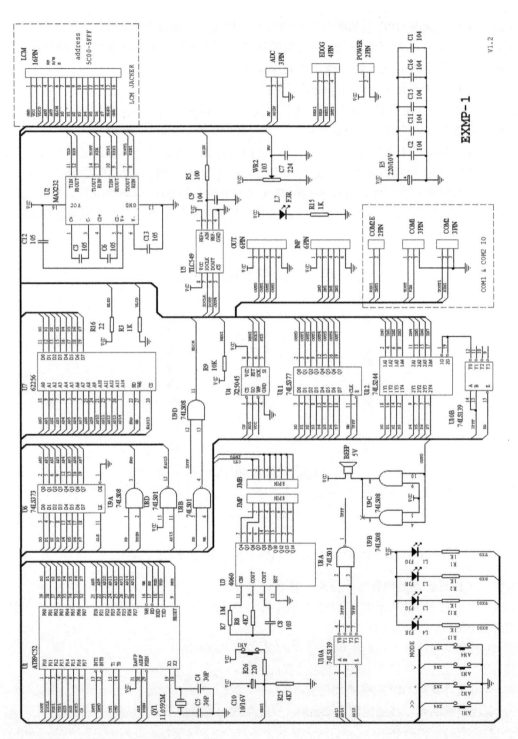

题图 3-5 AT89C52 单片机测控系统电路原理图

参 考 文 献

[1] 李方明. 电子设计自动化技术与应用. 北京:清华大学出版社，2006.

[2] Mark D.Birnbaum.Essential Electronic Design Automation (EDA).北京:机械工业出版社，2005.

[3] 黄智伟. 基于 NI Multisim 的电子电路计算机仿真设计与分析. 北京:电子工业出版社，2008.

[4] 王冠华. Multisim 10 电路设计及应用. 北京:国防工业出版社，2008.

[5] Multisim User Guide. 2007 National Instruments Corporation.http://www.ni.com.

[6] 杰诚文化.精通Protel DXP 入门提高篇.北京：中国青年出版社，2005.

[7] 江思敏，姚鹏翼，胡烨.Protel 2004电路原理图及PCB设计.北京：机械工业出版社，2006.

[8] 刘文涛. Protel 2004完全学习手册.北京：电子工业出版社，2005.

[9] 米昶. Protel 2004电路设计与仿真.北京：机械工业出版社，2006.